中国机械工程学科教程配套系列教材

教育部高等学校机械类专业教学指导委员会规划教材

热工基础

主　编　王　立

副主编　尹少武　刘传平　张培昆

U0214877

清华大学出版社

北京

内 容 简 介

本书是中国机械工程学科教程配套系列教材和北京高等教育精品教材立项项目教材,在参考了国内已有热工基础、热工基础与应用、热工学、工程热力学、传热学等教材及国内外有关文献的基础上,总结了近二十年教学经验编写而成。

本书是综合性热工理论基础和热工设备基础教材,在体系结构上打破了把"热工基础"分为工程热力学和传热学两篇的做法,全书包括热工基本概念和基本定律、热量传递过程与换热器、热工设备应用等三部分。热工基本概念和基本定律部分主要介绍热能转换所涉及的基本概念、热力学第一定律、热力学第二定律和热量传递的基本方式;热量传递过程与换热器部分主要介绍稳态导热、对流换热、辐射换热、传热过程及换热器等;热工设备应用部分主要介绍压气机与膨胀机、气体能量转换与喷管、蒸汽动力循环、气体动力循环、制冷热泵循环等,使读者能够了解常见热力设备、装置和循环的结构、工作原理等知识,以便增强学生的工程应用能力。为了帮助学生理解全书的内容,本书每章结尾均有小结,并选编了适量的密切联系工程实际的思考题和习题,有利于培养学生的工程意识,提高学生理论联系实际、分析和解决实际问题的能力。

本书可以作为机械工程、车辆工程、材料科学与工程、土木工程、环境工程、交通运输、航空航天等非能源动力类各专业本科27~36学时热工基础、热工学、工程热力学与传热学课程的教材或教学参考书,也可供有关工程技术人员参考。

图书在版编目(CIP)数据

热工基础/王立主编.—北京:清华大学出版社,2021.1(2024.7重印)
中国机械工程学科教程配套系列教材 教育部高等学校机械类专业教学指导委员会规划教材
ISBN 978-7-302-56672-4

Ⅰ.①热… Ⅱ.①王… Ⅲ.①热工学-高等学校-教材 Ⅳ.①TK122

中国版本图书馆 CIP 数据核字(2020)第 203632 号

责任编辑:许 龙
封面设计:常雪影
责任校对:王淑云
责任印制:沈 露

出版发行:清华大学出版社
   网 址:https://www.tup.com.cn,https://www.wqxuetang.com
   地 址:北京清华大学学研大厦 A 座   邮 编:100084
   社 总 机:010-83470000   邮 购:010-62786544
   投稿与读者服务:010-62776969, c-service@tup.tsinghua.edu.cn
   质量反馈:010-62772015, zhiliang@tup.tsinghua.edu.cn
印 装 者:三河市龙大印装有限公司
经 销:全国新华书店
开 本:185mm×260mm 印 张:15.25   字 数:365 千字
版 次:2021 年 1 月第 1 版   印 次:2024 年 7 月第 4 次印刷
定 价:45.00 元

产品编号:087430-01

我曾提出过高等工程教育边界再设计的想法,这个想法源于社会的反应。常听到工业界人士提出这样的话题:大学能否为他们进行人才的订单式培养。这种要求看似简单、直白,却反映了当前学校人才培养工作的一种尴尬:大学培养的人才还不是很适应企业的需求,或者说毕业生的知识结构还难以很快适应企业的工作。

当今世界,科技发展日新月异,业界需求千变万化。为了适应工业界和人才市场的这种需求,也即是适应科技发展的需求,工程教学应该适时地进行某些调整或变化。一个专业的知识体系、一门课程的教学内容都需要不断变化,此乃客观规律。我所主张的边界再设计即是这种调整或变化的体现。边界再设计的内涵之一即是课程体系及课程内容边界的再设计。

技术的快速进步,使得企业的工作内容有了很大变化。如从 20 世纪 90 年代以来,信息技术相继成为很多企业进一步发展的瓶颈,因此不少企业纷纷把信息化作为一项具有战略意义的工作。但是业界人士很快发现,在毕业生中很难找到这样的专门人才。计算机专业的学生并不熟悉企业信息化的内容、流程等,管理专业的学生不熟悉信息技术,工程专业的学生可能既不熟悉管理、也不熟悉信息技术。我们不难发现,制造业信息化其实就处在某些专业的边缘地带。那么对那些专业而言,其课程体系的边界是否要变?某些课程内容的边界是否有可能变?目前不少课程的内容不仅未跟上科学研究的发展,也未跟上技术的实际应用。极端情况下,甚至存在有些地方个别课程还在讲授已多年弃之不用的技术。若课程内容滞后于新技术的实际应用好多年,则是高等工程教育的落后甚至是悲哀。

课程体系的边界在哪里?某一门课程内容的边界又在哪里?这些实际上是业界或人才市场对高等工程教育提出的我们必须面对的问题。因此可以说,真正驱动工程教育边界再设计的是业界或人才市场,当然更重要的是大学如何主动响应业界的驱动。

当然,教育理想和社会需求是有矛盾的,对通才和专才的需求是有矛盾的。高等学校既不能丧失教育理想、丧失自己应有的价值观,又不能无视社会需求。明智的学校或教师都应该而且能够通过合适的边界再设计找到适合自己的平衡点。

我认为,长期以来,我们的高等教育其实是"以教师为中心"的。几乎所有的教育活动都是由教师设计或制定的。然而,更好的教育应该是"以学生为中心"的,即充分挖掘、启发学生的潜能。尽管教材的编写完全是由教师完成的,但是真正好的教材需要教师在编写时常怀"以学生为中心"的教育理念。如此,方得以产生真正的"精品教材"。

教育部高等学校机械设计制造及其自动化专业教学指导分委员会、中国机械工程学会与清华大学出版社合作编写、出版了《中国机械工程学科教程》,规划机械专业乃至相关课程的内容。但是"教程"绝不应该成为教师们编写教材的束缚。从适应科技和教育发展的需求而言,这项工作应该不是一时的,而是长期的,不是静止的,而是动态的。《中国机械工程学科教程》只是提供一个平台。我很高兴地看到,已经有多位教授努力地进行了探索,推出了新的、有创新思维的教材。希望有志于此的人们更多地利用这个平台,持续、有效地展开专业的、课程的边界再设计,使得我们的教学内容总能跟上技术的发展,使得我们培养的人才更能为社会所认可,为业界所欢迎。

是以为序。

2009 年 7 月

　　本书根据《中国机械工程学科教程配套系列教材》编审委员会"热工课程教学基本要求"和《中国机械工程学科教程配套系列教材》的要求,在总结了北京科技大学多年热工基础课程教学经验与科研经验编写而成。编写过程中,参考了国内已有热工基础、热工基础与应用、热工学、工程热力学、传热学等教材和国内外有关文献[1-22]。

　　针对机械工程、车辆工程、材料科学与工程、土木工程、环境工程、交通运输、航空航天等非能源动力类 27～36 学时的热工基础课程,有必要编写一本学时适中的教材,力求做到既注重理论知识,又注重工程应用,力求做到理论知识深度适中,工程应用技术最新,使非能源动力类的学生能够了解常见热工设备和装置的结构和工作循环,为毕业后所从事的工作打下基础。本书正是在此背景下诞生的。

　　本书是综合性热工理论和热工设备基础教材,包括热工基本概念和基本定律、热量传递过程与换热器、热工设备应用等三部分。热工基本概念和基本定律部分主要介绍热能转换所涉及的基本概念、热力学第一定律、热力学第二定律和热量传递的基本方式;热量传递过程与换热器部分主要介绍稳态导热、对流换热、辐射换热、传热过程及换热器;热工设备应用部分主要介绍各种常见热力设备、装置和热力循环,包括气体基本热力过程与压气机、气体能量转换与喷管、蒸汽动力循环、气体动力循环、制冷热泵循环等,使学生能够了解这些热力装置和循环的基本结构和工作原理,增强学生的工程应用能力。

　　本书编写在注重系统性和理论性的同时,注意反映热工领域的新发展。为了帮助读者更好地掌握每一章所学的内容,每章结尾均有小结,并选编了适量的联系工程实际的思考题和习题,培养学生的工程意识,提高学生理论联系实际、分析解决实际问题的能力。书中带有"*"的内容,可作为加深学习的内容。

　　本书可以作为机械工程、车辆工程、材料科学与工程、土木工程、环境工程、交通运输、航空航天等非能源动力类各专业本科 27～36 学时热工基础、热工学、工程热力学与传热学课程的教材或教学参考书,也可供有关工程技术人员参考。

　　本书由王立主编,参加编写的成员有:尹少武(绪论、第 1～2 章),张培昆(第 3～4 章),刘传平(第 5～7 章)。教材结构和内容确定、统稿和定稿由王立完成。在书稿的编写过程中,得到了北京科技大学及兄弟院校热工界许多老师的支持和帮助,在此一并表示感谢。

　　由于编者水平有限,书中错误和不妥之处在所难免,敬请读者批评指正。

编　者

2020 年 8 月

目 录
CONTENTS

绪论 ·· 1

0.1 能源概述 ·· 1

    0.1.1 能源及其分类 ·· 1

    0.1.2 能源消费与社会发展 ······································ 2

    0.1.3 我国的能源特点与能源战略 ······························ 3

0.2 热能的合理利用 ·· 4

0.3 热工基础的研究对象和主要内容 ·· 5

    0.3.1 热工基础的研究对象 ·· 5

    0.3.2 热工基础的主要内容 ·· 5

第1章 热工基本概念和基本定律 ·· 7

1.1 热能转换的基本概念 ·· 7

    1.1.1 工质与热力系统 ·· 7

    1.1.2 平衡状态与状态参数 ·· 8

    1.1.3 状态方程与状态参数坐标图 ································· 10

    1.1.4 热力过程 ·· 11

    1.1.5 膨胀功与热量 ·· 13

    1.1.6 热力循环 ·· 15

1.2 热力学第一定律 ··· 17

    1.2.1 热力学能和储存能 ·· 17

    1.2.2 热力学第一定律的实质 ······································ 18

    1.2.3 闭口系统的热力学第一定律表达式 ························· 18

    1.2.4 开口系统的稳定流动能量方程 ······························ 19

    1.2.5 稳定流动能量方程的应用 ··································· 23

1.3 热力学第二定律 ··· 25

    1.3.1 热力过程的方向性 ·· 25

    1.3.2 热力学第二定律的表述 ······································ 26

    1.3.3 熵 ·· 27

1.3.4 热量㶲与能量的品质 ……………………………………………… 32

1.4 热量传递的基本方式 ……………………………………………… 33

　　1.4.1 热传导 ……………………………………………………… 33

　　1.4.2 热对流 ……………………………………………………… 34

　　1.4.3 热辐射 ……………………………………………………… 35

本章小结 …………………………………………………………………… 36

思考题 ……………………………………………………………………… 39

习题 ………………………………………………………………………… 40

第2章　热量传递过程与换热器 ……………………………………… 42

2.1 稳态导热 …………………………………………………………… 42

　　2.1.1 导热基本概念和基本定律 …………………………………… 42

　　2.1.2 导热微分方程及其单值性条件 ……………………………… 45

　　2.1.3 一维稳态导热 ………………………………………………… 48

2.2 对流换热 …………………………………………………………… 55

　　2.2.1 对流换热概述与分析 ………………………………………… 55

　　2.2.2 对流换热的数学描述 ………………………………………… 57

　＊2.2.3 边界层理论与对流换热微分方程组的简化 ………………… 59

　　2.2.4 外掠等壁温平板层流换热分析 ……………………………… 64

　　2.2.5 单相流体对流换热特征数关联式 …………………………… 65

2.3 辐射换热 …………………………………………………………… 71

　　2.3.1 热辐射的基本概念 …………………………………………… 71

　　2.3.2 黑体辐射的基本定律 ………………………………………… 73

　＊2.3.3 实际物体的辐射特性 ………………………………………… 74

　＊2.3.4 辐射换热的计算方法 ………………………………………… 77

2.4 传热过程 …………………………………………………………… 78

　　2.4.1 通过平壁的传热过程 ………………………………………… 78

　　2.4.2 通过圆管壁的传热过程 ……………………………………… 80

　＊2.4.3 临界热绝缘直径 ……………………………………………… 81

　　2.4.4 通过肋壁的传热过程 ………………………………………… 82

　　2.4.5 复合换热 ……………………………………………………… 84

2.5 换热器 ……………………………………………………………… 85

　　2.5.1 换热器的分类 ………………………………………………… 85

　　2.5.2 换热器的传热计算 …………………………………………… 88

2.6 传热的强化与削弱 ………………………………………………… 92

　　2.6.1 强化传热 ……………………………………………………… 92

　　2.6.2 削弱传热 ……………………………………………………… 94

本章小结 ……………………………………………………………… 95

思考题 ………………………………………………………………… 97

习题 …………………………………………………………………… 98

第 3 章　压气机与膨胀机 …………………………………………… 100

3.1　理想气体的性质与热力过程 …………………………………… 100

3.1.1　理想气体及其状态方程 ………………………………… 100

3.1.2　理想气体的比热容 ……………………………………… 101

3.1.3　理想气体的热力学能、焓和熵 ………………………… 104

3.1.4　理想混合气体 …………………………………………… 105

3.1.5　理想气体的基本热力过程 ……………………………… 108

3.1.6　理想气体的多变过程 …………………………………… 114

3.2　气体压缩与膨胀 ………………………………………………… 117

3.3　往复式压气机工作原理及热力性能 …………………………… 120

3.4　叶轮式压气机工作原理 ………………………………………… 123

3.5　多级压缩与中间冷却 …………………………………………… 124

3.6　膨胀机 …………………………………………………………… 127

本章小结 ……………………………………………………………… 128

思考题 ………………………………………………………………… 128

习题 …………………………………………………………………… 129

第 4 章　气体能量转换与喷管 …………………………………… 130

4.1　一维稳定流动基本方程 ………………………………………… 130

4.2　气体在喷管中的定熵流动 ……………………………………… 131

4.3　喷管计算 ………………………………………………………… 133

4.4　喷管内有摩阻的绝热流动 ……………………………………… 135

4.5　扩压管与滞止参数 ……………………………………………… 136

本章小结 ……………………………………………………………… 138

思考题 ………………………………………………………………… 138

习题 …………………………………………………………………… 139

第 5 章　蒸汽动力循环 …………………………………………… 140

5.1　水蒸气的热力性质与热力过程 ………………………………… 140

5.1.1　水蒸气定压加热过程 …………………………………… 140

5.1.2　水蒸气表和焓熵图 ……………………………………… 143

5.1.3　水蒸气热力过程 ………………………………………… 145

5.2　卡诺循环与卡诺定理 …………………………………………… 147

5.2.1 卡诺循环 ·· 147

5.2.2 卡诺定理 ·· 148

5.2.3 蒸汽卡诺循环 ·· 149

5.3 简单蒸汽动力循环 ·· 149

5.3.1 汽轮机 ·· 149

5.3.2 朗肯循环 ·· 150

5.3.3 循环热效率 ·· 152

5.3.4 蒸汽参数对朗肯循环的影响 ·· 154

5.4 提高蒸汽动力循环效率其他途径 ······································ 156

5.4.1 再热循环 ·· 156

5.4.2 回热循环 ·· 157

5.4.3 热电联供循环 ·· 158

本章小结 ·· 159

思考题 ·· 161

习题 ··· 161

第6章 气体动力循环 ··· 163

6.1 活塞式内燃机循环及装置 ·· 163

6.1.1 内燃机装置 ·· 163

6.1.2 四冲程内燃机热力循环 ·· 164

6.1.3 内燃机循环热力分析 ··· 168

6.1.4 二冲程内燃机工作循环 ·· 172

6.2 燃气轮机循环与装置 ·· 175

6.2.1 燃气轮机装置工作过程 ·· 175

6.2.2 燃气轮机简单循环 ·· 176

6.2.3 带回热的燃气轮机循环 ·· 178

6.2.4 喷气式发动机 ·· 179

6.3 燃气蒸汽联合循环 ··· 180

本章小结 ·· 181

思考题 ·· 182

习题 ··· 182

第7章 制冷循环 ·· 184

7.1 逆向卡诺循环 ··· 184

7.2 气体压缩制冷循环 ··· 186

7.2.1 气体压缩式制冷循环原理及特性 ··································· 186

7.2.2 回热式气体压缩制冷循环 ··· 188

7.3　蒸汽压缩制冷循环 ·· 189

　　7.3.1　蒸汽压缩制冷循环工作过程 ······················ 189

　　7.3.2　蒸汽压缩制冷循环性能指标 ······················ 190

　　7.3.3　膨胀阀 ······································· 192

　　7.3.4　液体过冷、吸气过热和回热制冷循环 ·············· 193

*7.4　热泵 ·· 195

*7.5　制冷工质 ·· 197

　　7.5.1　制冷工质分类 ·································· 197

　　7.5.2　制冷工质环境友好性 ····························· 198

　　7.5.3　制冷工质选用原则 ······························ 199

本章小结 ··· 200

思考题 ·· 202

习题 ··· 202

参考文献 ·· 203

附录 ·· 204

　附表1　常用单位换算 ·· 204

　附表2　常用气体的平均比定压热容 ······························ 205

　附表3　常用气体的平均比定容热容 ······························ 206

　附表4　空气的热力性质 ······································ 207

　附表5　饱和水和饱和水蒸气热力性质表(按温度排列) ··················· 208

　附表6　饱和水和饱和水蒸气热力性质表(按压力排列) ··················· 210

　附表7　未饱和水与过热蒸汽热力性质表 ··························· 212

　附表8　金属材料的密度、比热容和热导率 ·························· 219

　附表9　保温、建筑及其他材料的密度和热导率 ······················ 221

　附表10　几种保温、耐火材料的热导率与温度的关系 ···················· 222

　附表11　干空气的热物理性质 ·································· 223

　附表12　大气压力$(p=1.01325\times10^5 \text{Pa})$下烟气的热物理性质 ··········· 224

　附图1　R717(氨)压焓图 ····································· 225

　附图2　R22压焓图 ·· 226

　附图3　R134a压焓图 ······································ 227

　附图4　R404A压焓图 ······································ 228

　附图5　R407C压焓图 ······································ 229

　附图6　R410A压焓图 ······································ 230

绪　　论

发展能源是提供能量的物质资源,是人类社会赖以生存和发展的源泉。翻开人类的发展史,从原始的人力、畜力、水力、柴薪燃料的使用,到今天化石燃料的大量开采,再到核能、氢能、风能、太阳能、地热能、海洋能、生物质能等各种新能源的开发,能源的开发利用极大地促进了人类社会的发展,能源建设是世界各国国民经济建设的基础,能源的开发利用水平是人类社会文明进步的重要标志之一。

认识和掌握能量转换的基本概念和基本规律,了解常见热力设备、装置和循环的结构、工作原理等知识,不仅对能源动力类的专业人才是必需的,而且对于机械、材料、车辆、环境、安全等专业人才培养和未来发展也是不可缺少的。

0.1　能源概述

0.1.1　能源及其分类

能源是指能够直接或间接提供某种形式能量的物质资源,它在一定条件下可以转换成人类所需的其他形式的能量。地球上存在各种形式的能源,如太阳能、水力能、风能、地热能、核能、海洋能、生物质能等。能源可以根据初始来源、开发步骤、使用程度和技术、能否再生、对环境的影响程度等进行分类。

1. 按初始来源分类

根据初始来源,能源可以分为三类:

(1) 地球本身蕴藏的能源:以热能形式储存于地球内部的地热能,地球上铀、钍和钍等核燃料所具有的核能等。

(2) 来自地球以外天体的能源:除了直接的太阳能以外,煤、石油、天然气等化石燃料以及风能、水力能、海洋能、生物质能等可再生能源也由太阳能转化而来。

(3) 地球与其他天体相互作用产生的能源:以月球引力为主,如海洋的潮汐能。

2. 按开发步骤分类

能源可按有无加工、转换等开发步骤分为两类:

(1) **一次能源**:在自然界以自然形态存在,可以直接开发利用的能源,如煤、石油、天然气、风能、水力能、太阳能、地热能和海洋能等。

(2) **二次能源**:由一次能源直接或间接转化而来的能源,如电力、焦炭、煤气、汽油、柴油、沼气、氢气、甲醇、酒精和高温蒸汽等。

3. 按使用程度和技术分类

在不同历史时期和不同科技水平条件下,根据能源使用的技术状况不同,可将能源分为两类:

(1) **常规能源**:指开发利用时间较长、技术比较成熟、被广泛利用的能源,如煤、石油、天然气和水力能等。

(2) **新能源**:指开发时间较短、技术尚在不断发展、因而尚未被大规模开发利用的能源,如太阳能、风能、地热能、海洋能、生物质能和核能等。

4. 按能否再生分类

能源一般会随着被开发利用而减少,根据能否再生可分为两类:

(1) **可再生能源**:指不会因被开发利用而明显减少、具有自然恢复能力的能源,如太阳能、风能、海洋能和生物质能等。

(2) **非再生能源**:指储量有限,随被开发利用而日益减少,最终将会枯竭的能源,如煤、石油和天然气等。

5. 按对环境的影响分类

按照开发利用过程中对环境的影响情况,能源可分为两类:

(1) **清洁能源**:对环境无污染或污染很小的能源,如太阳能、风能、水力能、氢能和海洋能等。

(2) **非清洁能源**:对环境污染大或较大的能源,如煤和石油等。

0.1.2　能源消费与社会发展

从能源利用的观点来看,人类社会发展经历了三个不同的能源时期:古代人类从"钻木取火"开始能源利用的第一个时期——薪柴时期;18 世纪工业革命开创了煤炭作为主要能源的第二个时期——煤炭时期;20 世纪 50 年代转换到以石油、天然气作为主要能源的第三个时期——石油时期。能源的开发和利用,推动着社会生产力和经济的发展。首先,能源是现代生产的动力来源,所有生产过程都与能源的消费同时进行;其次,能源是珍贵的化工原料。因此,没有能源就不可能有国民经济的发展。

能源结构包括能源生产结构和能源消费结构两部分。能源生产结构是指各种能源的生产量在整个能源工业总产量中所占的比例。能源消费结构是指国民经济各部门所消费的各种能源占能源总消费量的比例。世界各国能源结构的特点,一般与该国的资源、经济和科技发展等因素有关。例如,煤炭资源丰富的国家,在能源消费中往往以煤为主,煤炭消费比例较大;发达国家中,石油在能源消费结构中所占比例均在 35% 以上;在天然气资源丰富的国家中,天然气在能源消费结构中所占比例均在 35% 以上;煤油气能源缺乏的国家,则根据自身特点大力发展核电及水电。

《BP 世界能源统计年鉴》(2019 版)指出,世界能源消费仍然侧重于化石能源,以 2018 年全球一次能源消费为例,化石能源在能源消费中的份额高达 85%,其中,石油仍是占比最大的一次能源,占比为 34%;煤炭位居第二,但其份额在 2018 年已经下降至 27%,为近 15年最低点;天然气占比上涨至 24%,与煤炭的差距进一步缩小;水电(7%)和核能(4%)的比例较为稳定;可再生能源增长势头强劲,占比增至 4%,紧随核能之后。

能源是关系国民经济发展、人民生活改善的重要基础。随着经济日益发展和人民生活水平的不断提高,能源消费量迅速增加。但能源中比例很高的非再生能源却是有限的,它们随着不断开发利用而逐渐枯竭,最终会出现"能源短缺"。20 世纪 70 年代石油危机所造成的"能源危机"给人们留下了深刻的印象,敲响了能源问题的警钟。

为了子孙后代的未来和社会的可持续发展,必须使能源适应社会发展和可持续供给,同时需要解决能源消费对环境影响的问题。世界各国在提倡节约能源的同时,都在制定规划大力开发可再生能源和清洁能源。所谓"节能",就是采用技术上可行、经济上合理以及社会可以接受的措施,减少从能源生产到能源消费中各个环节的损耗和浪费,提高能源利用效率和能源利用经济效益。

许多国家除在提高劳动生产率,改进生产工艺,应用节能新产品、新技术、新材料、新工艺上积极努力外,更引人注目的是在储能技术上的推进和突破,各种机械能、自然能、化学能、热能的储存问题更是成为研究的热点领域。在各种新能源和可再生能源的开发利用中,以太阳能、风能、地热能、海洋能、生物质能等可再生能源的发展研究最为迅速。到 2030 年,替代能源尤其是可再生能源,不仅将成为不可或缺的重要能源,而且将成为降低温室气体排放的重要举措。

0.1.3　我国的能源特点与能源战略

我国能源储量丰富多样。新中国成立以来,我国能源事业在地质、勘探、规划、开采、加工转换等方面取得了快速发展,在逐步发展成为世界能源大国的同时,建立了自己独立的能源工业体系。我国能源具有下列特点:

1. 储量丰富且种类齐全

我国能源资源丰富,种类繁多、齐全。煤炭、石油和天然气等常规能源的探明储量不断增加。据 2017 年勘测统计,我国煤炭、石油和天然气查明资源储量分别为 1.7 万亿 t、35.4亿 t 和 5.5 万亿 m^3。此外,我国水力资源、核燃料铀矿、潮汐能、地热能、风能、油页岩和太阳能等资源也比较丰富。

2. 能源结构持续演变

1952 年我国原煤产量仅为 6600 万 t,原油、天然气和水电产量微不足道,国内用油主要依靠进口。自从 1965 年我国相继建成大庆等多个大中型油田以来,石油工业得到快速发展,我国能源工业也从单一的煤炭结构发展成为以煤炭为主的多能源结构。以 2018 年为例,能源生产总量为 37.7 亿 t 标煤,其中,化石能源占比 81.8%,非化石能源占比 18.2%,同时,我国已成为世界水电、风电、太阳能发电装机容量第一大国;继 2017 年我国超过美国成为最大原油进口国后,2018 年我国又超过日本成为最大天然气进口国。

目前我国能源消费以煤炭、石油和天然气为主。2018 年全年我国能源消费总量为 46.4

亿 t 标准煤,煤炭、石油和天然气占比分别为 59.0%、18.9% 和 7.8%;天然气、水电、核电、风电等清洁能源的消费比例达到 22.1%,能源消费结构调整成效显著。我国能源消费将延续清洁化、高效化趋势,消费总量或呈低速增长。非化石能源和天然气仍将是拉动能源消费增长的主力,占一次能源消费的比例继续提高。

能源建设是我国国民经济建设的战略重点之一。我国能源建设面临的挑战为:

(1) 人均能源储备量少,远低于世界平均水平。2018 年年底的统计资料表明,世界人均原煤储备量为 138.9t,我国只有 99.2t;世界人均原油储备量为 32.1t,我国只有 2.5t;世界人均天然气储备量为 25928m³,我国只有 4357m³。

(2) 能源消费对环境的影响。由于我国能源结构以煤炭为主,约 60% 的能源需求由煤炭提供,烟气排放严重影响环境。

我国的能源建设要走可持续发展的道路,必须两条腿走路:一是合理利用能源,提高能源利用率,包括从技术上改进现有的能源利用系统和设备,将可用能源的损失减少到最低限度,并积极开发高效、低污染的能源利用系统和先进的节能设备;二是大力开发对环境无污染或污染很小的清洁能源,如太阳能、风能、水力能、地热能、海洋能、生物质能以及核能等。

0.2　热能的合理利用

人类所认识和利用的能量主要有以下几种形式:机械能、热能、电能、化学能、核能、辐射能等。能量的利用过程,实质上是能量的传递与转换过程。

人类利用的主要能源包括煤炭、石油、天然气、风能、核能、水力能、太阳能、地热能、海洋能、生物质能等。风能、水力能、地热能可以通过风车、水轮机、汽轮机直接转换成机械能或者再通过发电机由机械能转换成电能;太阳能可以通过光合作用转换成生物质能,也可以通过太阳能集热器转换成热能,还可以通过光电反应直接转换成电能;煤炭、石油、天然气中的化学能以及核燃料中的核能等通常都是通过燃烧或核反应转换成热能直接或间接加以利用。据统计,目前在我国通过热能形式被利用的能源占总能源利用的 90% 以上。因此,在能量转换与利用过程中,热能是最常见的形式,从某种意义上来说,能源的开发和利用就是热能的开发和利用。

热能的利用可分为直接利用和间接利用。**热能的直接利用**是指将热能直接用于加热物体,热能的形式不发生变化,如供热、烘干、冶炼、蒸煮及化工过程中利用热能进行分解等。**热能的间接利用**是指通过各种热力机械(热机)将热能转换成机械能或者再通过发电机转换成电能。在热能的间接利用中,热能的能量形式发生了转换。

瓦特蒸汽机的出现和第一次工业革命,推动了热工理论的研究。早期蒸汽机的热效率只有 1%～2%,热能通过各种热机转换为机械能的有效利用程度(热效率)较低。为了提高各种热机能量利用的经济性,人们不断深入探究热的本质、热能与机械能之间转换的基本规律以及各种工质的热力性质,从而导致"工程热力学"的出现、发展和不断完善。

人们在提高热机功率和效率的研究中发现,传热过程引起的热损失或传热效果不良是阻碍提高热机效率的原因之一。在工程技术其他领域,也广泛存在热量传递的问题:增强传热、削弱传热和温度控制等。例如电子器件需要有效冷却,金属材料热处理过程需要有效控制温度和传热量。因此,在热能的直接利用、间接利用以及各种设备元件的热设计和热控制问题中,需要深入研究热量传递的基本规律,以便有效利用热能并提高设备的经济性和可靠性,从而导致"传热学"的出现和发展。

我们中华民族的祖先在热能利用方面取得了辉煌的成就,例如早在商、周时代,我国就有了高水平的冶炼和铸造技术;在隋朝民间已流行烟火;北宋时代出现走马灯——现代燃气轮机的雏形;到了宋朝,我们祖先已发明了火药、火箭。新中国成立以后,我国能源动力工业飞速发展,自主设计制造了万吨级船用柴油机、千兆瓦级全套火力发电设备;与之密切相关的航空航天事业也快速发展,神舟九号、神舟十号飞船已经上天,嫦娥二号卫星完成使命,自行研制的多级火箭已进入国际市场。

0.3　热工基础的研究对象和主要内容

0.3.1　热工基础的研究对象

为了人类社会的可持续发展和人类生产环境的改善,提高能源利用效率是具有战略意义的措施。既然能源的利用在很大程度上是热能的利用,提高能效的重点应是合理有效地利用热能。事实上,人类从热能利用的第一个时期——薪柴时期开始,尤其在瓦特的蒸汽机出现以后,无论是热能的直接利用还是间接利用,就一直在不断探求如何有效利用热能从而提高能量利用的完善程度。

在热能的间接利用中,为了实现热能和机械能之间的转换,在各种热机相继出现的过程中,人们提出了一系列问题:不同热机有着不同的具体转换装置和设备,但它们都能实现热能和机械能之间的转换,那么,热能和机械能之间的转换有何共同规律,遵循何种基本原理,或者说从原理上讲如何才能实现热能和机械能之间的转换;为了节能,如何提高热机的热效率,或者说,提高热机能量利用率的基本原理和根本途径是什么;如何确定热机的热效率极限。对于制冷机,人们提出如何实现制冷和提高制冷循环的制冷系数等问题。

在热能利用过程中,为了增强或削弱热量传递,人们也提出了一系列的问题:热量如何传递,热量传递遵循何种规律;如何通过传热机理的研究提高热能直接利用的经济性;以及如何有效解决有关设备的热设计和热控制问题等。

上述问题都是本课程所要研究和解决的问题,热工基础是研究能量转换规律、热量传递原理、热工设备结构和工作原理,以提高热能利用效率为主要目的一门课程。

0.3.2　热工基础的主要内容

热工基础是由热工理论基础和热工设备应用两部分内容组成的综合性热工技术理论基础。热工理论基础部分主要介绍热能转换涉及的基本概念、热力学第一定律、热力学第二定律、热量传递的基本理论(包括导热、对流换热、辐射换热的基本规律)、传热过程及换热器;热工设备应用部分主要介绍各种常见热力设备、装置和循环等的结构和工作原理等,包括压气机与膨胀机、喷管和扩压管、蒸汽动力装置、气体动力循环、制冷技术与热泵原理等。

　　热能间接利用所涉及的热能与机械能之间的相互转换属于工程热力学的研究范畴。热能与机械能之间的转换必须遵循的基本规律是热力学第一定律和热力学第二定律。同时，通过合理安排工质的热力过程，可以提高热能间接利用的经济性。因此，热力学基本概念、热力学两大定律、工质的热力性质和热力过程，是热工基础的主要研究内容之一。

　　热量是指在温差的作用下传递的能量。热力学第二定律指出，有温差就会有热量传递（简称传热），热量可以自发地由高温热源传给低温热源。热量传递可以通过热传导、热对流和热辐射三种基本方式进行。传热过程中，为了提高热能利用的经济性而采取的增强或削弱传热的种种措施，皆来源于对三种传热方式基本规律的研究和应用。在自然界以及在人们的日常生活和生产实践中，温差几乎无处不在，所以热量传递是普遍存在的物理现象。热量传递的基本理论和基本规律也是热工基础的主要研究内容之一。

　　研究热能间接利用的工程热力学主要采用经典热力学的宏观研究方法。它以热力学第一定律、第二定律作为分析和推理的基础，对热工设备中所进行的宏观热力过程进行研究，分析推理的结果具有可靠性和普遍性。此外还普遍采用抽象、概括、理想化和简化处理方法，突出实际现象的本质和主要矛盾，忽略次要因素，建立合理、简化的物理模型，集中反映热工过程的本质。

　　研究热能直接利用和其他热设计、热控制的传热学主要采用解析法、数值计算法和实验研究法。解析法依据传热学基本定律对某些传热现象进行分析研究，建立合理的物理模型和数学模型，然后利用数学分析方法进行求解；对于难以解析求解的问题，可以利用数值求解方法和计算机进行求解，也即数值计算法；实验研究法是在传热理论指导下通过实验测定、建立实验方程，然后进行分析和求解的一种方法。这几种方法针对所研究问题的特点既各自独立，又相辅相成、互相补充。

　　热能的利用离不开热工设备，如换热器、喷管、蒸汽动力装置和气体动力装置，它们承担着热能直接利用或间接利用的具体任务。另外，工程中还有另一类热工设备与装置，如压气机和制冷机等，虽然它们的工作过程与热机等相反，但同样存在着热能和机械能之间的能量转换。本教材将对上述典型热工设备与装置的原理、构造和性能等内容进行介绍。

第 1 章

热工基本概念和基本定律

研究热能与机械能之间的转换，所依据的基本定律是热力学第一定律和第二定律。热力学第一定律揭示了在能量传递和转换过程中能量"数量"的守恒关系；而热力学第二定律阐明了能量不但有"数量"的多少问题，而且有"品质"的高低问题。

1.1 热能转换的基本概念

在学习热力学第一定律和第二定律之前，我们首先介绍热能与机械能相互转换所涉及的基本概念，如热机、工质、系统、状态参数、过程、功量、热量和循环等基本概念，了解和掌握这些基本概念是学习工程热力学的基础。

1.1.1 工质与热力系统

1. 热机

能量的传递和转换必须借助某种设备和通过某种物质来实现。凡是能将热能转换为机械能的机器统称为**热机**。例如蒸汽机(蒸汽轮机)、内燃机(燃气轮机和喷气发动机)等均为热机。

2. 工质

热能和机械能之间的转换是通过媒介物质在热机中的一系列状态变化过程来实现的，人们把用来实现能量相互转换的媒介物质称为**工质**。如在内燃机中，凭借燃气的膨胀将热转化为功，燃气就是工质；在火电厂蒸汽动力装置中，把热能转变为机械能的媒介物质水蒸气就是工质。空气、燃气、水蒸气等都是常用的工质。

3. 热力系统

人们在研究各种不同形式能量相互转化与传递时，为了分析方便，通常选取一定的工质或空间作为研究的对象，并称之为**热力系统**，简称**系统**。系统以外的部分称为**外界**或**环境**，例如与系统能量转化或传递有密切关系的自然环境。系统与外界之间的分界面称为**边界**。边界可以是真实的，也可以是假想的；可以是固定的，也可以是移动的。本书用虚线表示热力系统的边界。

以活塞式压缩机气缸为例,如图1-1所示,如果取气缸中的气体作为研究对象,即气缸中的气体组成热力系统,则气缸内壁和活塞内表面即构成该系统的真实边界,并且一部分边界随活塞移动,边界以外的部分为外界。

热力系统通过边界与外界发生能量与物质的交换或相互作用。按照系统与外界之间相互作用的形式,系统可分为以下几类:

闭口系统:与外界无物质交换的热力系统。如图1-1所示,当工质进出气缸的阀门关闭时,气缸内的工质就是闭口系统。由于系统的质量始终保持恒定,所以也常称为**控制质量系统**。

开口系统:与外界有物质交换的热力系统。如图1-2所示,运行中的汽轮机就可视为开口系统,因在运行过程中有蒸汽不断地流进流出。由于开口系统是一个划定的空间范围,所以开口系统又称为**控制容积系统**。

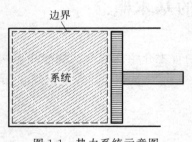

图1-1 热力系统示意图

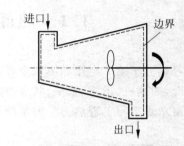

图1-2 开口系统示意图

绝热系统:与外界无热量交换的系统,但可以有功量和物质交换。例如,在分析火力发电厂时可以把汽轮机近似看作绝热系统。

孤立系统:与外界既无能量(功、热量)交换又无物质交换的系统。

简单可压缩系统:热力系统由可压缩流体构成,与外界只有热量和可逆体积变化功的交换。热能转换所涉及的系统大多数属于简单可压缩系统。

热源:与外界只有热量的交换,并且在吸收或放出有限量热量时自身温度及其他热力学参数没有明显变化的系统。热源又可分为高温热源和低温热源。

1.1.2 平衡状态与状态参数

1. 状态与平衡状态

工质在膨胀或被压缩的过程中,其压力、温度、体积等物理量会随之发生变化,或者说工质本身的状况会发生变化。工质在某一瞬间所呈现的宏观物理状况称为工质的**热力状态**,简称**状态**。

用于描述工质所处状态的宏观物理量称为**状态参数**,如温度、压力、比体积等。状态参数具有点函数的性质,状态参数的变化只取决于给定的初始与最终状态,与变化过程中所经历的一切中间状态或路径无关。

在不受外界影响(重力场除外)的条件下,工质(或系统)的状态参数不随时间而变化的状态称为**平衡状态**。当系统内部各部分的温度或压力不一致时,各部分间将发生热量的传递或相对位移,其状态将随时间而变化,这种状态称为**非平衡状态**。如果没有外界的影响,非平衡状态最后将过渡到平衡状态。

处于平衡状态的热力系统具有均匀一致的温度、压力等参数,可以用确定的温度、压力等物理量来描述。如果热力系统处于非平衡状态,则其状态参数是不确定的。

2. 基本状态参数

常用的状态参数有压力(p)、温度(T)、比体积(v)、热力学能(U)、焓(H)、熵(S)等,其中,压力、温度、比体积可以直接测量,称为**基本状态参数**。

1) 压力

压力是指单位面积上所受到的垂直方向作用力,即物理学中的压强,用符号 p 表示,即

$$p = \frac{F}{A} \tag{1-1}$$

式中,F 为垂直作用于面积 A 上的力。

气体的压力是气体分子运动撞击容器壁面而在容器壁面的单位面积上所呈现的平均作用力。

工程上常用 U 形管压力表(图 1-3(a)、(b))和弹簧管式压力表(图 1-3(c))测量工质的压力。由于压力表本身总处在某种环境(例如大气环境)中,因此压力表的读数通常是被测工质的压力与当地环境压力之间的差值,并非工质的真实压力。

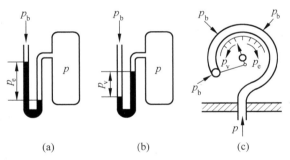

图 1-3　压力测量示意图

p—绝对压力；p_b—环境压力；p_e—表压力；p_v—真空度

工质的真实压力称为绝对压力,用 p 表示。如果用 p_b 表示环境压力(或测压计所处空间的压力),则当 $p > p_b$ 时,测压计称为压力表,压力表指示的**表压力**用 p_e 表示,如图 1-3(a)所示,此时绝对压力为

$$p = p_b + p_e \tag{1-2}$$

当 $p < p_b$ 时,测压计称为真空计,测压仪表指示的读数称为**真空度**,用 p_v 表示,如图 1-3(b)所示,此时绝对压力为

$$p = p_b - p_v \tag{1-3}$$

由于环境压力(或测压计所处空间内的压力)随测量时间、地点而不同,因此,即使表压力或真空度不变,绝对压力也会随着环境压力的变化而变化。只有绝对压力才能表征工质所处的状态,才是状态参数,在后面的分析与计算中,所用的压力均为绝对压力。

在国际单位制中,压力的单位为帕(Pa),$1Pa = 1N/m^2$。工程上,由于单位 Pa 太小,常采用千帕(kPa)和兆帕(MPa)作为压力的单位。其他单位制的压力单位有巴(bar)、mmH_2O、mmHg、标准大气压(atm)、工程大气压(at)等,$1bar = 10^5 Pa$,$1mmH_2O = 9.81Pa$,$1mmHg = 133.3Pa$,$1atm = 1.013×10^5 Pa$,$1at = 0.981×10^5 Pa$。

2) 温度

温度是用来标志物体冷热程度的物理量。根据气体分子运动论,气体的温度是组成气体的大量分子平均移动动能的量度,温度越高,分子的热运动越剧烈。

当两个温度不同的物体相互接触时,它们之间将发生热量传递。如果不受其他物体的影响,那么经过足够长的时间后,二者将达到相同的温度,这种状况称为**热平衡状态**。这一事实导致热力学第零定律的建立。**热力学第零定律**表述为:**如果两个物体中的每一个都分别与第三个物体处于热平衡,则这两个物体彼此也必处于热平衡**。这第三个物体可用作温度计。温度概念的建立以及温度测量都是以热力学第零定律为依据的,当温度计与被测物体达到热平衡时,温度计所指示的温度就等于被测物体的温度。

温度的数值表示法称为**温标**。国际单位制采用**热力学温标**作为基本温标,用这种温标确定的温度称为**热力学温度**,以符号 T 表示,单位为开尔文(K)。热力学温标取水的三相点(纯水的固、液、汽三相平衡共存的状态点)为基准点,并定义其温度为 273.16K。热力学温度的每单位开尔文等于水的三相点热力学温度的 1/273.16。

与热力学温标并用的还有热力学摄氏温标,简称**摄氏温标**。用这种温标确定的温度称为**摄氏温度**,以符号 t 表示,单位为℃,并定义为

$$t = T - 273.15 \tag{1-4}$$

上式不但规定了摄氏温标的零点,还说明摄氏温标与热力学温标的每一温度间隔相同。因此,热力系统两状态间的温度差,不论采用热力学温标还是摄氏温标,差值相同,即 $\Delta T = \Delta t$。

3) 比体积

单位质量的工质所占的体积称为**比体积**,用符号 v 表示,单位为 m^3/kg。如果质量为 m 的工质占有的体积为 V,则工质的比体积为

$$v = \frac{V}{m} \tag{1-5}$$

单位体积工质的质量称为**密度**,用符号 ρ 表示,单位为 kg/m^3。比体积与密度互为倒数,即

$$\rho v = 1 \tag{1-6}$$

比体积和密度都是说明工质在某一状态下分子疏密程度的物理量,其中任一个都可以作为工质的状态参数,二者互不独立,通常以比体积作为状态参数。

1.1.3　状态方程与状态参数坐标图

热力系统的各状态参数分别从不同角度描述系统的某一宏观特性,这些参数并不都是独立的。那么要想确定系统的平衡状态,需要多少独立参数呢?状态公理指出,对于简单可压缩系统,只需两个独立的参数便可确定它的平衡状态。例如,一定量的气体在固定容积内

被加热,其压力会随着温度的升高而升高。若容积和温度被规定后,压力就只能具有一个确定的数值,即状态被确定。

因此,在工质的基本状态参数 p、v、T 中,只要其中任意两个确定,另一个也随之确定,如

$$p = f(v, T)$$

表示成隐函数形式为

$$F(p, v, T) = 0 \tag{1-7}$$

上式建立了平衡状态下压力、温度、比体积这三个基本状态参数之间的关系。这种表示状态参数之间关系的方程式称为**状态方程式**。状态方程式的具体形式取决于工质的性质。

对于只有两个独立状态参数的热力系统,可以任选两个参数组成二维平面坐标图来描述被确定的平衡状态,这种坐标图称为**状态参数坐标图**。由于两个独立的状态参数就可以确定简单可压缩系统的状态,所以,在以两个独立状态参数为坐标的平面坐标图上,每一点都代表系统的一个平衡状态。如图 1-4 中 1、2 两点分别代表由独立状态参数 p_1、v_1 和 p_2、v_2 所确定的两个平衡状态。显然,非平衡状态由于没有确定的状态参数,所以在坐标图上无法表示。

经常应用的状态参数坐标图有压容图(p-v 图)和温熵图(T-s 图)。

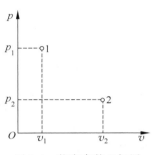

图 1-4　状态参数坐标图

1.1.4　热力过程

热能和机械能的相互转换必须通过工质的状态变化才能实现。热力系统从一个状态向另一个状态变化时所经历的全部状态的总和称为**热力过程**,简称**过程**。

就热力系统本身而言,热力学仅可对平衡状态进行描述,"平衡"意味着宏观是静止的;而要实现能量的转换,热力系统又必须通过状态的变化即过程来完成,"过程"意味着变化,意味着平衡被破坏。"平衡"和"过程"这两个矛盾的概念怎样统一起来呢?这就需要引入准平衡过程。

1. 准平衡过程

考察如图 1-5 所示的气缸活塞系统。设气缸、活塞是绝热的,气缸内贮有气体,活塞上放有一组砝码。开始时气体处于平衡状态 1,如果突然将所有砝码一次取走,则系统的平衡被破坏,经过一个热力过程后达到新平衡状态 2。在这一过程中,除了初、终态是平衡状态外,所经历的状态都不能确定是平衡状态,因此在 p-v 图上除了 1、2 点以外,均无法在图上表示。

如果改变取砝码的方法,重新进行上述过程。每次取走一块砝码,待系统恢复平衡后再取走另一块砝码,依次取走全部砝码,则在初、终态间又增加了若干个如图 1-5 中 c 状态的平衡态。显然,每次取走的砝码质量越小,中间的平衡态越多。在极限情况下,每次取走无限小质量的砝码,那么在初、终态之间就会有一系列连续的平衡态。这种系统所经历的每一

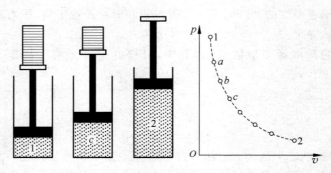

图 1-5　准平衡过程的实现

个状态都无限地接近平衡状态的热力过程,称为**准平衡过程**,又称为**准静态过程**。在状态参数坐标图上可以用连续的实线表示准平衡过程。而非平衡过程由于它所经历的不平衡状态没有确定的状态参数,因而不能表示在状态参数坐标图上。

将上述过程的结论推广到有传热、相变和化学反应的过程中,准平衡过程的实现条件是:破坏平衡态存在的不平衡势差(温差、力差和化学势差)应为无限小。

要实现不平衡势差无限小的准平衡过程,从理论上讲要无限缓慢。然而在实际热力过程中,热力系统恢复平衡的速度比破坏平衡的速度要快得多,即系统恢复平衡的时间(**弛豫时间**)相对破坏平衡的时间要少得多,弛豫时间非常短,可以将有限势差推动下的实际过程看作是连续平衡态构成的准平衡过程。例如:在活塞式热力机械中,活塞运动的速度一般在 10m/s 以内,但气体的内部压力波的传播速度等于声速,通常每秒数百米,相对而言,活塞运动的速度很慢,这类情况就可按准平衡过程处理。

2. 可逆过程

准平衡过程只是为了对系统的热力过程进行描述而提出的。但是当研究涉及系统与外界的功量和热量交换时,即涉及热力过程能量传递与转换的计算时,必须引出可逆过程的概念。

如果系统完成了某一过程之后,再沿着原路径逆行而回到原来的状态,外界也随之回到原来的状态而不留下任何变化,则这一过程称为**可逆过程**,否则就是**不可逆过程**。

例如,在图 1-6 所示的装置中取气缸中的工质作为系统。开始时系统处于平衡状态 1,随着系统从热源吸热,体积膨胀并对活塞做功,使飞轮转动,系统由初态 1 经历了一系列准平衡状态变化到终态 2。如果此装置是一理想的机器,不存在摩擦损失,那么工质的膨胀功将以动能的形式全部储存于飞轮中。如果利用飞轮的动能推动活塞缓慢逆行,则系统将由状态 2 沿着原路径逆向被压缩回到初态 1,压缩过程所需要的功正好等于膨胀过程所做的功。与此同时,系统向热源放热,放热量与膨胀时的吸热量相等。于是,当系统回到原来的状态 1 时,整个装

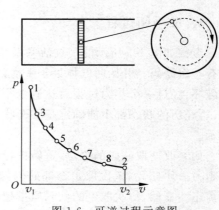

图 1-6　可逆过程示意图

置和热源也都回到了原来的状态,或者说系统和外界全部恢复到原来的状态,未留下任何变化,这样的过程就是可逆过程。

有摩擦(机械摩擦、工质内部的黏性摩擦等)的过程,都是不可逆过程。因为在正向过程中,有一部分膨胀功由于摩擦变成热;而在逆向过程中,还要再消耗一部分功用于克服摩擦而变成热,所以要使系统回到初态,外界必须提供更多的功。这样,工质虽然回到初态,但外界却发生了变化。

温差传热、混合、扩散、渗透、溶解、燃烧、电加热等实际过程都是不可逆过程。对于一个均匀的无化学反应的系统来说,实现可逆过程最重要的条件是系统内部以及系统与外界之间都处于热和力的平衡,而且过程中不存在耗散效应(指通过摩擦、黏性扰动、温差传热等消耗功或潜在做功能力损失的效应)。所以说,可逆过程就是没有耗散效应的准平衡过程。

可逆过程是一种理想过程,是一切热力设备工作过程力求接近的目标。将复杂的实际过程近似简化为理想的可逆过程加以研究,对热力学分析以及对指导工程实践具有十分重要的理论意义。

1.1.5　膨胀功与热量

热力系统经历热力过程时,通常会与外界发生两种方式的能量交换——做功和传热。

1. 膨胀功与示功图

功是系统与外界之间在力差的推动下,通过宏观有序(有规则)运动方式传递的能量。在力学中,功(或功量)定义为力和沿力作用方向位移的乘积。例如:若物体在力 F 作用下沿力的方向 x 产生了微小的位移 $\mathrm{d}x$,则该力所做的功量为

$$\delta W = F \mathrm{d}x \tag{1-8}$$

如果在力 F 作用下物体沿力的方向从 x_1 位移到 x_2,则力 F 所做的功为

$$W = \int_{x_1}^{x_2} F \mathrm{d}x \tag{1-9}$$

热能转换为机械能的过程是通过工质的体积膨胀来实现的。工质在体积膨胀时所做的功称为**膨胀功**。如图 1-7 所示,假定气缸中有质量为 m 的工质,其压力为 p,活塞面积为 A,则工质作用于活塞上的力为 pA。假设活塞在工质压力的作用下向前移动了一微小距离 $\mathrm{d}x$。由于工质的体积膨胀非常小,其压力几乎不变,如果这一微元过程是准平衡过程,则工质对活塞所做的功为

$$\delta W = pA \mathrm{d}x = p \mathrm{d}V \tag{1-10}$$

式中,$\mathrm{d}V$ 为活塞移动距离 $\mathrm{d}x$ 时气缸中工质体积的增量。如果活塞从位置 1 移动到位置 2,并且过程是准平衡过程,则工质所做的膨胀功为

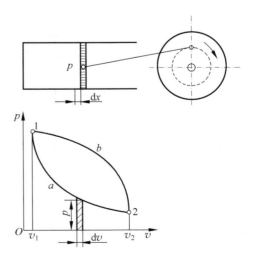

图 1-7　气缸中气体膨胀过程的 $p\text{-}v$ 图(示功图)

$$W = \int_1^2 p \, dV \tag{1-11}$$

单位质量工质所做的膨胀功称为**比膨胀功**，用 w 表示。由式(1-10)、式(1-11)可得

$$\delta w = p \, dv \tag{1-12}$$

$$w = \int_1^2 p \, dv \tag{1-13}$$

虽然式(1-10)至式(1-13)是针对准平衡过程提出的，但由于可逆过程就是没有耗散效应的准平衡过程，所以它们也是可逆过程膨胀功的计算公式。在具体计算时，除了工质的初、终态以外，还必须知道工质在状态变化过程中压力和比体积的变化规律，即 $p = f(v)$ 的函数关系。

一个可逆过程可以用以压力 p 为纵坐标、比体积 v 为横坐标的 p-v 图上的一条曲线来表示，如图 1-7 中的 $1a2$ 所示。比膨胀功 $w_{1-2} = \int_1^2 p \, dv$ 的数值，可以用曲线和横坐标之间的面积来表示，因此 p-v 图也称为**示功图**。

如图 1-7 所示，过程 $1a2$ 与 $1b2$ 的膨胀功不同，膨胀功的大小不仅取决于工质的初、终状态，还与其经历的过程有关，所以功量是过程量而不是状态量。为了以示区别，微小功量用 δw 表示，而不用 dw。

当工质被压缩时，以上各式同样适用，只不过 dv 为负值，计算出的功也是负值，表示外界压缩工质所做的压缩功。

工程热力学中规定：系统对外界做功的值为正，外界对系统做功的值为负。在国际单位制中，功的单位为焦(J)或 kJ，比功的单位为 J/kg 或 kJ/kg。

2. 热量、熵与示热图

热力系统与外界之间依靠温差传递的能量称为**热量**，用 Q 表示，单位与功的单位相同，为 J 或 kJ。单位质量工质所传递的热量，用 q 表示，单位为 J/kg 或 kJ/kg。

热量和膨胀功一样，都是热力系统在与外界相互作用的过程中所传递的能量。热量与膨胀功都是过程量而不是状态量，因此微元过程中传递的热量用 δq 表示，而不用 dq。

工程热力学中规定：系统吸收的热量值为正，系统放出的热量值为负。

在可逆过程中，系统与外界交换的热量的计算公式与功的计算公式具有相似的形式。对照式(1-12)，对于微元可逆过程，单位质量工质与外界交换的热量可以表示为

$$\delta q = T \, ds \tag{1-14}$$

式中，s 称为**比熵**，J/(kg·K) 或 KJ/(kg·K)。比熵的定义为

$$ds = \frac{\delta q}{T} \tag{1-15}$$

即在微元可逆过程中，工质比熵的增加等于单位质量工质所吸收的热量除以工质的热力学温度所得的商。比熵 s 同比体积 v 一样是工质的状态参数。

对于质量为 m 的工质，它与外界交换的热量可以表示为

$$\delta Q = T \, dS \tag{1-16}$$

式中，S 为质量为 m 的工质的熵，J/K。熵的定义为

$$dS = \frac{\delta Q}{T} \tag{1-17}$$

这里仅作为基本概念给出了熵的定义,有关熵的物理意义将在后续章节进一步讨论。

对于从状态 1 到状态 2 的可逆过程,工质与外界交换的热量可用下式计算:

$$q = \int_1^2 T \mathrm{d}s \tag{1-18a}$$

$$Q = \int_1^2 T \mathrm{d}S \tag{1-18b}$$

根据熵的变化,可以很容易地判断一个可逆过程中系统与外界之间热量交换的方向:若 $\mathrm{d}s > 0$,则 $\delta q > 0$,系统吸热;若 $\mathrm{d}s < 0$,则 $\delta q < 0$,系统放热;若 $\mathrm{d}s = 0$,则 $\delta q = 0$,系统绝热,因此可逆绝热过程又称为**定熵过程**。

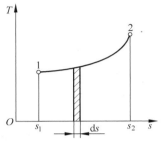

与 p-v 图类似,在以热力学温度 T 为纵坐标,以比熵 s 为横坐标的 T-s 图(温熵图)上,可以用一个点代表一个平衡状态,用一条曲线代表一个可逆过程,如图 1-8 所示。由式 (1-18a)可知,在从状态 1 到状态 2 的可逆过程中,单位质量工质与外界所交换的热量可以用温熵图中过程曲线 12 与横坐标之间的面积 $12s_2s_11$ 来表示,所以温熵图也称为**示热图**。示热图与示功图一样,是进行热力学分析的重要工具。

图 1-8　温熵图(示热图)

1.1.6　热力循环

通过工质的体积变化(膨胀)可以将热能转变为机械能。但是单一的膨胀过程所做的功是有限的,因为任何一种膨胀过程都不可能无限制地继续下去,一方面工质的状态将会变化到不宜继续膨胀做功的状态(与外界平衡);另一方面机器设备的尺寸总是有限的。因此,要使热能连续不断地转变为机械能,必须使膨胀后的工质经历某些过程再回复到原来的状态,使其重新具有做功的能力。

热力循环是指工质从某一初态出发经历一系列热力状态变化后又回到原来初态的全部过程,即封闭的热力过程,简称循环。热力系统实施热力循环的目的是实现连续的能量转换。

根据循环中是否包含不可逆过程,热力循环可分为可逆循环和不可逆循环。全部由可逆过程组成的循环称为**可逆循环**。如果循环中有部分过程或全部过程是不可逆的,则是**不可逆循环**。

根据循环所产生的效果不同,热力循环可分为正向循环和逆向循环。将热能转变为机械能的循环称为**正向循环**。所有热力发动机都是按正向循环工作的,所以正向循环也称为**动力循环**或**热机循环**。在 p-v 图与 T-s 图上,正向循环都是按顺时针方向进行的,如图 1-9 所示。正向循环的目的是实现热功转换,从高温热源取得热量 Q_1,对外做出净功 W_{net},同时向低温热源放出热量 Q_2。正向循环总的效果是:一部分热能转换为机械能,另一部分热能不可避免地转移到了低温热源,这是热能连续不断地转变为机械能所必要的补充条件。

正向循环所做的净功 W_{net}(收益)与循环中高温热源加给工质的热量 Q_1(代价)之比称为**循环热效率**,用 η_t 表示,即

$$\eta_t = \frac{W_{\mathrm{net}}}{Q_1} = \frac{Q_1 - Q_2}{Q_1} = 1 - \frac{Q_2}{Q_1} \tag{1-19}$$

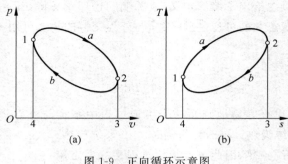

图 1-9 正向循环示意图

（a）$p\text{-}v$ 图；（b）$T\text{-}s$ 图

η_t 说明了热力循环中热量 Q_1 被有效利用的程度，通常用来评价正向循环的热经济性。显然，η_t 总是小于 1 的。上式普遍适用于各种类型的热力循环，是分析计算各种热力循环热效率的基本公式。

与正向循环相反，**逆向循环**是消耗外界提供的功量，将热量从低温热源传递到高温热源的循环，例如制冷装置及热泵的工作循环。在 $p\text{-}v$ 图与 $T\text{-}s$ 图上，逆向循环是按逆时针方向进行的，如图 1-10 所示。通过逆向循环可以将热量 Q_2 从低温热源转移到高温热源，但必须消耗功，这部分功将转变为热量与 Q_2 一起转移到高温热源。消耗功是将热量从低温热源转移到高温热源所付出的代价。

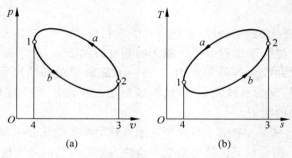

图 1-10 逆向循环示意图

（a）$p\text{-}v$ 图；（b）$T\text{-}s$ 图

通常用工作系数评价逆向循环的热经济性。**工作系数**是逆向循环的收益与代价之比，又称为性能系数（Coefficient of Performance，COP）。制冷装置与热泵都是按逆循环工作的，但它们的任务不同：制冷装置的任务是将热量从低温被冷却物质或空间（如冷藏室）取出，排向环境（高温热源），维持被冷却物质或空间的低温；热泵的任务是从低温热源吸取热量，送到温度较高的被加热物质或空间。

制冷装置的工作系数也称为**制冷系数**，用 ε 表示，即

$$\varepsilon = \frac{Q_2}{W_{\text{net}}} = \frac{Q_2}{Q_1 - Q_2} \tag{1-20}$$

热泵的工作系数称为**供热系数**，用 ε' 表示，即

$$\varepsilon' = \frac{Q_1}{W_{\text{net}}} = \frac{Q_1}{Q_1 - Q_2} \tag{1-21}$$

可见，ε' 总是大于 1，而制冷系数 ε 可能大于 1，也可能小于 1，但在一般制冷条件下 ε 通常大于 1。

1.2　热力学第一定律

热力学第一定律是物理学中能量转换与守恒定律在涉及热现象的能量转换过程中的应用，是一切热力过程所必须遵循的定律。本节重点阐述热力学第一定律的实质，导出热力学第一定律的一般表达式，进而得到实际工程中常用的闭口系统和稳定流动系统的能量方程。

1.2.1　热力学能和储存能

储存于热力系统的能量称为热力系统的**储存能**。热力系统的储存能主要有两类：一类是取决于系统本身热力状态的热力学能；另一类是与系统的宏观运动速度有关的宏观动能以及与系统在重力场中所处的位置有关的宏观位能。

热力学能是工质微观粒子所具有的能量，指不涉及化学能和原子能的物质分子热运动动能和分子之间由于相互作用力而具有的位能之和，即所谓的**热能**。质量为 m 的工质的热力学能用 U 表示，单位为 J 或 kJ；单位质量（即 1kg）工质的热力学能称为比热力学能（简称热力学能），用 u 表示，单位为 J/kg 或 kJ/kg。

根据分子运动论，气体分子动能的大小主要取决于气体的温度，位能的大小主要与气体的比体积有关。因此，气体工质的比热力学能只取决于工质的热力学温度和比体积，即取决于工质的热力状态，是状态参数，可表示为

$$u = f(T, v)$$

在热工计算中，经常遇到工质从一个状态变化到另一个状态，需要计算的是热力学能的变化量，而不是它的绝对值。因此，热力学能的基准点（零点）可以人为地选定，例如，取 0K 或 0℃ 时气体的热力学能为零。

除了储存在热力系统内部的热力学能之外，热力系统作为一宏观整体相对于某参考坐标系还具有宏观的能量：当热力系统以速度 c_f 作宏观运动时，具有宏观动能 E_k；当热力系统的相对高度为 z 时，具有宏观位能 E_p。相对于储存在系统内部的热力学能，称它们为外部储存能，单位为 J 或 kJ。

由物理学可知，质量为 m 的系统，其宏观动能和位能分别为

$$E_k = \frac{1}{2}mc_f{}^2, \quad E_p = mgz$$

式中，g 为重力加速度。

系统的热力学能、宏观动能与宏观位能之和称为系统的**储存能**，用 E 表示，即

$$E = U + E_k + E_p \tag{1-22}$$

单位质量工质的储存能、宏观动能和宏观位能分别称为**比储存能**、**比宏观动能**和**比宏观位能**，分别用 e、e_k 和 e_p 表示，单位为 J/kg 或 kJ/kg，即

$$e = u + e_k + e_p \tag{1-23}$$

1.2.2　热力学第一定律的实质

能量转换与守恒定律是自然界的一条普适定律,它指出:自然界中一切物质都具有能量,能量有各种不同的形式,它可以从一个物体传递到其他物体和系统,能够从一种形式转换成另一种形式,在能量的传递和转换过程中,能量的"量"既不能创生也不能消灭,其总量保持不变。

将这一定律应用到涉及热现象的能量转换过程中,即是**热力学第一定律**,它可以表述为:**在热能与其他形式能的互相转换过程中,能的总量始终不变**。焦耳的热功当量实验和瓦特蒸汽机的成功,以及以后的各种热功转换装置都证实了热力学第一定律的正确性。

历史上,有人曾幻想制造一种不消耗能量而连续做功的"第一类永动机",由于它违反了热力学第一定律,当然不可能成功。因此,热力学第一定律也可以表述为:**不花费能量就可以产生功的第一类永动机是不可能制造成功的**。

热力过程中热能与机械能的转换过程,总是伴随着能量的传递和交换。这种交换不但包括功量和热量的交换,还包括因工质流进流出而引起的能量交换。热力学第一定律适用于一切热力系统和热力过程,不论是开口系统还是闭口系统,热力学第一定律均可表达为

$$进入系统的能量-离开系统的能量=系统储存能量的变化量 \qquad (1\text{-}24)$$

1.2.3　闭口系统的热力学第一定律表达式

在实际热力过程中,许多系统都是闭口系统。例如,活塞式压气机的压缩过程,内燃机气缸中的压缩和膨胀过程等。根据式(1-24)可进一步推导出适合闭口系统的热力学第一定律表达式,即闭口系统的能量方程。如图1-11所示的气缸活塞系统,取封闭在气缸里的工质作为分析对象,这显然是一个闭口系统。

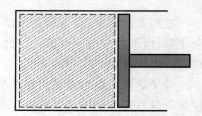

通常该系统的宏观动能和宏观位能均无变化,即 $E_k=0,E_p=0$。因此,系统储存能量的变化量仅为热力学能的变化量。设工质由平衡态1变化到平衡态2的状态变化过程中从外界吸取的热量为 Q,对外所做的膨胀功为 W,根据式(1-24),该闭口系统的热力学第一定律表达式为

图1-11　气缸活塞系统

$$Q-W=\Delta U$$

即

$$Q=\Delta U+W \qquad (1\text{-}25)$$

式中,$\Delta U=U_2-U_1$ 为工质由状态1变化到状态2时本身热力学能的变化量。

对于闭口系统的微元过程,其表达式为

$$\delta Q=dU+\delta W \qquad (1\text{-}26)$$

对于单位质量工质,可相应得出

$$q=\Delta u+w \qquad (1\text{-}27)$$

$$\delta q=du+\delta w \qquad (1\text{-}28)$$

式(1-25)至式(1-28)为闭口系统的热力学第一定律表达式,适用于闭口系统的一切过程和工质。

如前所述,对于可逆过程有

$$W = \int_1^2 p\,\mathrm{d}V \quad \text{或} \quad w = \int_1^2 p\,\mathrm{d}v$$

故对于闭口系统的可逆过程(或准平衡过程),可相应得出

$$Q = \Delta U + \int_1^2 p\,\mathrm{d}V \tag{1-29}$$

$$q = \Delta u + \int_1^2 p\,\mathrm{d}v \tag{1-30}$$

在使用闭口系统的热力学第一定律表达式时,需要注意单位和量纲的统一,以及热量、功量正负号的规定。

例题 1-1　一刚性绝热容器内储存有水蒸气,通过电热器向水蒸气输入 60kJ 的能量,如图 1-12 所示,试求水蒸气热力学能变化多少?

解:取容器中的水蒸气为热力系统,显然这是一个闭口系统,其能量方程为

$$Q = \Delta U + W$$

系统与外界无功量交换,$W = 0$;系统吸收电热器产生的热量 $Q = 60\text{kJ}$,故有

$$\Delta U = Q = 60\text{kJ}$$

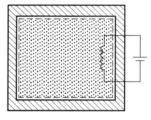

图 1-12　例题 1-1 图

1.2.4　开口系统的稳定流动能量方程

1. 稳定流动与流动功

在实际的热力工程和热工设备中,工质会不断地流入和流出,热力系统是一个开口系统。在正常运行工况或设计工况下,所研究的开口系统是一种稳定流动系统。**稳定流动系统**指热力系统内各点状态参数不随时间而变化的流动系统。为了实现稳定流动,必须满足以下条件:

(1) 进出系统的工质流量相等且不随时间变化;

(2) 系统进出口工质的状态不随时间变化;

(3) 系统与外界交换的热量和功量等各种能量不随时间变化。

稳定流动系统是一个开口系统,对于开口系统而言,为了使工质流入系统,外界必须对流入系统的工质做功。工质在流过热工设备时,必须受外力推动,这种推动工质流动而做的功称为**流动功**,也称为**推进功**。

如图 1-13 所示,当质量为 $\mathrm{d}m$ 的工质在外力的推动下克服压力 p 移动距离 $\mathrm{d}x$,并通过面积为 A 的截面进入系统时,则外界所做的流动功为

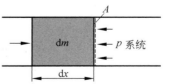

图 1-13　流动功推导示意图

$$\delta W_{\mathrm{f}} = pA\,\mathrm{d}x = p\,\mathrm{d}V = pv\,\mathrm{d}m \tag{1-31}$$

对于单位质量工质,流动功为

$$w_{\mathrm{f}} = \frac{\delta W_{\mathrm{f}}}{\mathrm{d}m} = pv \tag{1-32}$$

对单位质量工质所做的流动功在数值上等于工质的压力 p 和比体积 v 的乘积 pv。流动功是由泵或风机加给被输送工质并随着工质的流动而向前传递的一种能量,不是工质本身具有的能量。

2. 开口系统的稳定流动能量方程

图 1-14 是一个概括性热工设备的示意图,有工质不断地流进、流出该系统。若取进、出口截面 1—1 和 2—2 以及设备壁面作为系统边界,如图中虚线所示,这显然是一个开口系统。假设在时间 τ 内,质量为 m_1 的工质以流速 c_{f1} 跨过截面 1—1 流入系统,与此同时,质量为 m_2 的工质以流速 c_{f2} 跨过截面 2—2 流出系统,系统与外界交换热量为 Q,工质通过机轴对外输出的轴功为 W_{s}。

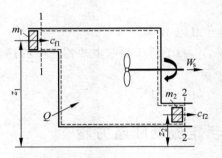

图 1-14　开口系统示意图

假设系统满足稳定流动条件,则 $m_1 = m_2 = m$,于是,在 τ 时间内进入系统的能量为

$$Q + m\left(u_1 + \frac{1}{2}c_{\mathrm{f1}}^2 + gz_1\right) + mp_1v_1 = Q + m\left(u_1 + \frac{1}{2}c_{\mathrm{f1}}^2 + gz_1 + p_1v_1\right)$$

离开系统的能量为

$$W_{\mathrm{s}} + m\left(u_2 + \frac{1}{2}c_{\mathrm{f2}}^2 + gz_2\right) + mp_2v_2 = W_{\mathrm{s}} + m\left(u_2 + \frac{1}{2}c_{\mathrm{f2}}^2 + gz_2 + p_2v_2\right)$$

在稳定流动过程中,系统内工质的数量和状态参数都不随时间而改变,因此系统的热力学能、宏观动能与宏观位能均保持不变,故系统储存能的变化为零。于是,由热力学第一定律可得

$$\left[Q + m\left(u_1 + p_1v_1 + \frac{1}{2}c_{\mathrm{f1}}^2 + gz_1\right)\right] - \left[W_{\mathrm{s}} + m\left(u_2 + p_2v_2 + \frac{1}{2}c_{\mathrm{f2}}^2 + gz_2\right)\right] = 0$$

令 $u + pv = h$,由于 u、p、v 都是工质的状态参数,所以 h 也一定是状态参数,称之为**比焓**。对于流动工质,比焓表示每千克工质沿流动方向向前传递的总能量中取决于热力状态的部分。于是上式可整理成

$$Q = m\left(h_2 + \frac{1}{2}c_{\mathrm{f2}}^2 + gz_2\right) - m\left(h_1 + \frac{1}{2}c_{\mathrm{f1}}^2 + gz_1\right) + W_{\mathrm{s}}$$

令 $H=mh$，上式又可写成

$$Q=\Delta H+\frac{1}{2}m\Delta c_{\mathrm{f}}^{2}+mg\Delta z+W_{\mathrm{s}} \qquad (1\text{-}33)$$

对于单位质量工质，稳定流动能量方程为

$$q=\Delta h+\frac{1}{2}\Delta c_{\mathrm{f}}^{2}+g\Delta z+w_{\mathrm{s}} \qquad (1\text{-}34)$$

式(1-33)和式(1-34)称为**开口系统的稳定流动能量方程**。在推导稳定流动能量方程的过程中，除了要求系统是稳定流动外，没有附加其他条件，故它们适用于任何工质的任何稳定流动过程。

对于微元过程，稳定流动能量方程式(1-33)和式(1-34)可分别表示为

$$\delta Q=\mathrm{d}H+\frac{1}{2}m\,\mathrm{d}c_{\mathrm{f}}^{2}+mg\,\mathrm{d}z+\delta W_{\mathrm{s}} \qquad (1\text{-}35)$$

$$\delta q=\mathrm{d}h+\frac{1}{2}\mathrm{d}c_{\mathrm{f}}^{2}+g\,\mathrm{d}z+\delta w_{\mathrm{s}} \qquad (1\text{-}36)$$

在上述稳定流动能量方程式的推导中引入了状态参数比焓。对于流动工质，单位质量工质的流动功等于 pv。

3. 技术功

分析稳定流动能量方程式(1-33)的后三项可知，前两项是工质宏观动能和宏观位能的变化，属于机械能；W_{s} 是轴功，也属于机械能，它们都是工程技术上可以直接利用的能量。将工质宏观动能的变化、宏观位能的变化和轴功这三项之和称为**技术功**，用 W_{t} 表示，即

$$W_{\mathrm{t}}=\frac{1}{2}m\Delta c_{\mathrm{f}}^{2}+mg\Delta z+W_{\mathrm{s}} \qquad (1\text{-}37)$$

对于单位质量工质

$$w_{\mathrm{t}}=\frac{1}{2}\Delta c_{\mathrm{f}}^{2}+g\Delta z+w_{\mathrm{s}} \qquad (1\text{-}38)$$

于是式(1-33)和式(1-34)可改写为

$$Q=\Delta H+W_{\mathrm{t}} \qquad (1\text{-}39)$$

$$q=\Delta h+w_{\mathrm{t}} \qquad (1\text{-}40)$$

对于开口系统的稳定流动过程，由于系统内各点的状态都不随时间发生变化，所以整个流动过程的总效果，相当于一定质量的工质从进口截面处的状态 1 变化到出口截面处的状态 2，并与外界进行了热量和功量的交换。因此，也可以将这一定质量的工质作为闭口系统加以研究，所得的能量方程式与上述稳定流动能量方程式是等效的。

为了推导出技术功的计算公式，将闭口系统的热力学第一定律表达式(1-27)与式(1-34)进行比较，可得

$$w=(p_{2}v_{2}-p_{1}v_{1})+\frac{1}{2}(c_{\mathrm{f2}}^{2}-c_{\mathrm{f1}}^{2})+g(z_{2}-z_{1})+w_{\mathrm{s}} \qquad (1\text{-}41)$$

式中，w 为单位质量工质由于体积变化所做的膨胀功，是由热能转变而来的。由上式可见，工质在稳定流动过程中所做的膨胀功，一部分用于维持工质流动所必须做出的净流动功($p_{2}v_{2}-p_{1}v_{1}$)；一部分用于增加工质本身的宏观动能和宏观位能，其余部分才作为热力

设备输出的轴功 w_s。

根据技术功的定义式(1-37),式(1-41)可改写为

$$w = (p_2 v_2 - p_1 v_1) + w_t$$

即　　　　　　　　　　$$w_t = w - (p_2 v_2 - p_1 v_1) \qquad (1-42)$$

上式说明,工质稳定流经热力设备时所做的技术功等于膨胀功减去净流动功,当 $p_2 v_2 = p_1 v_1$ 时,技术功等于膨胀功。

对于可逆过程,膨胀功为

$$w = \int_1^2 p \, dv$$

代入式(1-42),可得可逆过程的技术功为

$$
\begin{aligned}
w_t &= \int_1^2 p \, dv - (p_2 v_2 - p_1 v_1) \\
&= \int_1^2 p \, dv - \int_1^2 d(pv) \qquad\qquad (1-43) \\
&= -\int_1^2 v \, dp
\end{aligned}
$$

式中,v 恒为正值；负号表示技术功的正负与 dp 相反,即：过程中工质压力降低时,技术功为正,对外做功；反之,若工质的压力增加,技术功为负,外界对工质做功。

根据式(1-43),可逆过程的技术功 w_t 在 $p\text{-}v$ 图上可以用过程曲线与纵坐标之间的面积 $12p_2p_1 1$ 表示,如图 1-15 所示。

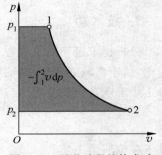

图 1-15　可逆过程的技术功

将式(1-43)代入式(1-38),可将可逆过程稳定流动能量方程式表示为

$$q = \Delta h - \int_1^2 v \, dp \qquad (1-44)$$

例题 1-2　一台水泵,所泵送水的体积流率 q_v 为 45.0m³/h,水泵扬程(即水泵进出口的压力差)$p_2 - p_1$ 为 20.0m H_2O,水泵效率 η 为 80%,问此水泵需要配备多大功率的电动机?

解：若将泵腔及进出口截面选作系统边界,则这是一个开口系统。由于水的不可压缩性,可认为水泵进、出口水的体积不变,且进、出口水的动能和位能变化都很小可以忽略,根据式(1-43),每千克水在定容流动过程中对外做的可逆轴功为

$$w_s = -\int_{p_1}^{p_2} v \, dp = -v(p_2 - p_1)$$

水泵的实际功率为

$$
\begin{aligned}
P &= \frac{m w_s}{\eta} = -\frac{V(p_2 - p_1)}{\eta} \\
&= -\frac{45.0 \times (20.0 \times 1000 \times 9.81)}{3600 \times 0.8} = -3066(W)
\end{aligned}
$$

轴功为负值,说明外界对系统做功。为水泵所配电动机的功率应大于水泵功率,查产品目录可选功率为 4.0kW 的电动机。

1.2.5　稳定流动能量方程的应用

热力学第一定律是能量传递和转换所必须遵循的基本定律。闭口系统的能量方程反映了热能和机械能相互转换的基本原理和关系,稳定流动系统的能量方程虽然与闭口系统的形式不同,但本质并无差别。利用闭口系统和稳定流动系统的能量方程可以解决工程中的能量传递和转换问题。在实际工程中,多数热力设备、装置属于开口的稳定流动系统,因此,稳定流动的能量方程应用得较多。

稳定流动能量方程在应用于各种热工设备时通常可以简化。例如,一般热工设备的进出口标高相差只有几米,工质进出口的位能差与外界交换的功量和热量相比小得多,因此可以忽略不计;当工质的流速在 50m/s 以下时,动能的变化量小于 1.25kJ/kg,与系统和外界交换的功量和热量相比也很小,当计算精度要求不高时也可忽略不计。于是,稳定流动能量方程可简化为

$$q = \Delta h + w_s \tag{1-45}$$

工程上,除了出口流速很大的喷管和进口流速很大的扩压管这两种特殊管道外,常见热工设备的进出口动能、位能的变化一般都可以忽略不计。下面以几种常见的热工设备为例,介绍稳定流动能量方程的应用。

1. 热交换器

热交换器是将热流体的部分热量传递给冷流体,使流体温度达到工艺流程规定指标的热量交换设备,又称**换热器**,如工程上的各种加热器、冷却器、散热器、蒸发器和冷凝器等都属这类设备。工质流过这类设备时与外界有热量交换而无功量交换,且动能、位能的变化可以忽略,根据式(1-45)则有

$$q = h_2 - h_1 \tag{1-46}$$

说明单位质量工质与外界交换的热量等于换热器进、出口处工质比焓的变化,即冷流体在换热器中吸收的热量等于其比焓的增加,热流体放出的热量等于其比焓的减少。

2. 动力机械

各种热力发动机,如燃气轮机、蒸汽轮机等,都是利用了工质的膨胀做功,实现对外输出轴功 w_s。图 1-16 是这类热机的示意图。由于采用了良好的保温隔热措施,通过设备外壳的散热量极少,可以认为其中的热力过程是绝热过程。如果再忽略动能、位能变化,根据式(1-45)则有

$$w_s = h_1 - h_2 \tag{1-47}$$

即动力机械对外输出的轴功等于工质的焓降。

当工质流经风机、水泵、压气机等压缩机械时,压力升高,外界对工质做轴功,情况与动力机械恰恰相反。如果设备无专门冷却措施,也可以认为是绝热的,同样可得到式(1-47),但此

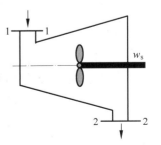

图 1-16　动力机械示意图

时算出的 w_s 为负值,即外界消耗的功用于增加工质的比焓。

3. 绝热节流

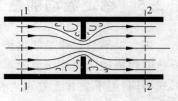

图 1-17　绝热节流示意图

阀门、流量孔板是工程中常用的设备。工质流经这些设备时,由于流通截面突然缩小,在缩口处工质的流速突然增加,压力急剧下降,并在缩口附近产生漩涡,流过缩口后流速减慢,压力又回升。这种现象称为**节流**,如图 1-17 所示。

节流是典型的不可逆过程,在缩口附近存在涡流,工质处于不稳定的非平衡状态,所以严格说节流是不稳定流动。但观察发现,在离缩口稍远的 1—1 和 1—2 截面上,流动情况基本稳定,如果选择这两个截面的中间部分作为开口系统,可以近似地用稳定流动能量方程进行分析。由于两个截面上流速差别不大,动能变化可以忽略;节流过程中工质对外不做轴功;此外,由于流过两个截面之间的时间很短,与外界的热量交换很少,可以近似认为节流过程是绝热的。于是,运用稳定流动能量方程式(1-45)可得

$$h_2 = h_1 \tag{1-48}$$

上式表明,在忽略动能、位能变化的绝热节流过程中,节流前后工质的焓值相等。但是,在两个截面之间,特别是缩口附近,由于流速变化很大,焓值并非处处相等,因此不可将绝热节流过程理解为定焓过程。

例题 1-3　进入汽轮机的新蒸汽的参数为:$h_1 = 3200 \text{kJ/kg}, c_1 = 50 \text{m/s}$;做功后的乏汽流出汽轮机时的参数为:$h_2 = 2100 \text{kJ/kg}, c_2 = 90 \text{m/s}$,散热损失及位能变化可忽略不计。试求:

(1)每千克蒸汽流经汽轮机时对外所做的功;(2)忽略汽轮机蒸汽进出口动能变化引起的计算误差;(3)蒸汽流量为 20t/h 时,汽轮机的功率。

解:(1)蒸汽流经汽轮机属于开口系统稳定流动。对于单位质量工质,其稳定流动能量方程式为

$$q = \Delta h + \frac{1}{2}\Delta c_f^2 + g\Delta z + w_s$$

依题意:$q = 0, \Delta z = 0$,故每千克蒸汽所做的轴功为

$$w_s = (h_1 - h_2) - \frac{1}{2}(c_2^2 - c_1^2)$$

$$= (3200 - 2100) - \frac{1}{2}(90^2 - 50^2) \times 10^{-3}$$

$$= 1097.2 (\text{kJ/kg})$$

(2)汽轮机蒸汽进出口动能的变化占其做功量的百分数为

$$\frac{\frac{1}{2} \times (90^2 - 50^2) \times 10^{-3}}{1097.2} \times 100\% = 0.26\%$$

由此可见,当进出口速度差为 40m/s 时,动能变化也仅占输出轴功的 0.26%,故动能变化在一般情况下可以忽略不计。

（3）汽轮机的功率为

$$P = w_s \cdot q_m = \frac{1097.2 \times 20 \times 10^3}{3600} = 6096(\text{kW})$$

1.3　热力学第二定律

热力学第一定律阐明了热能和机械能以及其他形式的能量在传递和转换过程中数量上的守恒关系。但是热力学第一定律并没有表明遵循这一定律的热力过程是否能够发生。事实上，遵循热力学第一定律的热力过程在自然界中未必一定能够发生，这是因为涉及热现象的热力过程具有方向性。热力学第二定律揭示了热力过程具有方向性这一普遍规律。它阐明了能量不但有"量"的多少问题，而且有"品质"的高低问题，在能量的传递和转换过程中能量的"量"守恒，但"质"却不守恒。

1.3.1　热力过程的方向性

自然界中发生的涉及热现象的热力过程都具有方向性。下面几个实例反映了这一客观规律。

第一个实例是热量由高温物体传向低温物体。如图 1-18 所示的两个物体 A 和 B，物体 A 的温度 T_A 高于物体 B 的温度 T_B。两个物体接触时，若不考虑两物体与周围物体之间的热交换，则有热量从物体 A 传向物体 B。若物体 A 放出热量为 Q_A，物体 B 吸收热量为 Q_B，由热力学第一定律有

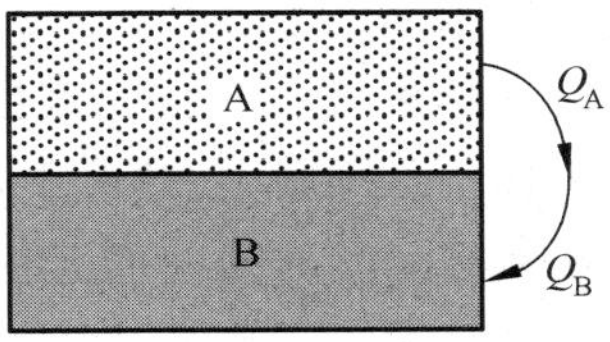

$$Q_B = Q_A$$

图 1-18　温差传热过程

但相反的过程，即让低温物体 B 失去热量 Q_B、高温物体 A 得到热量 Q_A，虽然满足热力学第一定律，但事实上却不可能自动发生。如果这种过程可以自动发生，即热量能自动从低温物体传给高温物体，那么就会出现夏天不用空调就可以实现将室内热量传递至室外高温环境的荒诞现象。

第二个实例是飞轮制动过程。如图 1-19 所示，旋转的飞轮具有宏观动能 E_k 和热力学能 U_1，进行摩擦制动后飞轮停止了转动，不考虑制动板的热力学能及其变化，则飞轮的宏观动能被转换成飞轮的热力学能。根据热力学第一定律有

$$U_2 = E_k + U_1$$

然而相反的过程，即飞轮中热力学能由 U_2 减少为 U_1，所减少的热力学能($U_2 - U_1$)转变为飞轮的动能 E_k，这种过程不可能自动发生。但此过程并不违反热力学第一定律，$E_k = U_2 - U_1$。

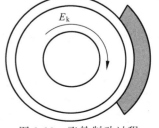

图 1-19　飞轮制动过程

第三个实例是气体自由膨胀。如图 1-20 是一刚性容器，被刚性隔板分成 A、B 两部分，A 中装有氮气，B 内为真空。抽掉隔板后氮气经自由膨胀达到新的平衡。根据热力学第一定律分析可知

$$U_2 = U_1$$

但相反的过程,即在充满氮气的绝热刚性容器中插进一块刚性隔板,使得隔板两侧分别形成压力较高的氮气空间和真空,却不可能自动发生。但此过程不违反热力学第一定律,因为以整个容器为系统进行分析时仍可得到

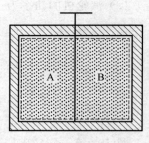

图 1-20　自由膨胀过程

$$U_1 = U_2$$

除了上述三个比较典型的实例外,还有许多实例可以说明热力过程的方向性:有些热力过程可以自动发生,有些则不能。又如,行驶中的汽车刹车时,汽车的动能通过摩擦全部变成热能,造成地面和轮胎升温,最后散失于环境中;反之,如果将同等数量的热能加给轮胎与地面,却不能使汽车行驶。这说明机械能可以自发地转变为热能,而热能却不能自发地转变为机械能。

不需要任何外界作用而自动进行的过程称为**自发过程**,反之是**非自发过程**。热力过程的方向性也可以说是自发过程具有方向性。热力过程的方向性说明:在自然界中,热力过程若要发生,必然遵循热力学第一定律,但满足热力学第一定律的热力过程却未必都能自动发生。因而存在另一个基本定律决定着热力过程的方向性,或者说决定着热力过程能否实现,这个定律就是热力学第二定律。

自发过程可以自动发生,非自发过程不能自动发生,强调的是"自动",但并不是说非自发过程不能发生。事实上,许多实际过程都是非自发过程。例如,制冷过程就是把热量从温度低的物体或空间传向温度高的物体或空间;但这一非自发过程的发生,必须以外界消耗功为代价。同样,在热机中可以使热能转变为机械能,但这一非自发过程的发生是以一部分热量从高温物体传向低温物体作为代价。上述实例都说明:一个非自发过程的进行必须伴随某种自发过程作为补偿才能实现。

虽然为实现各种非自发过程必须进行补偿,但为提高能量利用的经济性,人们一直在最大限度地减少这种补偿。例如,在以消耗功作为补偿的制冷工程中,在相同制冷量条件下,要提高制冷系数尽量减少外界耗功;同样在热机中,为提高热效率,在相同吸热量条件下要尽量减少向冷源放热。这就存在一个所付补偿代价最多能减少到多少的限度问题,这正是热力学第二定律要解决的问题。

综上所述,研究热力过程的方向性,以及非自发过程的补偿和补偿限度等问题是热力学第二定律的任务,从而解决能量"品质"的高低问题。

1.3.2　热力学第二定律的表述

热力学第二定律揭示了自然界中热力过程进行的方向、条件和限度。自然界中热力过程的种类很多,因此热力学第二定律的表述方式也很多。由于各种表述所揭示的是一个共同的客观规律,因而它们彼此是等效的。下面介绍两种具有代表性的表述。

克劳修斯表述:不可能将热从低温物体传至高温物体而不引起其他变化。

这是从热量传递的角度表述的热力学第二定律,由克劳修斯于 1850 年提出。它指明了热量只能自发地从高温物体传向低温物体,反之,热量从低温物体传向高温物体的非自发过

程并非不能实现,而是必须花费一定的代价。例如,压缩制冷装置就是以花费机械能为代价,即以机械能变为热能这一自发过程作为实现热从低温物体转移至高温物体所必需的补偿代价。

开尔文-普朗克表述：不可能从单一热源取热,并使之完全转变为功而不产生其他影响。

这是从热功转换的角度表述的热力学第二定律,于 1851 年由开尔文提出,1897 年普朗克也发表了内容相同的表述,后来称之为开尔文-普朗克表述。"不产生其他影响"是这一表述不可缺少的部分。例如：理想气体定温膨胀过程进行的结果,就是从单一热源取热并将其全部变成了功,但与此同时,气体的压力降低,体积增大,即气体的状态发生了变化,或者说"产生了其他影响"。因此,并非热不能完全变为功,而是必须有其他影响为代价才能实现。

通常人们把假想的从单一热源取热并使之完全变为功的热机称为**第二类永动机**。它虽然不违反热力学第一定律,转变过程中能量是守恒的,但却违反了热力学第二定律。如果这种热机可以制造成功,就可以利用大气、海洋等作为单一热源,将大气、海洋中取之不尽的热能转变为功,维持它永远转动,这显然是不可能的。因此,热力学第二定律又可表述为：**第二类永动机是不可能制造成功的。**

热力学第二定律的以上两种表述,从不同的角度反映了热力过程的方向性,二者实质上是统一的、等效的。如果违反了其中一种表述,也必然违反另一种表述。

热力过程的方向性在于热力过程存在势差或耗散效应等不可逆性,由于自然界不存在没有不可逆因素的可逆过程,故而才有热力过程方向性问题。过程的不可逆性和方向性互为因果,解决了过程的不可逆性问题也就解决了过程的方向性问题。

1.3.3　熵

1. 熵的导出

熵是用于描述所有不可逆过程共同特性的热力学量,下面根据卡诺循环与卡诺定理导出这个状态参数。

根据卡诺定理,不管采用什么工质,在温度分别为 T_1 与 T_2 的恒温热源间工作的一切可逆热机的热效率都相同,均为

$$\eta_t = 1 - \frac{q_2}{q_1} = 1 - \frac{T_2}{T_1}$$

由上式可得

$$\frac{q_1}{T_1} = \frac{q_2}{T_2} \tag{1-49}$$

式中,q_1、q_2 均为绝对值。如果改取代数值,q_2 为单位质量工质传给低温热源的热量,应为负值,于是上式可写成

$$\frac{q_1}{T_1} + \frac{q_2}{T_2} = 0 \tag{1-50}$$

式(1-50)说明,在卡诺循环中,单位质量工质与热源交换的热量除以热源的热力学温度所得商的代数和等于零。

可以证明,以上结论同样适用于任何可逆循环。例如,对于图 1-21 所示的任意可逆循环 $1A2B1$,可以用一组可逆绝热线,将其分割成许多个微元循环。这些微元循环都是由两个可逆绝热过程及两个微小过程组成,如微元循环 $abfga$。当微元循环的数目极大,也就是绝热线间隔极小时,微小过程 ab 与 fg 就接近于定温过程,则微元循环 $abfga$ 就是一个微元卡诺循环,循环 $1A2B1$ 也就被分割成无数个微元卡诺循环。

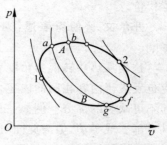

图 1-21　任意可逆循环

对每一个微元卡诺循环,如果在 T_1 温度下吸热量为 δq_1,在 T_2 温度下放热量为 δq_2,则由式(1-50)可得

$$\frac{\delta q_1}{T_1} + \frac{\delta q_2}{T_2} = 0 \tag{1-51}$$

对于构成循环 $1A2B1$ 的全部微元卡诺循环积分可得

$$\int_{1A2} \frac{\delta q_1}{T_1} + \int_{2B1} \frac{\delta q_2}{T_2} = 0 \tag{1-52}$$

式中,δq_1 与 δq_2 代表微元循环与外界交换的热量,本身为代数值,吸热为正,放热为负,因此可以统一用 δq 表示;T_1、T_2 分别为微元循环对外进行热交换时热源的温度,统一用 T 表示,于是式(1-52)可表示为

$$\int_{1A2} \frac{\delta q}{T} + \int_{2B1} \frac{\delta q}{T} = 0 \tag{1-53}$$

即

$$\oint \frac{\delta q}{T} = 0 \tag{1-54}$$

式(1-54)称为**克劳修斯积分等式**。它表明,工质经历一个任意可逆循环后,$\frac{\delta q}{T}$ 沿整个循环的积分为零。再由式(1-53)可得

$$\int_{1A2} \frac{\delta q}{T} = \int_{1B2} \frac{\delta q}{T}$$

可见,从状态 1 到状态 2,$\frac{\delta q}{T}$ 的积分与积分路径无关。根据状态参数的特性可知,$\frac{\delta q}{T}$ 一定是某一状态参数的全微分,这一状态参数称为**比熵**,用符号 s 表示,单位是 $J/(kg \cdot K)$。于是

$$ds = \frac{\delta q}{T} \tag{1-55}$$

式中,T 为热源的热力学温度,由于是可逆过程,T 也就等于工质的热力学温度。因此,在微元可逆过程中,工质比熵的增加等于单位质量工质所吸收的热量除以工质的热力学温度所得的商。

对于质量为 m 的工质的微元可逆过程有

$$dS = \frac{\delta Q}{T} \tag{1-56}$$

式中，S 为质量 m 的工质（或系统）的熵，单位是 J/K。对于可逆循环，克劳修斯积分等式可表示成

$$\oint \frac{\delta Q}{T} = 0 \tag{1-57}$$

2. 不可逆过程的熵变

根据卡诺定理，在同等条件下，可逆机循环效率最高，热经济性最好。而实际的热机循环都是不可逆的，尽可能地使循环过程接近可逆循环是提高热机循环效率的基本途径。过程不可逆性的大小反映实际过程与理想过程之间的差距，因此有必要寻找一个能够度量实际过程不可逆性大小的尺度。

如果某一循环中有一部分或全部过程是不可逆的，则此循环为**不可逆循环**。根据卡诺定理，在相同的恒温高温热源 T_1 和恒温低温热源 T_2 之间工作的不可逆热机的热效率小于可逆热机的热效率，即

$$1 - \frac{Q_2}{Q_1} < 1 - \frac{T_2}{T_1}$$

由上式可得

$$\frac{Q_2}{T_2} > \frac{Q_1}{T_1}$$

同样，将 Q_1、Q_2 取代数值则有

$$\frac{Q_1}{T_1} + \frac{Q_2}{T_2} < 0$$

上式说明，在相同的高温热源与低温热源间工作的不可逆循环中，工质与热源间交换的热量除以热源的热力学温度所得商的代数和小于零。

图 1-22 所示的不可逆循环 $1a2b1$，由不可逆过程 $1\text{-}a\text{-}2$ 与可逆过程 $2\text{-}b\text{-}1$ 组成，用上述推导克劳修斯积分等式相同的方法，将一个不可逆循环用无数可逆绝热线分割成无数微元循环，则对任意一个微元不可逆循环，交换的热量除以热源的热力学温度所得商的代数和小于零，即

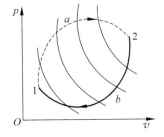

图 1-22　不可逆循环

$$\frac{\delta Q_1}{T_1} + \frac{\delta Q_2}{T_2} < 0$$

对整个不可逆循环积分，可得

$$\oint \frac{\delta Q}{T} < 0 \tag{1-58}$$

式（1-58）称为**克劳修斯不等式**，表明工质经历任意一个不可逆循环，$\delta Q/T$ 沿整个循环的积分小于零。

综合式（1-57）与式（1-58），可写成

$$\oint \frac{\delta Q}{T} \leqslant 0 \tag{1-59}$$

式中，等号用于可逆循环，不等号用于不可逆循环。式（1-59）是热力学第二定律的数学表达

式之一,可用于判断一个循环可逆、不可逆还是不可能。

为了分析不可逆过程熵的变化,考察图 1-22 所示的不可逆循环 $1a2b1$,根据式(1-58)有

$$\int_{1a2} \frac{\delta Q}{T} + \int_{2b1} \frac{\delta Q}{T} < 0 \tag{1-60}$$

由于 $2\text{-}b\text{-}1$ 为可逆过程,根据式(1-56),有

$$\int_{2b1} \frac{\delta Q}{T} = S_1 - S_2 \tag{1-61}$$

代入式(1-60),得

$$\int_{1a2} \frac{\delta Q}{T} + (S_1 - S_2) < 0$$

即

$$S_2 - S_1 > \int_{1a2} \frac{\delta Q}{T} \tag{1-62}$$

假若 $1\text{-}a\text{-}2$ 为可逆过程,则由式(1-56)可得

$$S_2 - S_1 = \int_{1a2} \frac{\delta Q}{T} \tag{1-63}$$

综合式(1-62)与式(1-63),可写成

$$S_2 - S_1 \geqslant \int_1^2 \frac{\delta Q}{T} \tag{1-64}$$

式中,等号适用于可逆过程,不等号适用于不可逆过程。式(1-64)是热力学第二定律的另一种数学表达式,它也可以作为判据,用于判断过程能否进行,是否可逆。

对于微元过程,式(1-64)可写成

$$\mathrm{d}S \geqslant \frac{\delta Q}{T} \tag{1-65}$$

由式(1-65)可知,如果工质经历了微元不可逆过程,则 $\mathrm{d}S$ 大于 $\delta Q/T$,二者差值越大,偏离可逆过程越远,或者说过程的不可逆性越大。这时,$\delta Q/T$ 仅是熵变的一部分,完全是由于工质与热源之间的热交换所引起的熵变,称之为**熵流**,用 $\mathrm{d}S_f$ 表示;而熵变的另一部分是由于不可逆因素造成的,称为**熵产**,用 $\mathrm{d}S_g$ 表示。于是可得到

$$\mathrm{d}S = \mathrm{d}S_f + \mathrm{d}S_g \tag{1-66}$$

熵流和熵产的正负判断方法如下:

熵流为 $\mathrm{d}S_f = \dfrac{\delta Q}{T}$,若工质吸热,$\mathrm{d}S_f > 0$;若工质放热,$\mathrm{d}S_f < 0$;若工质绝热,$\mathrm{d}S_f = 0$。

若过程可逆,熵产 $\mathrm{d}S_g = 0$;若过程不可逆,则 $\mathrm{d}S_g > 0$,且不可逆性越大,熵产 $\mathrm{d}S_g$ 越大。因此,**熵产是过程不可逆性大小的度量**。

对于一个不可逆过程,熵变为

$$\Delta S = \Delta S_f + \Delta S_g \tag{1-67}$$

对于状态参数熵和比熵,需要强调以下两点:

(1) 比熵既然是状态参数,则状态一定,比熵就应有确定的值。

(2) 初、终态之间熵的变化与过程的路径无关,只要初、终态相同,无论工质经历的是可逆过程还是不可逆过程,工质熵的变化都相等。

3．孤立系统熵增原理

对于孤立系统，因为与外界没有任何能量交换，$dS_f=0$，所以由式(1-66)可得

$$dS_{iso} = dS_g \geqslant 0 \qquad (1\text{-}68)$$

式中，等号用于可逆过程，不等号用于不可逆过程。式(1-68)表明，**孤立系统的熵只能增大，或者不变，绝不能减小**，这一规律就称为孤立系统熵增原理。孤立系统的熵增完全由熵产组成，其大小只取决于系统内部的不可逆性。一切实际过程都一定朝着使孤立系统的熵增大的方向进行，任何使孤立系统熵减小的过程都是不可能发生的。

式(1-68)揭示了一切热力过程进行时所必须遵循的客观规律，突出地反映了热力学第二定律的本质，是热力学第二定律的另一种数学表达式。

例题 1-4　某热机工作在 $T_1=1800K$ 和 $T_2=300K$ 的两热源之间，问能否实现从高温热源吸热 2000kJ，对外做功 1300kJ？

解：根据热力学第一定律，热机向低温热源放出的热量为

$$Q_2 = Q_1 - W = 2000 - 1300 = 700(\text{kJ})$$

方法一：根据卡诺定理判断。

此热机的热效率为

$$\eta_t = \frac{W}{Q_1} = \frac{1300\text{kJ}}{2000\text{kJ}} = 65.0\%$$

在 T_1、T_2 两热源间工作的卡诺循环的热效率为

$$\eta_{t,c} = 1 - \frac{T_2}{T_1} = 1 - \frac{300}{1800} = 83.3\%$$

$\eta_t < \eta_{t,c}$，由卡诺定理可知，这是一种不可逆热机，有可能实现。

方法二：根据克劳修斯不等式判断。

$$\frac{Q_1}{T_1} + \frac{Q_2}{T_2} = \frac{2000}{1800} - \frac{700}{300} = -1.22(\text{J/K}) < 0$$

根据克劳修斯不等式可知，该热机有可能实现。

4．做功能力的损失

所谓系统(或工质)的**做功能力**，是指在给定的环境条件下，系统达到与环境热力平衡时可能做出的最大有用功。因此，通常将环境温度 T_0 作为衡量做功能力的基准温度。

实践告诉我们，任何系统只要有不可逆因素存在，就将造成系统做功能力的损失，而不可逆过程进行的结果又将使包含该系统在内的孤立系统的熵增加。孤立系统熵增 ΔS_{iso} 与做功能力损失 I 之间的关系如下：

$$I = T_0 \Delta S_{iso} \qquad (1\text{-}69)$$

由此可见，当环境的热力学温度 T_0 确定后，做功能力的损失与孤立系统的熵增成正比。所以，孤立系统的熵增是衡量做功能力损失的尺度。

事实上，任何不可逆都会造成熵产，都会造成做功能力的损失。既然不可逆的实质是相同的，因此式(1-69)适用于计算任何不可逆因素引起的做功能力的损失。

1.3.4　热量㶲与能量的品质

1. 热量㶲

热力学第二定律指出,单一热源的热机是不可能的,热效率永远小于1,并且任何热机循环的热效率都不可能超出工作在相同温度范围的卡诺循环的热效率。热力学第二定律指出了热量和功量的不等价性:热量的做功能力与热源的温度以及环境温度有关,热源与环境的温差越小,热量的做功能力越小,如果热源温度低到与环境温度相同,那么不论热量有多大,其做功能力都为零。例如,大气、海洋中蕴藏着数量巨大的热能,但却几乎都不能转变成机械能而加以利用,因为难以找到温度更低的环境。

在给定的环境条件(环境温度为 T_0)下,热量 Q 中最大可能转变为有用功的部分称为**热量㶲**,用 $E_{x,Q}$ 表示。假设有一温度为 T 的热源($T > T_0$),传出的热量为 Q,则其热量㶲等于在该热源与温度为 T_0 的环境之间工作的卡诺热机所能做出的功,即

$$E_{x,Q} = Q\left(1 - \frac{T_0}{T}\right) \tag{1-70}$$

热量 Q 中不能转变为有用功的那部分热量称为**热量炕**,用 $A_{n,Q}$ 表示为

$$A_{n,Q} = Q\frac{T_0}{T} \tag{1-71}$$

由于环境温度 T_0 一般变化不大,可视为恒温,所以热量㶲的大小主要与热量 Q 及热源温度 T 有关。显然,当热量 Q 值一定时,温度 T 越高,热量㶲越大。

大多数热工设备可以看作是工质在其内部稳定流动的开口系统,当除了环境外无其他热源时,稳定流动的工质由所处的状态可逆地变化到与环境相平衡的状态时所能做出的最大功即为该工质的㶲。

热工设备的热能利用程度可以通过㶲分析进行评价,即列出系统的㶲平衡方程式来加以分析。因为㶲既考虑了能量的数量又考虑了能量的品质,所以对实际热力过程进行㶲分析可以清楚揭示导致做功能力损失的原因和部位,从而为系统的改进提供有力依据。㶲分析对合理用能及节能具有重要的指导意义。

2. 能量的品质

从热能间接利用的目的——获得动力对外做功而言,能量不但有数量多少的问题,而且有"品质"高低的问题。由于能量的"品质"有高有低,才有了过程的方向性和热力学第二定律。

以获得动力对外做功为目的,电能和机械能可以完全转变为机械功,它们属于品质高的能量;热能只有部分可以转换为机械功,相对于电能和机械能而言,热能属于品质较低的能量。温度较高的热能具有的有效能比同样数量温度较低的热能具有的有效能多,因此,温度越高的热能,其品质越高。

对于自发过程,无论是存在势差的自发过程,还是有耗散效应的不可逆过程,虽然能量数量没有减少,但能量品质降低。例如,热量从高温物体传向低温物体,所传递的热量温度降低,因而能量品质相应降低;在制动过程中,飞轮的机械能由于摩擦转换为热能,能量的

品质也降低。正是孤立系统内能量品质的降低才造成孤立系统的熵增加。孤立系统的熵增与能量品质的降低,即能量"贬值"联系在一起。在孤立系统中,熵减少的过程不可能发生,这也意味着孤立系统中能量的品质不能升高,即能量不能"升值"。

孤立系统的能量的数量保持不变,但能量的品质只可能下降,不可能升高,极限条件下品质保持不变,称之为**"能量贬值原理"**。这也是热力学第二定律的另一种表述。

总之,热力学第二定律是自然界最普遍的定律之一,人们必须遵守不能违背。掌握了该定律,人们就可以利用它来指导合理用能,改进热力过程和循环,提高能量利用的经济性。

1.4　热量传递的基本方式

无论是热能的直接利用还是间接利用,都涉及热量的传递问题。为了改善热量传递过程,有效利用热能,有必要对热量的传递规律进行专门研究,这正是传热学的内容。传热学是研究在温差作用下热量传递规律的一门学科。

热力学第二定律指出,凡是有温差的地方,就有热量自发地从高温物体传向低温物体,或从物体的高温部分传向低温部分。由于温差广泛存在于自然界和各个技术领域中,所以热量传递是非常普遍的现象。在能源动力、机械制造、材料冶金、电子电器、建筑工程、交通运输、航空航天、化工制药、农业林业、生物工程和环境保护等部门都涉及大量的传热问题,都需要应用传热学所总结出来的规律解释和解决实际问题。

在工程技术中,常利用传热学解决两类问题:一类是热设计,即设计某种传热设备,使之能够到达预定目的;另一类是热控制,即控制某一物体,使之在热影响下能够满足性能要求。

根据热量传递过程的机理,热量传递有三种基本方式:**热传导**、**热对流**和**热辐射**。在实际的热量传递过程中,有时只存在一种方式,有时两种或三种方式同时进行。

1.4.1　热传导

当物体内部有温差或两个不同温度的物体接触时,由于分子、原子及自由电子等微观粒子的热运动而产生的热量传递现象称为**热传导**(简称**导热**)。例如,手握金属棒的一端,将另一端伸进灼热的火炉,就会有热量通过金属棒传到手掌,这种热量传递现象就是由导热而引起的。通常认为导热是固体中的传热方式,实际上,在液体和气体中同样有导热现象,但因流体具有流动性,在发生导热的同时往往伴随有对流现象。

在工业上和日常生活中,大平壁的导热是最简单、最常见的导热问题,例如通过炉墙以及房屋墙壁的导热等。当平壁两个表面温度均匀且保持不变时,可以近似认为平壁的温度只沿着垂直于壁面的方向发生变化,并且不随时间而变,热量也只沿着垂直于壁面的方向传递,如图 1-23 所示,这样的导热叫做**一维稳态导热**。

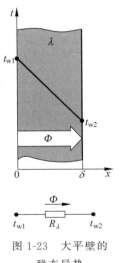

图 1-23　大平壁的
稳态导热

在单位时间内,通过某一给定传热面积 A 传递的热量,称为**热流量**,用符号 Φ 表示,单位为 W。1822 年,傅里叶提出了计算导热的基本公式,称为傅里叶导热定律。该定律表明,平壁一维稳态导热的热流量与平壁的表面面积 A 及两侧表面的温差 $t_{w1} - t_{w2}$ 成正比,与平壁的厚度 δ 成反比,并与平壁材料的导热性能有关,可表示为

$$\Phi = A\lambda \frac{t_{w1} - t_{w2}}{\delta} \tag{1-72}$$

式中,比例系数 λ 称为材料的**热导率**,或称**导热系数**,W/(m·K)。热导率的大小反映材料的导热能力,热导率越大,材料导热能力越强。例如:常温(20℃)下,纯铜的热导率为 398W/(m·K),而干空气的热导率只有 0.0259W/(m·K)。

借鉴电学中欧姆定律表达式的形式(电流=电位差/电阻),式(1-72)可改写成"热流=温度差/电阻"的形式:

$$\Phi = \frac{t_{w1} - t_{w2}}{\dfrac{\delta}{A\lambda}} = \frac{t_{w1} - t_{w2}}{R_\lambda} \tag{1-73}$$

式中,$R_\lambda = \dfrac{\delta}{A\lambda}$ 称为平壁的**导热热阻**,K/W,表示物体对热量传递的阻力,热阻越小,传热越强。平壁的厚度越大,导热热阻越大;平壁材料的热导率越大,导热热阻越小。平壁的导热可以用图 1-23 下方所示的热阻网络来表示。

单位时间通过单位面积的热流量称为**热流密度**,用 q 来表示,单位为 W/m^2。由式(1-72)可得通过平壁一维稳态导热的热流密度为

$$q = \frac{\Phi}{A} = \lambda \frac{t_{w1} - t_{w2}}{\delta} \tag{1-74}$$

1.4.2　热对流

在流体中,温度不同的各部分之间发生相对位移时所引起的热量传递现象称为**热对流**,简称**对流**。热对流仅发生在流体之中,而且由于流体中微观粒子同时进行着不规则的热运动,因而热对流必然伴随有导热现象。

在日常生活和生产实践中,经常遇到流体与它所接触的固体表面之间的热量交换,如供暖热水与暖气片内表面之间的热量交换。一般情况下,当流体流过物体表面时,由于黏滞作用,紧贴物体表面的流体是静止的,热量传递只能以导热的方式进行;离开物体表面,流体有宏观运动,热对流方式将发生作用。流体流过固体表面时发生的热对流和热传导联合作用的热量传递过程称为**对流换热**,如图 1-24 所示。

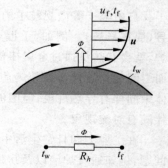

图 1-24　对流换热

按照流体流动的起因不同,对流换热可分为自然对流换热与强制对流换热两大类。自然对流是由于流体各部分之间因温度不同产生密度差并在体积力作用下引起的相对运动;强制对流是由于泵或风机等机械的作用或其他压差而引起的相对运动。另外,工程上还遇到液

体在热表面上沸腾和蒸汽在冷表面上凝结的对流换热问题,分别为沸腾换热和凝结换热,它们是伴随有相变的对流换热。

1701 年,牛顿提出了对流换热的基本计算公式,称为**牛顿冷却公式**,形式如下:

$$\Phi = Ah(t_w - t_f) \tag{1-75}$$

$$q = h(t_w - t_f) \tag{1-76}$$

式中,t_w 为固体壁面温度,℃;t_f 为流体温度,℃;h 称为对流换热的**表面传热系数**,也习惯称为对流换热系数,$W/(m^2 \cdot K)$。

牛顿冷却公式也可以写成欧姆定律表达式的形式:

$$\Phi = \frac{t_w - t_f}{\dfrac{1}{Ah}} = \frac{t_w - t_f}{R_h} \tag{1-77}$$

式中,$R_h = \dfrac{1}{Ah}$ 称为**对流换热热阻**,K/W。对流换热也可以用图 1-24 中下方的热阻网络来表示。

表面传热系数的大小反映对流换热的强弱,它不仅取决于流体的物性(热导率、黏度、密度、比热容等)、流动的形态(层流、湍流)、流动的成因(自然对流或强迫对流)、物体表面的形状和尺寸,还与换热时流体有无相变(沸腾或凝结)等因素有关。为了使读者对表面传热系数的大小有一个初步印象,表 1-1 中列举了一些对流换热的表面传热系数数值范围。

表 1-1　一些对流换热的表面传热系数数值范围

对流换热类型	表面传热系数 $h/[W/(m^2 \cdot K)]$
空气自然对流换热	1～10
水自然对流换热	100～1000
空气强迫对流换热	10～100
水强迫对流换热	1000～15000
水沸腾	2500～35000
水蒸气凝结	5000～25000

1.4.3　热辐射

物体受某种因素的激发而向外发射辐射能的现象称为**辐射**。由于物体内部微观粒子的热运动而使物体向外发射辐射能的现象称为**热辐射**。温度高于 0K 的任何物体都不停地向空间发出热辐射能。

热辐射与导热和对流换热有本质上的区别:一是它不需要物体间的直接接触,即使在真空中也能进行;二是在能量传递过程中它伴随有能量形式的转换,即发射时从热能转换为辐射能,而被吸收时又从辐射能转换为热能。

物体单位表面积在单位时间内对外辐射的能量,称为物体的**辐射力**,用符号 E 表示,单位为 W/m^2,其大小与物体表面性质及温度有关。吸收比等于 1 的物体称为**黑体**,黑体将投射在它上面的所有辐射能全部吸收。理论和实验证实,黑体的辐射力 E_b 与热力学温度 T 的四次方成正比,即**斯蒂芬-玻尔兹曼定律**(又称四次方定律):

$$E_b = \sigma T^4 \tag{1-78}$$

式中，T 为黑体表面的热力学温度，K；σ 为斯蒂芬-玻尔兹曼常数，又称黑体辐射常数，其值为 $5.67 \times 10^{-8} \text{W}/(\text{m}^2 \cdot \text{K}^4)$。

一切实际物体的辐射力都低于同温度下黑体的辐射力，实际物体的辐射力为

$$E = \varepsilon \sigma T^4 \tag{1-79}$$

式中，ε 为实际物体的**发射率**（习惯上称为**黑度**），其值总小于 1，表示实际物体辐射能力接近黑体辐射能力的程度。

所有实际物体都具有发射热辐射的能力，并且温度越高，发射热辐射的能力越强。物体发射热辐射时，其内热能转化为辐射能。所有实际物体也都具有吸收热辐射的能力，在物体吸收热辐射时，辐射能又转化为物体的内热能。当物体之间存在温差时，这种以热辐射方式进行能量交换的结果使高温物体失去热量，低温物体获得热量，这种热量传递现象称为**辐射换热**。

物体间以热辐射的方式进行的热量传递是双向的。当两个物体温度不同时，高温物体向低温物体发射热辐射，低温物体也向高温物体发射热辐射，即使两个物体温度相等，辐射换热量等于零，但它们之间的热辐射交换仍在进行，只不过处于动态平衡而已。

以上分别介绍了导热、热对流和热辐射三种热量传递的基本方式。实际上，这三种方式往往不是单独出现的，如对流换热就是导热和对流两种方式共同作用的结果。在分析传热问题时首先就应该弄清楚有哪些传热方式在起作用，然后再按照每一种传热方式的规律进行计算。有时，某一种传热方式虽然存在，但与其他传热方式相比非常小时，往往可以忽略，要具体问题具体分析。

本 章 小 结

本章讨论了热能转换的基本概念、热力学第一定律、热力学第二定律、热量传递的基本方式等内容。

1. 热能转换的基本概念

（1）工质。用来实现能量转化的媒介物质称为**工质**。

（2）热力系统。人们研究各种不同形式能量相互转化与传递时，为了分析方便，通常选取一定的工质或空间作为研究的对象，称之为**热力系统**，简称**系统**。

热力系统可以按照系统与外界的物质和能量交换情况分为以下几类：闭口系统、开口系统、绝热系统和孤立系统。

（3）热力状态。工质在某一瞬间所呈现的宏观物理状况称为工质的**热力状态**，简称**状态**。对热力学而言，有意义的是平衡状态。

（4）状态参数。用于描述工质所处状态的宏观物理量称为**状态参数**。

在工程热力学中，常用的状态参数有压力、温度、比体积、热力学能、焓、熵等，其中，压力、温度、比体积可以直接测量，称为**基本状态参数**。

（5）准平衡过程与可逆过程。在热力过程中系统所经历的每一个状态都无限地接近平衡状态，这种过程称为**准平衡过程**，又称为**准静态过程**。**可逆过程**是一个理想过程，是一切

热力设备工作过程力求接近的目标。可逆过程是没有耗散效应的准平衡过程。

（6）膨胀功与热量。工质在体积膨胀时所做的功称为**膨胀功**。热力系统与外界之间依靠温差传递的能量称为**热量**。热量与膨胀功都是过程量而不是状态量。

（7）热力循环。为了实现连续的能量转换，工质从某一初态出发经历一系列热力状态变化后又回到原来初态的全部过程，即封闭的热力过程，称为**热力循环**。

根据循环中是否包含不可逆过程，热力循环可分为可逆循环和不可逆循环。根据循环所产生的效果不同，热力循环可分为正向循环和逆向循环。

将热能转变为机械能的循环称为**正向循环**。正向循环的热力学评价指标是**热效率**，即

$$\eta_t = \frac{W_{net}}{Q_1} = \frac{Q_1 - Q_2}{Q_1} = 1 - \frac{Q_2}{Q_1}$$

逆向循环是消耗外界提供的功量，将热量从低温热源传递到高温热源的循环，例如制冷装置及热泵的工作循环。制冷装置的工作系数称为**制冷系数**，即

$$\varepsilon = \frac{Q_2}{W_{net}} = \frac{Q_2}{Q_1 - Q_2}$$

热泵的工作系数称为供热系数，即

$$\varepsilon' = \frac{Q_1}{W_{net}} = \frac{Q_1}{Q_1 - Q_2}$$

2. 热力学第一定律

（1）热力学第一定律是物理学中能量转换与守恒定律在涉及热现象的能量转换过程中的应用。热力学第一定律阐明了热能和机械能以及其他形式的能量在传递和转换过程中数量上的守恒关系。

（2）闭口系统的热力学第一定律表达式是

$$Q = \Delta U + W$$

（3）开口系统的稳定流动能量方程式是

$$Q = \Delta H + W_t$$

其中，技术功

$$W_t = \frac{1}{2} m \Delta c_f^2 + mg \Delta z + W_s$$

（4）稳定流动能量方程的应用。

对于换热器，换热量为

$$q = h_2 - h_1$$

对于动力机械，动力机械对外输出的轴功为

$$w_s = h_1 - h_2$$

对于绝热节流，节流前后工质的焓值为

$$h_2 = h_1$$

3. 热力学第二定律

热力学第二定律阐明了能量不但有"量"的多少问题，而且有"品质"的高低问题，在能量的传递和转换过程中的"量"守恒，但"质"却不守恒。

热力学第二定律两种典型的表述是克劳修斯表述和开尔文-普朗克表述。

克劳修斯表述：不可能将热从低温物体传至高温物体而不引起其他变化。

开尔文-普朗克表述：不可能从单一热源取热，并使之完全转变为功而不产生其他影响。

克劳修斯不等式可用于判断一个循环是否可行、是否可逆。克劳修斯不等式为

$$\oint \frac{\delta Q}{T} \leqslant 0$$

式中，等号用于可逆循环，不等号用于不可逆循环。

引入熵流和熵产的概念，可以得到关系式

$$dS = dS_f + dS_g$$

熵产是不可逆因素引起的，恒大于等于零。因此，熵产是过程不可逆性大小的度量。

孤立系统熵增原理：孤立系统的熵只能增大，或者不变，绝不能减小。一切实际过程都一定朝着使孤立系统的熵增大的方向进行，任何使孤立系统熵减小的过程都是不可能发生的。

在给定的环境条件（环境温度为 T_0）下，热量 Q 中最大可能转变为有用功的部分称为**热量㶲**。

4. 热量传递的基本方式

传热是由于温差引起的热量转移过程，包括三种不同的基本传递方式：热传导、热对流和热辐射。实际传热过程经常由多种基本方式组合而成。

（1）平壁一维稳态导热的热流量计算公式，即傅里叶导热定律为

$$\varPhi = A\lambda \frac{t_{w1} - t_{w2}}{\delta}$$

（2）对流换热的基本计算公式，即牛顿冷却公式为

$$\varPhi = Ah(t_w - t_f)$$

（3）实际物体的辐射力为

$$E = \varepsilon\sigma_b T^4$$

通过本章学习：

（1）掌握研究热能转换所涉及的基本概念和术语。

（2）掌握状态参数、可逆过程的体积变化功和热量的计算。

（3）深入理解热力学第一定律的实质，掌握热力学第一定律闭口系统和开口系统的能量方程。

（4）深刻理解热力学第二定律，掌握卡诺循环、卡诺定理及其意义。

（5）掌握熵参数，理解克劳修斯不等式的物理意义，并且能够利用孤立系统熵增原理分析和判断热力循环能否进行。

（6）掌握热量传递三种基本方式的概念、特点与计算公式；掌握热导率、表面传热系数与发射率等概念。

思　考　题

1. 表压力或真空度能否作为状态参数进行热力计算?

2. 当真空表指示数值越大时,表明被测对象的实际压力越大还是越小?

3. 准平衡过程与可逆过程有何区别?

4. 不可逆过程是无法回复到初态的过程,这种说法是否正确?

5. 没有盛满水的热水瓶,其瓶塞有时被自动顶开,有时被自动吸紧,这是什么原因?

6. 下列说法是否正确?

(1) 气体膨胀时一定对外做功;

(2) 气体被压缩时一定消耗外功;

(3) 气体膨胀时必须对其加热;

(4) 气体边膨胀边放热是可能的;

(5) 气体边被压缩边吸入热量是不可能的;

(6) 对工质加热,其温度反而降低,这种情况不可能。

7. 膨胀功、流动功、轴功与技术功之间有何区别和联系?

8. 焓的物理意义是什么?

9. 热力学第二定律是否可以表述为:功可以完全转变为热,但热不能完全转变为功? 为什么?

10. 循环输出净功越大,则热效率越高;可逆循环的热效率都相等;不可逆循环的热效率一定小于可逆循环的热效率,这些说法是否正确? 为什么?

11. 下列说法是否正确? 为什么?

(1) 熵增大的过程为不可逆过程;

(2) 不可逆过程的熵变 ΔS 无法计算;

(3) 若工质从某一初态经可逆与不可逆途径到达同一终态,则不可逆途径的 ΔS 必大于可逆途径的 ΔS;

(4) 工质经历不可逆循环后 $\Delta S > 0$;

(5) 自然界的过程都是朝着熵增的方向进行的,因此熵减小的过程不可能实现;

(6) 工质被加热熵一定增大,工质放热熵一定减小。

11. 闭口系统经历一个不可逆过程,对外做功 10kJ,同时放出热量 4kJ,问系统的熵变是正、是负还是不能确定?

12. 热量传递的三种基本方式是什么? 它们之间有何联系与区别?

13. 试说明热对流与对流换热之间的联系与区别。

14. 试从传热的角度说明暖气片和家用空调室内机安放在什么位置合适?

15. 试说明暖水瓶的散热过程和保温机理。

16. 在计算机主机箱中,为什么在 CPU 处理器上和电源旁要安装风扇? 试说明 CPU 处理器的散热过程包括哪些基本传热方式?

习　题

1-1　某容器被一刚性壁分为两部分,在容器不同部位装有 3 个不同的压力表,如图 1-25 所示。压力表 B 上的读数为 1.75bar,表 A 的读数为 1.10bar,如果大气压力计读数为 0.97bar,试确定表 C 的读数及两部分容器内气体的绝对压力。

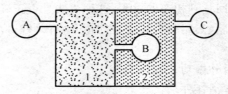

图 1-25　习题 1-1 附图

1-2　如图 1-26 所示一圆筒形容器,其直径为 450mm,表 A 的读数为 360kPa,表 B 的读数为 170kPa,大气压力为 720mmHg,试求:

(1) 真空室及 1、2 两室的绝对压力;

(2) 表 C 的读数;

(3) 圆筒顶面所受的作用力。

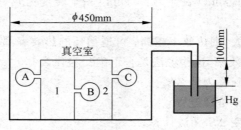

图 1-26　习题 1-2 附图

1-3　一热力系发生状态变化,压力随体积的变化关系为 $pV^{1.3} =$ 常数,若热力系初态为 $p_1 = 600\text{kPa}, V_1 = 0.3\text{m}^3$,问当系统体积膨胀至 $V_2 = 0.5\text{m}^3$ 时,对外做功为多少?

1-4　某气缸中气体由 0.1m^3 膨胀至 0.3m^3,若气体的压力及容积按 MPa 和 m^3 计算,则膨胀过程中气体的压力和体积的函数关系为 $p = 0.24V + 0.04$,试求,气体所做的膨胀功。

1-5　利用储气罐中的压缩空气,给气球充气(在温度不变的情况下)。开始时气球内没有气体,故可认为其初始体积为零;充满气体后气球的体积为 2m^3,若大气压力为 0.09MPa,求充气过程中气体所做的功。

1-6　气体在某一过程中吸热 64kJ,同时热力学能增加 114kJ,问此过程是膨胀过程还是压缩过程? 系统与外界交换的功量是多少?

1-7　闭口系统中,定量工质经历了由下表四个过程组成的循环,请补充下表中空缺数据。

过程	Q/J	W/J	U_1/J	U_2/J	ΔU/J
1-2	25	−12		−9	
2-3	−8			58	−16
3-4		17	−13		21
4-1	18			7	

1-8　某闭口系统经历由两个热力过程组成的循环,系统经历该循环所做出的净功为 10kJ,在过程 1-2 中系统热力学能增加 30kJ,在过程 2-1 中系统放热 40kJ。求过程 1-2 传递的热量以及过程 2-1 传递的功量。

1-9　空气在某压气机中被压缩,压缩前空气的参数为 $p_1=0.1$MPa,$v_1=0.845$m^3/kg;压缩后参数为 $p_1=0.8$MPa,$v_1=0.175$m^3/kg。若在压缩过程中每千克空气的热力学能增加为 146.5kJ,同时向外放热 50kJ,压气机每分钟生产压缩空气 10kg,试求:

(1) 压缩过程中对每千克空气所做的压缩功;

(2) 生产每千克压缩空气所需的轴功;

(3) 带动此压气机所需功率至少为多少 kW?

1-10　某发明者自称已设计出一台在 640K 和 300K 的热源之间循环工作的热机,该热机从高温热源每吸收 1000kJ 的热量可对外做功 450kJ。他的设计合理吗? 为什么?

1-11　闭口系统中,工质在某一热力过程中从温度为 400K 的热源吸收热量 660kJ,在该过程中的熵变为 5kJ/K,试判断此过程是否可行? 是否可逆?

1-12　某热机循环,工质从温度为 2000K 的高温热源吸热 1500kJ,并向温度为 300K 的低温热源放热 800kJ,试根据孤立系统熵增原理确定该热机循环是否可行? 是否可逆?

1-13　空气在一根内径为 50mm,长为 2.5 m 的管子内流动并被加热,已知空气平均温度为 80℃,管内对流换热的表面传热系数 h 为 70W/(m^2 · K),热流密度 q 为 5000W/m^2,试求管壁温度及热流量。

1-14　一单层玻璃窗,高 1.2 m,宽 1 m,玻璃厚 0.3mm,玻璃的导热系数为 λ=1.05W/(m · K),室内外的空气温度分别为 20℃和 5℃,室内外空气与玻璃窗之间对流换热的表面传热系数分别为 $h_1=5$W/(m^2 · K)和 $h_2=20$W/(m^2 · K),试求玻璃窗的散热损失及玻璃的导热热阻、两侧的对流换热热阻。

1-15　如果采用双层玻璃窗,玻璃窗的大小、玻璃的厚度及室内外的对流换热条件与 1-14 题相同,双层玻璃间的空气夹层厚度为 5mm,夹层中的空气完全静止,空气的导热系数 λ 为 0.025W/(m · K)。试求玻璃窗的散热损失及空气夹层的导热热阻。

1-16　有一厚度 δ 为 400mm 的房屋外墙,热导率 λ 为 0.5W/(m · K)。冬季室内空气温度 t_1 为 20℃,室内空气与墙内壁面之间对流换热的表面传热系数 h_1 为 4W/(m^2 · K)。室外空气温度 t_2 为 −10℃,室外空气与外墙之间对流换热的表面传热系数 h_2 为 6W/(m^2 · K)。如果不考虑热辐射,试求通过墙壁的传热系数、单位面积的传热量和内、外壁面温度。

第2章

热量传递过程与换热器

  导热、热对流和热辐射三种热量传递方式往往不是单独出现的,如对流换热就是导热和对流两种方式共同作用的结果。本章将进一步讨论热量传递的基本规律,包括稳态导热、对流换热和辐射换热,目的是正确计算所研究问题中传递的热流量。

  在许多工业换热设备中,进行热量交换的冷热流体通常位于固体壁面两侧。用来使热量从热流体传递到冷流体,以满足规定工艺要求的装置统称为换热器。热量从温度较高的流体,经过固体壁面传递给另一侧温度较低的流体,这个过程称为传热过程。换热器广泛应用于动力、化工、制药、石油、冶金和建筑等部门。本章还将详细讨论换热器及其传热计算,并对工程上常见的传热过程以及增强传热和削弱传热的方法进行探讨。

2.1 稳态导热

2.1.1 导热基本概念和基本定律

1. 温度场

  物体内部或物体之间产生导热的起因在于温差,温差是热量传递的推动力,每一种传热方式都与物体的温度密切相关。在某一时刻 τ,物体内所有各点的温度分布称为该物体在 τ 时刻的**温度场**。一般情况下,温度场是空间坐标和时间的函数,在直角坐标系中温度场可表示为

$$t = f(x, y, z, \tau) \tag{2-1}$$

式中,t 表示温度;x、y、z 为空间直角坐标。

  各点温度不随时间而变的温度场称为**稳态温度场**,可表示为

$$t = f(x, y, z) \tag{2-2}$$

稳态温度场中的导热称为**稳态导热**。

  随时间变化的温度场称为**非稳态温度场**,在非稳态温度场中发生的导热称为**非稳态导热**。

  根据温度在空间三个方向的变化情况,温度场又分为一维温度场、二维温度场和三维温度场。

2. 等温面与等温线

  在同一时刻,温度场中温度相同的点所连成的线或面称为**等温线**或**等温面**。等温面上

任何一条线都是等温线。物体的温度场可以用一组等温面或等温线来表示。在同一时刻，物体中温度不同的等温面或等温线不能相交，因为任何一点在同一时刻不可能具有两个或两个以上的温度。

3. 温度梯度

参照图 2-1，在温度场中，温度沿某一方向 x 的变化在数学上可以用该方向上的温度变化率（即偏导数）来表示，即

$$\frac{\partial t}{\partial x} = \lim_{\Delta x \to 0} \frac{\Delta t}{\Delta x}$$

温度变化率 $\frac{\partial t}{\partial x}$ 是标量。沿等温面法线方向的温度变化最剧烈，即温度变化率最大。

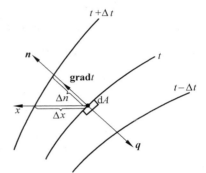

观察一个物体内温度为 t 及 $t+\Delta t$ 的两个不同温度的等温面（见图 2-1），沿等温面法线方向上的温度增量 Δt 与法向距离 Δn 的比值的极限称为**温度梯度**，用符号 **grad**t 表示，则

$$\mathbf{grad}t = \boldsymbol{n} \lim_{\Delta x \to 0} \frac{\Delta t}{\Delta n} = \boldsymbol{n} \frac{\partial t}{\partial n} \qquad (2\text{-}3)$$

式中，$\boldsymbol{n}$ 表示等温面法线方向的单位矢量，指向温度增加的方向。

温度梯度是矢量，其方向沿等温面的法线指向温度增加的方向。

图 2-1　等温面、温度梯度与热流示意图

在直角坐标系中，温度梯度可表示为

$$\mathbf{grad}t = \frac{\partial t}{\partial x}\boldsymbol{i} + \frac{\partial t}{\partial y}\boldsymbol{j} + \frac{\partial t}{\partial z}\boldsymbol{k} \qquad (2\text{-}4)$$

式中，$\frac{\partial t}{\partial x}, \frac{\partial t}{\partial y}, \frac{\partial t}{\partial z}$ 分别为 x、y、z 方向的偏导数；$\boldsymbol{i}$、$\boldsymbol{j}$、$\boldsymbol{k}$ 分别为 x、y、z 方向的单位矢量。

4. 热流密度矢量

如图 2-1 所示，dA 是等温面 t 上的微元面积。假设垂直通过 dA 上的导热热流量为 $d\Phi$，其流向必定指向温度降低的方向，则 dA 上的导热热流密度为

$$q = \frac{d\Phi}{dA}$$

导热热流密度的大小和方向可以用**热流密度矢量** $\boldsymbol{q}$ 表示：

$$\boldsymbol{q} = -\frac{d\Phi}{dA}\boldsymbol{n} \qquad (2\text{-}5)$$

式中，负号表示 $\boldsymbol{q}$ 的方向与 $\boldsymbol{n}$ 的方向相反，即与温度梯度的方向相反。

5. 傅里叶定律——导热基本定律

法国物理学家傅里叶（J. B. Fourier）在对导热过程进行大量实验研究的基础上，于 1822 年提出了著名的导热基本定律——**傅里叶定律**：导热热流密度的大小与温度梯度的绝对值

成正比。

对于物性参数不随方向变化的各向同性物体,矢量形式的傅里叶定律表达式为

$$q = -\lambda \, \mathbf{grad} t = -\lambda \frac{\partial t}{\partial n} \boldsymbol{n} \tag{2-6}$$

式中,负号表示热流密度的方向与温度梯度的方向相反。

标量形式的傅里叶定律表达式为

$$q = -\lambda \frac{\partial t}{\partial n} \tag{2-7}$$

由傅里叶定律可知,要计算通过物体的导热热流量,除了需要知道物体材料的热导率之外,还必须知道物体的温度场。所以,求解温度场是导热分析的首要任务。

6. 热导率

热导率是物质的重要热物性参数,表示该物质导热能力的大小。其定义式可由傅里叶定律的数学表达式(2-6)得到,即

$$\lambda = \frac{q}{|\mathbf{grad} t|} \tag{2-8}$$

该式说明,热导率的值等于单位温度梯度的热流密度值,绝大多数材料的热导率值都可根据上式通过实验测得。

各种材料的热导率数值差别很大,表 2-1 中列出了一些典型材料在常温下的热导率数值。

表 2-1   几种典型材料在 20℃ 时的热导率数值

材料名称	$\lambda / [\text{W}/(\text{m} \cdot \text{K})]$	材料名称	$\lambda / [\text{W}/(\text{m} \cdot \text{K})]$
金属(固体):		松木(平行木纹)	0.35
纯银	427	冰(0℃)	2.22
纯铜	398	**液体:**	
纯铝	236	水(0℃)	0.551
铝青铜(90%Cu,10%Al)	56	水银(汞)	7.90
铝合金(87%Al,13%Si)	162	变压器油	0.124
纯铁	81.1	柴油	0.128
碳钢(约 0.5%C)	49.8	润滑油	0.146
非金属(固体):		**气体:(大气压力)**	
石英晶体(0℃,平行于轴)	19.4	空气	0.0257
石英玻璃(0℃)	1.13	氮气	0.0256
大理石	2.70	氢气	0.177
玻璃	0.65~0.71	水蒸气(0℃)	0.0183
松木(垂直木纹)	0.15		

从表 2-1 可以看出,物质的热导率在数值上具有下述特点:

(1)对于同一种物质来说,固态的热导率最大,气态的热导率最小。例如,同样是在 0℃ 下,冰的热导率为 2.22W/(m·K),水的热导率为 0.551W/(m·K),水蒸气的热导率为 0.0183W/(m·K)。

（2）一般金属的热导率大于非金属的热导率（相差 $1 \sim 2$ 个数量级）。金属的导热机理与非金属有很大区别。金属的导热主要靠自由电子的运动，而非金属的导热主要依赖分子或晶格的振动。

（3）导电性能好的金属，其导热性能也好。金属的导热和导电都主要依靠自由电子的运动。如表 2-1 中的银，是最好的导电体，也是最好的导热体。

（4）纯金属的热导率大于它的合金的热导率。例如，纯铜在 20℃ 下的热导率为 $398\mathrm{W}/(\mathrm{m} \cdot \mathrm{K})$，纯铝在 20℃ 下的热导率为 $236\mathrm{W}/(\mathrm{m} \cdot \mathrm{K})$，而铝青铜（90％Cu，10％Al）的热导率只有 $56\mathrm{W}/(\mathrm{m} \cdot \mathrm{K})$，其他金属也如此。这主要是由于合金中的杂质（或其他金属）破坏了晶格的结构，并且阻碍了自由电子运动。

（5）对于各向异性物体，热导率的数值与方向有关。例如松木，顺木纹方向的热导率为 $0.35\mathrm{W}/(\mathrm{m} \cdot \mathrm{K})$，而垂直于木纹方向的热导率只有 $0.15\mathrm{W}/(\mathrm{m} \cdot \mathrm{K})$。这是由于一般木材顺木纹方向的质地密实、而垂直于木纹方向的质地较为疏松的缘故。

（6）对于同一种物质而言，晶体的热导率要大于非晶体的热导率。例如，石英晶体的热导率可达 $19.4\mathrm{W}/(\mathrm{m} \cdot \mathrm{K})$（晶体有很多轴），而石英玻璃（非晶体石英）的热导率要比石英晶体的小一个数量级，约为 $1.13\mathrm{W}/(\mathrm{m} \cdot \mathrm{K})$。

热导率的影响因素较多，主要取决于物质的种类、物质结构与物理状态，此外温度、密度、湿度等因素对热导率也有较大的影响。一般地说，所有物质的热导率都是温度的函数，在工业上和日常生活中常见的温度范围内，绝大多数材料的热导率可以近似地认为随温度线性变化。

7. 保温材料

根据国家标准 GB/T 4272—2008《设备及管道绝热技术通则》中规定，平均温度 25℃ 时热导率小于 $0.08\mathrm{W}/(\mathrm{m} \cdot \mathrm{K})$ 的材料称为**保温材料**（又称**绝热材料**或**隔热材料**），如石棉、膨胀塑料、膨胀珍珠岩、矿渣棉等。保温材料一般是孔隙多而小的多孔材料，在孔隙内都充满空气，由于空气的热导率（20℃时干空气的热导率为 $0.0257\mathrm{W}/(\mathrm{m} \cdot \mathrm{K})$）要比多孔材料中固体的热导率小得多，所以多孔材料的热导率都较小。

多孔材料的热导率与密度有关，一般密度越小，多孔材料的空隙率就越大，热导率就越小。例如，石棉的密度从 $800\mathrm{kg}/\mathrm{m}^3$ 减小到 $400\mathrm{kg}/\mathrm{m}^3$ 时，热导率从 $0.248\mathrm{W}/(\mathrm{m} \cdot \mathrm{K})$ 减小到 $0.105\mathrm{W}/(\mathrm{m} \cdot \mathrm{K})$。新技术的发展可以使孔隙小到纳米量级，如气凝胶隔热材料，称之为纳米超级隔热材料，在常温下其热导率甚至比空气的热导率还低。

2.1.2　导热微分方程及其单值性条件

1. 导热微分方程

傅里叶定律揭示了导热量与温度梯度之间的关系。计算物体的导热热流量，关键在于确定温度梯度，而要确定温度梯度，必须首先求解物体内部的温度分布——温度场。为了求解温度场，必须首先建立描述温度场一般性规律的微分方程——**导热微分方程**，然后结合具体的单值性条件求解方程，便可得出特定条件下的温度分布 $t = f(x, y, z, \tau)$。

　　导热微分方程是根据在导热物体内选取的研究对象——微元控制体(简称微元体)的能量守恒和傅里叶定律导出的。为了简化分析,进行如下假设:

　　(1) 假定所研究的物体为各向同性的物体;

　　(2) 物体内部具有内热源,例如物体内部存在放热或吸热化学反应或电加热等。

　　如图 2-2 所示,在直角坐标系中,选取平行六面微元体作为研究对象,其边长分别为 dx、dy、dz。根据能量守恒定律,在导热过程中,微元体的热平衡可表述为:单位时间内,净导入微元体的热流量 $d\Phi_\lambda$ 与微元体内热源的生成热 $d\Phi_V$ 之和等于微元体热力学能的增加 dU,即

$$d\Phi_\lambda + d\Phi_V = dU \tag{a}$$

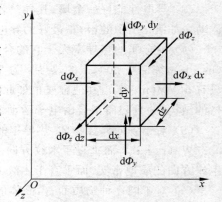

图 2-2　直角坐标系中微元体热平衡分析

　　单位时间内任意方向的热流量可分解为 x、y、z 三个方向的分热流量,净导入微元体的热流量 $d\Phi_\lambda$ 等于从 x、y、z 三个坐标方向净导入微元体的热量之和,即

$$d\Phi_\lambda = d\Phi_{\lambda x} + d\Phi_{\lambda y} + d\Phi_{\lambda z} \tag{b}$$

　　根据傅里叶定律表达式及数学推导,x、y、z 三个方向净导入微元体的热量分别为

$$d\Phi_{\lambda x} = \frac{\partial}{\partial x}\left(\lambda\,\frac{\partial t}{\partial x}\right)dx\,dy\,dz$$

$$d\Phi_{\lambda y} = \frac{\partial}{\partial y}\left(\lambda\,\frac{\partial t}{\partial y}\right)dx\,dy\,dz \tag{c}$$

$$d\Phi_{\lambda z} = \frac{\partial}{\partial z}\left(\lambda\,\frac{\partial t}{\partial z}\right)dx\,dy\,dz$$

　　于是,在单位时间内从三个方向净导入微元体的热流量之和为

$$d\Phi_\lambda = \left[\frac{\partial}{\partial x}\left(\lambda\,\frac{\partial t}{\partial x}\right) + \frac{\partial}{\partial y}\left(\lambda\,\frac{\partial t}{\partial y}\right) + \frac{\partial}{\partial z}\left(\lambda\,\frac{\partial t}{\partial z}\right)\right]dx\,dy\,dz \tag{d}$$

　　内热源强度记作 $\dot{\Phi}$,单位为 W/m^3,表示单位时间、单位体积内的内热源生成热。单位时间内,微元体内热源的生成热:

$$d\Phi_V = \dot{\Phi}\,dx\,dy\,dz \tag{e}$$

　　单位时间内,微元体热力学能的增加:

$$dU = \rho c\,\frac{\partial t}{\partial \tau}dx\,dy\,dz \tag{f}$$

式中,ρ 为物体的密度,kg/m^3;c 为物体的比热容,$J/(kg \cdot K)$。对于固体和不可压缩流体,比定压热容 c_p 和比定容热容 c_V 相差很小,$c_p = c_V = c$。

　　将式(d)~式(f)代入微元体的热平衡表达式(a),并消去 $dx\,dy\,dz$,可得

$$\rho c\,\frac{\partial t}{\partial \tau} = \left[\frac{\partial}{\partial x}\left(\lambda\,\frac{\partial t}{\partial x}\right) + \frac{\partial}{\partial y}\left(\lambda\,\frac{\partial t}{\partial y}\right) + \frac{\partial}{\partial z}\left(\lambda\,\frac{\partial t}{\partial z}\right)\right] + \dot{\Phi} \tag{2-9}$$

　　该式称为**导热微分方程**,建立了导热过程中物体的温度随时间和空间变化的函数关系。

当热导率 λ 为常数时,导热微分方程可简化为

$$\frac{\partial t}{\partial \tau} = \frac{\lambda}{\rho c}\left(\frac{\partial^2 t}{\partial x^2} + \frac{\partial^2 t}{\partial y^2} + \frac{\partial^2 t}{\partial z^2}\right) + \frac{\dot{\Phi}}{\rho c} \tag{2-10}$$

式中,令 $\lambda/(\rho c) = a$,称为**热扩散率**,也称**导温系数**,$\mathrm{m^2/s}$,其大小反映物体被瞬态加热或冷却时物体内温度变化的快慢。

热扩散率 a 越大,温度随时间的变化率 $\partial t/\partial \tau$ 越大,即温度变化越快。例如,一般木材的热扩散率约为 $a = 1.5 \times 10^{-7} \mathrm{m^2/s}$,紫铜(纯铜)的热扩散率约为 $a = 5.33 \times 10^{-5} \mathrm{m^2/s}$,紫铜的热扩散率是木材的 355 倍。如果两手分别握着同样长短粗细的木棒和紫铜棒,同时将另一端伸到灼热的火炉中,当拿紫铜棒的手感到很烫时,拿木棒的手尚无热的感觉,说明在紫铜棒中温度的变化要比在木棒中快得多。

对于特殊的情况,导热微分方程还可以进一步简化,例如:

(1)物体无内热源,$\dot{\Phi} = 0$:

$$\frac{\partial t}{\partial \tau} = a\left(\frac{\partial^2 t}{\partial x^2} + \frac{\partial^2 t}{\partial y^2} + \frac{\partial^2 t}{\partial z^2}\right) \tag{2-11}$$

(2)稳态导热,$\frac{\partial t}{\partial \tau} = 0$:

$$a\left(\frac{\partial^2 t}{\partial x^2} + \frac{\partial^2 t}{\partial y^2} + \frac{\partial^2 t}{\partial z^2}\right) + \frac{\dot{\Phi}}{\rho c} = 0 \tag{2-12}$$

(3)既为稳态导热又无内热源:

$$\frac{\partial^2 t}{\partial x^2} + \frac{\partial^2 t}{\partial y^2} + \frac{\partial^2 t}{\partial z^2} = 0 \tag{2-13}$$

2. 单值性条件

导热微分方程是对导热物体内部温度场规律性的描述,适用于所有导热过程。为了完整描写某个具体的导热过程,除了给出导热微分方程之外,还必须说明导热过程的具体特点,即给出导热微分方程的**单值性条件**或**定解条件**,它可分为初始条件和边界条件。导热微分方程连同单值性条件,才能完整描述一个具体的导热问题。

1)初始条件

给出导热物体在初始瞬间的温度分布,即 $t|_{\tau=0} = f(x, y, z)$。

2)边界条件

给出物体边界上的温度或换热情况。常见的边界条件分为以下三类:

(1)第一类边界条件

给出物体边界上的温度值。这类边界条件要求给出以下关系式

$$\tau > 0 \text{ 时},t_{\mathrm{w}} = f(x, y, z, \tau) \tag{2-14}$$

最简单的例子是边界表面温度保持恒定不变,即 $t_{\mathrm{w}} = $ 常数,称为恒壁温边界条件。

(2)第二类边界条件

给出物体边界上的热流密度值。这类边界条件要求给出以下关系式

$$\tau > 0 \text{ 时},q_{\mathrm{w}} = -\lambda\left(\frac{\partial t}{\partial n}\right)_{\mathrm{w}} = f(x, y, z, \tau) \tag{2-15}$$

最简单的例子是边界上的热流密度保持恒定不变,即 q_w=常数,称为恒热流边界条件,其中,q_w=0 时,称为绝热边界条件。用电热片加热物体表面时可处理为第二类边界条件。

（3）第三类边界条件

给出物体与周围流体间的对流换热表面传热系数 h 及周围流体的温度 t_f。根据边界面的热平衡,由物体内部导向边界面的热流密度应该等于从边界面传给周围流体的热流密度,即

$$-\lambda \left(\frac{\partial t}{\partial n}\right)_w = h(t_w - t_f) \tag{2-16}$$

式中,已知边界面的对流换热表面传热系数 h 及流体温度 t_f,而边界面的温度 t_w 和温度变化率都是未知的。第三类边界条件也称为对流换热边界条件。

建立合理的数学模型,是求解导热问题的第一步。结合定界边界条件,对数学模型进行求解,就可以得到物体的温度场,进而根据傅里叶定律就可以确定相应的热流分布。导热问题的求解方法有很多种,目前应用最广泛的方法有三种:**分析解法**、**数值解法**和**实验方法**,这也是求解所有传热学问题的三种基本方法。

2.1.3 一维稳态导热

稳态导热是指温度场不随时间变化的导热过程。工程上很多设备在设计工况和稳定运行时都处于稳态导热状态。下面分别讨论日常生活和工程上常见的平壁、圆筒壁、球壁及肋壁的一维稳态导热问题的分析求解方法,目的在于确定导热物体内的温度分布并计算导热量。

1. 平壁的稳态导热

锅炉的炉墙和保温隔层、冷库的内墙和保温隔层、房屋的墙壁等的导热,都可看作是无限大平壁的导热,热量仅沿着平壁的厚度方向传递。

假设平壁的表面面积为 A、厚度为 δ、热导率 λ 为常数、无内热源,如图 2-3 所示。平壁两侧表面分别保持均匀恒定的温度 t_{w1}、t_{w2},且 $t_{w1}>t_{w2}$。壁内是一维稳态温度场,壁内各等温面都是平行于表面的平面。因此,该平壁导热问题可用一维稳态导热微分方程来描述。

选取坐标轴 x 与壁面垂直,平壁的导热微分方程为

$$\frac{\mathrm{d}^2 t}{\mathrm{d}x^2} = 0 \tag{a}$$

边界条件为

$$x=0: t=t_{w1}$$
$$x=\delta: t=t_{w2} \tag{b}$$

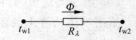

图 2-3 平壁的稳态导热

对此导热微分方程积分,可得通解

$$t = C_1 x + C_2 \qquad\qquad \text{(c)}$$

代入边界条件,可得

$$C_2 = t_{w1}$$

$$C_1 = -\frac{t_{w1} - t_{w2}}{\delta}$$

将 C_1、C_2 代入通解式(c),可得平壁内的温度分布为

$$t = t_{w1} - \frac{t_{w1} - t_{w2}}{\delta} x \qquad\qquad (2\text{-}17)$$

可见,当热导率 λ 为常数时,平壁内的温度呈线性分布。

利用傅里叶定律,可求平壁一维稳态导热时壁内的热流密度为

$$q = -\lambda \frac{\mathrm{d}t}{\mathrm{d}x} = \lambda \frac{t_{w1} - t_{w2}}{\delta} \qquad\qquad (2\text{-}18)$$

通过整个平壁的热流量为

$$\Phi = Aq = A\lambda \frac{t_{w1} - t_{w2}}{\delta} \qquad\qquad (2\text{-}19)$$

在日常生活与工程上,经常遇到由几层不同材料组成的多层平壁,例如,房屋的墙壁,一般由白灰内层、水泥砂浆层、红砖和保温层等构成;再如锅炉的炉墙,一般由耐火砖砌成的内层、用于隔热的夹气层或保温层以及普通砖砌的外墙构成。当这种多层平壁的表面温度均匀恒定时,其导热也是一维稳态导热。

运用热阻的概念,很容易分析多层平壁的一维稳态导热问题。下面以图 2-4 所示具有第一类边界条件的三层平壁为例进行分析。

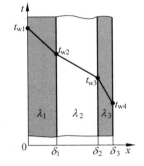

图 2-4　三层平壁的稳态导热

假设三层平壁材料的热导率分别为 λ_1、λ_2、λ_3,且均为常数;厚度分别为 δ_1、δ_2、δ_3;各层之间的接触非常紧密,因此相互接触的表面具有相同的温度,分别为 t_{w2}、t_{w3};平壁两侧外表面分别保持均匀恒定的温度 t_{w1}、t_{w4}。显然,通过此三层平壁的导热为稳态导热,通过各层的热流量相同。根据串联热阻叠加原理,可方便导出通过三层平壁的热流量为

$$\Phi = \frac{t_{w1} - t_{w4}}{\dfrac{\delta_1}{A\lambda_1} + \dfrac{\delta_2}{A\lambda_2} + \dfrac{\delta_3}{A\lambda_3}} = \frac{t_{w1} - t_{w4}}{R_{\lambda 1} + R_{\lambda 2} + R_{\lambda 3}} \qquad\qquad (2\text{-}20)$$

可见,三层平壁稳态导热的总导热热阻 R_λ 为各层导热热阻之和,可以用图 2-4 中的热阻网络来表示。

依此类推,对于 n 层平壁的稳态导热,热流量的计算公式应为

$$\Phi = \frac{t_{w1} - t_{w(n+1)}}{\displaystyle\sum_{i=1}^{n} R_{\lambda i}} \qquad\qquad (2\text{-}21)$$

可见,利用热阻的概念,可以很容易求得通过多层平壁稳态导热的热流量,进而求出各层间接触面的温度。

2. 圆筒壁的稳态导热

在工业和日常生活中圆形管道的应用非常广泛,如供暖热水管道、制冷剂流通管道、发电厂的蒸汽管道以及化工厂的各种液气输送管道等。下面主要讨论这类管道管壁在稳态导热过程中壁内的温度分布及导热热流量。

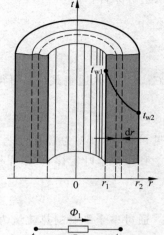

图 2-5　单层圆筒壁的稳态导热

如图 2-5 所示,已知一单层圆筒壁的内、外半径分别为 r_1、r_2,长度为 l,热导率 λ 为常数,无内热源($q_v=0$),内、外壁面维持均匀恒定的温度 t_{w1},t_{w2},且 $t_{w1}>t_{w2}$。

根据上述给定条件,壁内的温度只沿径向变化,如果采用圆柱坐标,则圆筒壁内的导热为一维稳态导热,导热微分方程为

$$\frac{d}{dr}\left(r\frac{dt}{dr}\right)=0 \qquad (2\text{-}22)$$

第一类边界条件:

$$r=r_1:\qquad t=t_{w1}$$

$$r=r_2:\qquad t=t_{w2}$$

对式(2-22)进行两次积分,并代入边界条件,可得圆筒壁内的温度分布为

$$t=t_{w1}-(t_{w1}-t_{w2})\frac{\ln(r/r_1)}{\ln(r_2/r_1)} \qquad (2\text{-}23)$$

可见,壁内的温度分布为对数曲线。

根据傅里叶定律,沿圆筒壁 r 方向的热流密度为

$$q=-\lambda\frac{dt}{dr}=\lambda\frac{t_{w1}-t_{w2}}{\ln(r_2/r_1)}\frac{1}{r} \qquad (2\text{-}24)$$

由上式可见,径向热流密度不是常数,而是 r 的函数,随着 r 的增加,热流密度逐渐减小。但是,对于稳态导热,通过整个圆筒壁的热流量是不变的,热流量计算公式为

$$\Phi=2\pi rl\cdot q=\frac{t_{w1}-t_{w2}}{\dfrac{1}{2\pi\lambda l}\ln\dfrac{r_2}{r_1}}=\frac{t_{w1}-t_{w2}}{\dfrac{1}{2\pi\lambda l}\ln\dfrac{d_2}{d_1}}=\frac{t_{w1}-t_{w2}}{R_\lambda} \qquad (2\text{-}25)$$

式中,R_λ 为整个圆筒壁的导热热阻,K/W。

工程上常用线热流密度 Φ_l,它是单位长度圆筒壁的热流量,即

$$\Phi_l=\frac{\Phi}{l}=\frac{t_{w1}-t_{w2}}{\dfrac{1}{2\pi\lambda}\ln\dfrac{d_2}{d_1}}=\frac{t_{w1}-t_{w2}}{R_{\lambda l}} \qquad (2\text{-}26)$$

式中,$R_{\lambda l}$ 为单位长度圆筒壁的导热热阻,m·K/W。于是,单层圆筒壁的稳态导热可以用图 2-5 中的热阻网络来表示。

在单层圆筒壁稳态导热分析的基础上,运用热阻的概念,很容易分析多层圆筒壁的稳态导热问题。如图 2-6 所示三层圆筒壁,无内热源,各层的热导率均为常数,分别为 λ_1、λ_2、λ_3,内、外壁面维持均匀恒定的温度 t_{w1}、t_{w4}。这显然也是一维稳态导热问题,通过各层圆筒壁的热流量相等,总导热热阻等于各层导热热阻之和,可以用图 2-6 中的热阻网络表示。单位长度三层圆筒壁的导热热流量为

$$\begin{aligned}\Phi_l &= \frac{t_{w1} - t_{w4}}{R_{\lambda l_1} + R_{\lambda l_2} + R_{\lambda l_3}} \\ &= \frac{t_{w1} - t_{w4}}{\frac{1}{2\pi\lambda_1}\ln\frac{d_2}{d_1} + \frac{1}{2\pi\lambda_2}\ln\frac{d_3}{d_2} + \frac{1}{2\pi\lambda_3}\ln\frac{d_4}{d_3}}\end{aligned} \quad (2\text{-}27)$$

依此类推,对于 n 层不同材料组成的多层圆筒壁的稳态导热,单位长度的热流量为

$$\Phi_l = \frac{t_{w1} - t_{w(n+1)}}{\sum_{i=1}^{n} R_{\lambda i}} = \frac{t_{w1} - t_{w(n+1)}}{\sum_{i=1}^{n} \frac{1}{2\pi\lambda_i}\ln\frac{d_{i+1}}{d_i}} \quad (2\text{-}28)$$

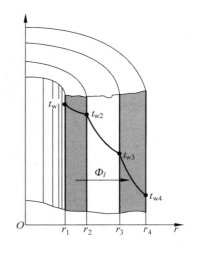

图 2-6 多层圆筒壁的稳态导热

例题 2-1 热电厂中有一直径为 0.16m 的过热蒸汽管道,钢管壁厚为 1mm,钢材的导热系数为 $\lambda_1 = 45\text{W}/(\text{m}\cdot\text{K})$,管外包有厚度为 $\delta = 0.12\text{m}$ 的保温层,保温材料的导热系数为 $\lambda_2 = 0.08\text{W}/(\text{m}\cdot\text{K})$,管内壁面温度为 $t_{w1} = 260℃$,保温层外壁面温度为 $t_{w3} = 45℃$。试求单位管长的散热损失(不考虑辐射换热)。

解: 按题意,这属于通过二层圆筒壁的稳态导热,$d_1 = 0.16\text{m}$,$d_2 = 0.16 + 2\times0.001 = 0.162\text{m}$,$d_3 = 0.162 + 2\times0.12 = 0.402\text{m}$。

根据式(2-28)可得

$$\begin{aligned}q_l &= \frac{t_{w1} - t_{w3}}{\frac{1}{2\pi\lambda_1}\ln\frac{d_2}{d_1} + \frac{1}{2\pi\lambda_2}\ln\frac{d_3}{d_2}} \\ &= \frac{260 - 45}{\frac{1}{2\pi\times45}\ln\left(\frac{0.162}{0.16}\right) + \frac{1}{2\pi\times0.08}\ln\left(\frac{0.402}{0.162}\right)} \\ &= \frac{215}{1.38\times10^{-4} + 1.809} = 118.9(\text{W}/\text{m})\end{aligned}$$

从以上计算过程可以看出,钢管壁的导热热阻与保温层的导热热阻相比非常小,可以忽略不计。

3. 肋片的稳态导热

工程上经常采用肋片(又叫翅片)来强化换热或降低壁温。在换热表面上加装肋片是增加换热面积的主要措施。肋片是指依附于基础表面上的扩展表面,例如计算机 CPU 散热

器上的散热片、室内供暖用的暖气片、家用冰箱的散热片等。肋片的形状多样,图 2-7 列举了几种常见的肋片。

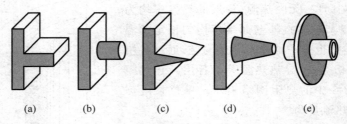

图 2-7　几种常见的肋片形状

(a) 矩形;(b) 圆柱形;(c) 三角形;(d) 圆锥形;(e) 圆环形

下面介绍一种最为简单的情况——等截面直肋的稳态导热求解方法。

如图 2-8 所示,矩形肋的高度为 H、厚度为 δ、宽度为 l,与高度方向垂直的横截面积为 A,横截面的周长为 U。

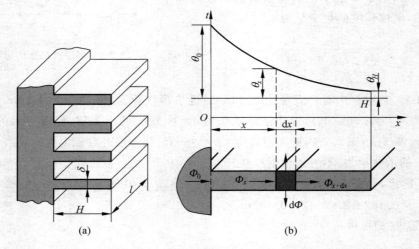

图 2-8　矩形肋的稳态导热分析

为简化分析,做下列假设:

(1) 肋片材料均匀,热导率 λ 为常数。

(2) 肋片根部与肋基接触良好,温度一致,即不存在接触热阻。

(3) 肋片厚度方向的导热热阻 δ/λ 与肋片表面的对流换热热阻 $1/h$ 相比很小,可以忽略。一般肋片都用金属材料制造,热导率很大,肋片很薄,基本上都能满足这一条件。在这种情况下肋片的温度只沿高度方向发生变化,肋片的导热可以近似地认为是一维的。

(4) 肋片表面各处与流体之间的表面传热系数 h 都相同。

(5) 忽略肋片端面的散热量,即认为肋端面是绝热的。

假设肋片的温度高于周围流体温度 t_f,热量从肋基导入肋片,然后从肋根导向肋端,沿途不断有热量从肋的侧面以对流换热的方式散给周围的流体,这种情况可以将肋片当作具有负的内热源来处理。于是,肋片的导热过程是具有负内热源的一维稳态导热过程,导热微

分方程为

$$\frac{\mathrm{d}^2 x}{\mathrm{d}x^2} - \frac{\Phi}{\lambda} = 0 \tag{2-29}$$

边界条件为

$$x = 0: \quad t = t_0$$

$$x = H: \quad \frac{\mathrm{d}t}{\mathrm{d}x} = 0$$

内热源强度 $\dot{\Phi}$ 为单位容积的发热(或吸热)量。对于图 2-8(b)所示的微元段有

$$\dot{\Phi} = \frac{U\mathrm{d}x \cdot h(t - t_\mathrm{f})}{A\mathrm{d}x} = \frac{hU(t - t_\mathrm{f})}{A}$$

代入导热微分方程式(2-29),得

$$\frac{\mathrm{d}^2 t}{\mathrm{d}x^2} - \frac{hU}{\lambda A}(t - t_\mathrm{f}) = 0 \tag{2-30}$$

令 $m = \sqrt{\dfrac{hU}{\lambda A}}$; $\theta = t - t_\mathrm{f}$, θ 称为**过余温度**, 则肋根处的过余温度为 $\theta_0 = t_0 - t_\mathrm{f}$, 肋端处的过余温度为 $\theta_H = t_H - t_\mathrm{f}$。于是肋片的导热微分方程可写成

$$\frac{\mathrm{d}^2 \theta}{\mathrm{d}x^2} - m^2 \theta = 0 \tag{2-31}$$

边界条件改写成

$$x = 0: \quad \theta = \theta_0$$

$$x = H: \quad \frac{\mathrm{d}\theta}{\mathrm{d}x} = 0$$

肋片的导热微分方程式(2-31)是直接从有内热源的一维稳态导热微分方程式(2-29)导出的,肋片表面向周围流体的散热按肋片具有负内热源处理。如果肋片的温度低于流体的温度,可按肋片具有正内热源处理,同样也可以导出式(2-31)。

式(2-31)的通解为

$$\theta = C_1 e^{mx} + C_2 e^{-mx} \tag{2-32}$$

代入边界条件可求得常数 C_1、C_2, 并代入通解式(2-32), 可得肋片过余温度的分布函数为

$$\theta = \theta_0 \frac{e^{m(H-x)} + e^{-m(H-x)}}{e^{mH} + e^{-mH}} \tag{2-33}$$

根据双曲余弦函数的定义式 $\mathrm{ch}\,x = (e^x + e^{-x})/2$, 可将式(2-33)改写为

$$\theta = \theta_0 \frac{\mathrm{ch}[m(H-x)]}{\mathrm{ch}(mH)} \tag{2-34}$$

可见,肋片的过余温度从肋根开始沿高度方向按双曲余弦函数的规律变化,如图 2-8(b)所示。

由式(2-34)可得肋端的过余温度为

$$\theta_H = \theta_0 \frac{1}{\mathrm{ch}(mH)} \tag{2-35}$$

在稳态情况下,整个肋片的散热量应等于从肋根导入肋片的热量。因此,肋片的散热

量为

$$\Phi = -A\lambda \frac{\mathrm{d}\theta}{\mathrm{d}x}\bigg|_{x=0} = A\lambda m\theta_0 \,\mathrm{th}(mH) \tag{2-36}$$

需要指出,上述分析虽然是针对矩形肋进行的,但结果同样适用于其他形状的等截面直肋,如圆柱形肋的一维稳态导热问题。

对于肋片端部有散热的情况,可利用工程上常采用的一种简化处理方法:将肋片端面面积折算到侧面上,对直肋而言,相当于使肋的高度增加

$$\Delta H = \frac{A}{U} = \frac{l\delta}{2(l+\delta)} \simeq \frac{\delta}{2}$$

若以 $H'(=H+\Delta H)$ 代替原来的肋高 H,则仍可用式(2-36)计算考虑肋端散热时肋片的散热量。需要注意:这种简化处理方法只能用于计算散热量,而不能用于求解肋片内的温度分布。

例题 2-2 采用如图 2-9 所示的带金属套管的温度计测量管道内的水蒸气温度,套管可保护测温元件。测温套管是一端封闭的细长金属管,套管根部用焊接或其他方法固定在管道壁上。温度计位于套管内,温度计的指示温度接近于测温套管的顶端温度。套管高 $H=80\mathrm{mm}$,外径 $d=15\mathrm{mm}$,壁厚 $\delta=2.5\mathrm{mm}$,套管材料的导热系数 $\lambda=40\mathrm{W/(m \cdot K)}$。已知温度计的指示温度为 $260℃$,套管根部的温度 $t_0=140℃$,套管外表面与水蒸气之间对流换热的表面传热系数为 $h=100\mathrm{W/(m^2 \cdot K)}$。试求水蒸气的实际温度和测温误差。

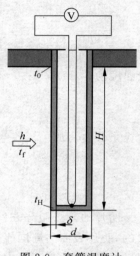

图 2-9 套管温度计示意图

解: 安装在管道的温度计套管相当于一个从管壁上伸出去的等截面空心长杆肋片。由于套管根部的温度与被测流体的温度不等,因而沿着套管的高度方向有热量传递。这部分热量是水蒸气先以对流换热方式传给套管,然后通过套管的导热传至套管根部,再经管道壁以对流换热等方式传递给周围环境。可见,套管的管壁温度必然低于流体的温度。而温度计插在套管中,考虑到温度计的感温泡与套管端部直接接触,可认为它反映的就是套管顶端的壁面温度 t_H。因此,温度计的测量存在着测温误差,测温误差就是套管顶端的过余温度 $\theta_H = t_H - t_f$。

如果忽略测温套管横截面上的温度变化,并认为套管顶端绝热,则套管可以看成是等截面直肋,根据式(2-35)求解。

$$t_H - t_f = \frac{t_0 - t_f}{\mathrm{ch}(mH)} \tag{a}$$

$$m = \sqrt{\frac{hU}{\lambda A}} = \sqrt{\frac{h}{\lambda \delta}} \tag{b}$$

套管横截面积为

$$A = \pi d\delta = 3.14 \times [15 + (15 - 2.5 \times 2)]/2 \times 10^{-3} \times 2.5 \times 10^{-3} = 9.813 \times 10^{-5}(\mathrm{m^2})$$

$$mH = \sqrt{\frac{hU}{\lambda A}} \times H = \sqrt{\frac{h}{\lambda \delta}} \times H = \sqrt{\frac{100}{40 \times 0.0025}} \times 0.08 = 2.53$$

查数学手册或直接由定义式计算可求得 ch(2.53)＝6.32。

根据式(a)，可得蒸汽温度为

$$t_f = \frac{t_0 - t_H \mathrm{ch}(mH)}{1 - \mathrm{ch}(mH)} = \frac{140 - 260 \times 6.32}{1 - 6.32} = 282.6(℃)$$

于是测温误差为

$$t_H - t_f = -22.6℃$$

讨论：由(a)、(b)两式可以看出，测温误差取决于表面传热系数 h、套管的长度 H、厚度 δ 以及套管材料的导热系数 λ。为了减小测温误差 θ_H，必须减小 θ_0 和加大 ch(mH)。为了加大 ch(mH)，必须增加 H 和 m。因此，减小测温误差的措施如下：

(1) 管道外覆盖保温材料，使 t_0 增加，而 $|t_0 - t_f|$ 减小；

(2) 采用足够长的测温套管，增加套管高度 H；

(3) 选用热导率 λ 小的材料做套管；

(4) 在强度允许的情况下，尽量采用薄壁套管，减小管壁厚度 δ；

(5) 强化套管与流体之间的换热，增大 h。

2.2　对流换热

对流换热是指流体流经固体表面时，流体与固体表面之间由于温度不同所发生的热量传递现象。例如，人体周围的空气与人体表面的对流换热，空气与墙壁表面的对流换热，空气与室内暖气片表面的对流换热等。

2.2.1　对流换热概述与分析

按照流体有无相变，对流换热可分为单相流体(无相变)对流换热和有相变流体(凝结和沸腾)的对流换热。按照流动起因不同，对流换热又可分为自然对流换热和强迫对流换热。无论哪种对流换热，其热流量都可利用牛顿冷却公式表示。

1. 牛顿冷却公式

对于流体流经固体表面时的对流换热(如图 2-10 所示)，对流换热量可以用牛顿冷却公式来计算，形式如下：

$$\Phi = Ah(t_w - t_f) \tag{2-37}$$

$$q = h(t_w - t_f) \tag{2-38}$$

式(2-37)中，A 为对流换热面积；h 为整个固体表面的平均表面传热系数；t_w 为固体表面的平均温度；t_f 为流体温度。

牛顿冷却公式描述了对流换热量与表面传热系数及温差之间的关系，对流换热面积 A、流体与壁面之间的温差 Δt 都比较容易确定，难点集中在表面传热系数

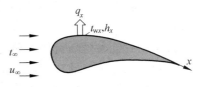

图 2-10　对流换热示意图

h 的确定上。如何确定表面传热系数成为对流换热过程研究的主要任务。

2. 对流换热的影响因素

对流换热是流体的导热和对流两种基本传热方式共同作用的结果。因此，凡是影响流体导热和对流的因素都将影响对流换热，主要有以下五个方面：

1）流动的起因

根据流动的起因，对流换热主要分为强迫对流换热与自然对流换热两大类。

强迫对流指流体在风机、水泵或其他外部动力作用下产生的流动。

自然对流指流体在不均匀的体积力（如重力、电磁力等）的作用下产生的流动。日常生活中最常见的是在重力场作用下产生的自然对流。由于流体的密度是温度的函数，流体内部温度场不均匀会导致密度场的不均匀，在重力的作用下就会产生浮力的变化而促使流体发生流动，室内暖气片周围空气的流动就是这种自然对流最典型的实例。

一般说来，自然对流的流速较低，同一流体的强迫对流换热要比自然对流换热强，表面传热系数要大。例如，气体的自然对流换热表面传热系数一般在 $1\sim10\mathrm{W/(m^2 \cdot K)}$ 范围，而气体的强迫对流换热表面传热系数通常在 $10\sim100\mathrm{W/(m^2 \cdot K)}$ 范围。

2）流动的状态

由流体力学可知，流体的流动包括**层流**和**湍流**两种流态。流速增加，边界层变薄，对流换热热阻减小，表面传热系数增加。

层流时流速缓慢，流体分层地平行于壁面方向流动，层与层之间互不混合，因此垂直于流动方向上的热量传递主要靠分子扩散（即导热）。湍流时流体内存在脉动和漩涡，使各部分流体之间产生混合。流体湍流时的热量传递除了分子扩散之外主要靠流体宏观的湍流脉动，因此湍流对流换热要比层流对流换热强烈，表面传热系数大。

3）流体有无相变

在某些对流换热过程中流体会发生相变，如液体在对流换热过程中被加热而沸腾，由液态变为气态；蒸汽在对流换热过程中被冷却而凝结，由气态变为液态。由于流体在沸腾和凝结换热过程中吸收或者放出汽化潜热，沸腾时流体还受到气泡的强烈扰动，所以流体发生相变时的对流换热强度比无相变时要大。

4）流体的物理性质

对流换热是导热和对流两种基本传热方式共同作用的结果，因此对导热和对流产生影响的物理性质（简称物性）都将影响对流换热。在对流换热分析中所涉及的主要物性参数有：热导率 λ，流体的热导率 λ 越大，流体导热热阻越小，对流换热越强烈；密度 ρ 和比热容 c，ρc 反映单位体积流体热容量的大小，其数值越大，通过对流所转移的热量越多，对流换热越强烈；动力黏度 η 或运动黏度 ν，流体的黏度 η 或 ν 影响速度分布与流态，因此对对流换热产生影响；体胀系数 α_v，它影响重力场中的流体因密度差而产生的浮升力，因此影响自然对流换热。

流体的物性参数随流体的种类、温度和压力而变化。对于同一种不可压缩牛顿流体，其物性参数的数值主要随温度而变化。在分析计算对流换热时，用来确定物性参数数值的温度称为**定性温度**。定性温度的取法取决于对流换热的类型，常用的定性温度有流体的平均温度 t_f、壁面温度 t_w 以及流体与壁面的算术平均温度 $(t_f+t_w)/2$。

5）换热表面的几何因素

在对流换热时，流体沿着固体表面流动，因此换热表面的几何形状、尺寸、相对位置以及表面粗糙度等几何因素将影响流体的流动状态、速度分布和温度分布，从而影响对流换热表面传热系数的大小。图 2-11 描绘了四种几何条件下的流动。

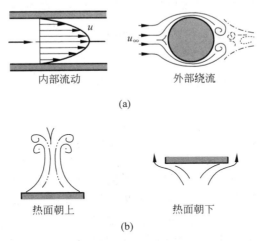

内部流动　　　　　　　外部绕流

(a)

热面朝上　　　　　　　热面朝下

(b)

图 2-11　几何因素对对流换热的影响

（a）强迫对流；（b）自然对流

综上所述，影响对流换热的因素很多，表面传热系数是很多变量的函数，一般函数关系式可表示为

$$h = f(u, t_w, t_f, \lambda, \rho, c, \eta, \alpha_v, l, \psi)$$

式中，l 为换热表面的**特征长度**，习惯上称为**定型尺寸**，通常是指对换热影响最大的尺寸，如管内流动时的管内径、横向外掠圆管时的圆管外径等；ψ 为换热表面的几何因素，如形状、相对位置等。

研究对流换热的主要任务之一就是确定不同换热条件下表面传热系数的具体表达式，主要方法有四种：①分析法；②数值法；③实验法；④比拟法。目前，理论分析、数值计算和实验研究相结合是科技工作者广泛采用的解决复杂对流换热问题的主要研究方法。

2.2.2　对流换热的数学描述

建立描写对流换热的数学模型（对流换热微分方程组及其单值性条件）是求解对流换热问题的基础。

1. 对流换热微分方程

当流体流过固体表面时，在流体为连续性介质的假设条件下，由于黏性力的作用，紧靠壁面处的流体是静止的，流体速度为零，紧靠壁面处的热量传递完全依靠导热。根据导热傅里叶定律，固体壁面 x 处的局部热流密度为

$$q_x = -\lambda \frac{\partial t}{\partial y}\bigg|_{y=0,x}$$

式中，λ 为流体的热导率。

与牛顿冷却公式 $q_x = h_x (t_w - t_f)_x$ 联立，可确定局部表面传热系数为

$$h_x = -\frac{\lambda}{(t_w - t_\infty)_x} \frac{\partial t}{\partial y}\Big|_{y=0,x} \tag{2-39}$$

该式建立了表面传热系数与温度场之间的关系。式中，t_w 为固体表面的温度，在流体为连续性介质的假设条件下，t_w 也是紧靠壁面处流体的温度；$\dfrac{\partial t}{\partial y}\Big|_{y=0,x}$ 为壁面 x 处 y 方向的流体温度梯度。

如果热流密度、表面传热系数、温度梯度和温差都取整个壁面的平均值，则式（2-39）可写成

$$h = -\frac{\lambda}{(t_w - t_\infty)} \frac{\partial t}{\partial y}\Big|_{y=0} \tag{2-40}$$

由式（2-40）可知，要想求得表面传热系数，首先必须求出流体的温度场，但流体的温度场又与速度场密切相关。由流体力学可知，流体的速度场是由连续性微分方程和动量微分方程来描写的，而温度场和速度场之间的关系将由能量微分方程描写。因此，描写对流换热的微分方程有连续性微分方程、动量微分方程和能量微分方程。下面给出直角坐标系下常物性、无内热源、不可压缩牛顿流体二维对流换热的微分方程组。

1）连续性微分方程

连续性微分方程是根据微元体的质量守恒导出的，形式为

$$\frac{\partial u}{\partial x} + \frac{\partial v}{\partial y} = 0 \tag{2-41}$$

式中，u、v 分别为 x、y 方向的速度。

2）动量微分方程

动量微分方程是根据微元体的动量守恒导出的，结果如下：

x 方向的动量微分方程为

$$\rho\left(\frac{\partial u}{\partial \tau} + u\frac{\partial u}{\partial x} + v\frac{\partial u}{\partial y}\right) = F_x - \frac{\partial p}{\partial x} + \eta\left(\frac{\partial^2 u}{\partial x^2} + \frac{\partial^2 u}{\partial y^2}\right) \tag{2-42}$$

y 方向的动量微分方程为

$$\rho\left(\frac{\partial v}{\partial \tau} + u\frac{\partial v}{\partial x} + v\frac{\partial v}{\partial y}\right) = F_y - \frac{\partial p}{\partial y} + \eta\left(\frac{\partial^2 v}{\partial x^2} + \frac{\partial^2 v}{\partial y^2}\right) \tag{2-43}$$

式中，F_x、F_y 分别是体积力在 x、y 方向的分量。

动量微分方程式表示微元体动量的变化等于作用在微元体上的外力之和。方程式等号左边表示动量的变化，也称为**惯性力项**；等号右边第一项是**体积力**（重力、离心力、电磁力等）项，第二项为**压力梯度项**，第三项为**黏性力项**。式（2-42）、式（2-43）也称为**纳维**（N. Navier）**-斯托克斯**（G. G. Stokes）**方程**。

3）能量微分方程

能量微分方程是根据微元体的能量守恒导出的，形式为

$$\rho c_p\left(\frac{\partial t}{\partial \tau} + u\frac{\partial t}{\partial x} + v\frac{\partial t}{\partial y}\right) = \lambda\left(\frac{\partial^2 t}{\partial x^2} + \frac{\partial^2 t}{\partial y^2}\right) \tag{2-44}$$

以上连续性微分方程式（2-41）、动量微分方程式（2-42）、式（2-43）和能量微分方程式（2-44）

组成了**对流换热微分方程组**。该方程组中含有 u、v、p、t 等 4 个未知量,所以方程组是封闭的。原则上,该方程组适用于所有满足上述假设条件的对流换热,既适用于强迫对流换热,也适用于自然对流换热;既适用于层流换热,也适用于湍流换热。对于一个具体的对流换热过程,除了给出微分方程组外,还必须给出单值性条件,才能构成对其完整的数学描述。

2. 对流换热的单值性条件

对流换热过程的单值性条件就是使对流换热微分方程组具有唯一解的条件,也称定解条件,是对所研究的对流换热问题的所有具体特征的描述。对流换热过程的单值性条件包含初始条件和边界条件。

1) 初始条件

说明对流换热过程进行的时间上的特点,例如是稳态还是非稳态。对于非稳态对流换热过程,还应该给出初始条件,即过程开始时刻的速度场与温度场。

2) 边界条件

说明所研究的对流换热在边界上的速度分布、温度分布、热流密度分布等特点。常遇到两类对流换热边界条件:

第一类边界条件给出边界上的温度分布及其随时间的变化规律,即

$$t_w = f(x, y, z, \tau)$$

如果在对流换热过程中固体壁面上的温度为定值,即 $t_w =$ 常数,则将该条件称为**等壁温边界条件**。

第二类边界条件给出边界上的热流密度分布及其随时间的变化规律,即

$$q_w = f(x, y, z, \tau)$$

因为紧贴固体壁面的流体是静止的,热量传递依靠导热,根据傅里叶定律

$$-\frac{\partial t}{\partial n}\Big|_w = \frac{q_w}{\lambda}$$

所以第二类边界条件等于给出了边界面法线方向的流体温度变化率,但边界温度未知。如果 $q_w =$ 常数,则将该条件称为**常热流边界条件**。

上述对流换热微分方程组和单值性条件构成了对一个具体对流换热过程的完整的数学描述。但是,由于这些微分方程的复杂性,尤其是动量微分方程的高度非线性,使方程组的分析求解非常困难。直到 1904 年,德国科学家**普朗特**(L. Prandtl)在对黏性流体的流动进行大量实验观察的基础上提出了著名的边界层概念,使微分方程组得以简化,使其分析求解成为可能。

*2.2.3　边界层理论与对流换热微分方程组的简化

1. 流动边界层

下面以流体平行外掠平板的强迫对流换热为例,介绍流动边界层的定义、特征及其形成和发展过程。

由实验观察可知,当连续性黏性流体流过固体壁面时,由于黏性力的作用,靠壁面的薄层流体内的速度变化最为显著,紧贴壁面($y=0$)的流体速度为零,随着与壁面距离 y 的增加,速度越来越大,逐渐接近主流速度 u_∞,之后速度梯度 $\dfrac{\partial u}{\partial y}$ 越来越小,如图 2-12 所示。根据牛顿黏性应力公式 $\tau = \eta \dfrac{\partial u}{\partial y}$,随着与壁面距离 y 的增加,黏性力的作用也越来越小。这一速度发生明显变化的流体薄层称为**流动边界层**(或**速度边界层**)。

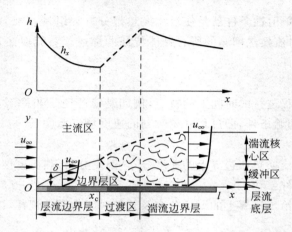

图 2-12　流体外掠平板时流动边界层的形成与发展

通常规定速度达到主流速度 99% 处的距离 y 值作为边界层的厚度,用 δ 表示。实测表明,温度为 20℃的空气以 10m/s 的速度掠过平板时,离平板前沿 100mm 处的边界层厚度只有 1.8mm。可见,流动边界层的厚度 δ 与流动方向的平板长度 l 相比非常小,相差一个数量级以上。

由于流动边界层的存在,在垂直于流动的方向(即 y 方向),流场分成了两个区:**边界层区**($0 \leqslant y \leqslant \delta$)和**主流区**($y > \delta$)。流动边界层区是存在速度梯度与黏性力作用的区,也就是发生动量传递的主要区域,流体的流动由动量微分方程来描写;边界层区以外的区域称为主流区,在主流区内速度梯度趋近于零,黏性力的作用可忽略,流体可近似为理想流体。主流区的流动由理想流体的欧拉方程来描写。

根据流体力学知识,雷诺数定义为

$$Re = \frac{u_\infty l}{\nu}$$

式中,u_∞ 为主流速度;l 为特征长度;ν 为运动黏度。Re 反映了流体强制流动时,惯性力和黏性力的相对大小。对于工业和日常生活中常见的流动,当 $Re \leqslant 2300$ 时,流态为层流;当 $2300 < Re < 10^4$ 时,是层流到湍流的过渡阶段;当 $Re > 10^4$ 时,流态为旺盛湍流。

假设来流是速度均匀分布的层流,平行流过平板。沿着流动方向(即 x 方向),边界层的形成和发展经历三个阶段:

(1) 在平板的前沿 $x=0$ 处,流动边界层的厚度 $\delta = 0$。随着流体向前流动,由于动量的传递,壁面处黏性力的影响逐渐向流体内部发展,流动边界层越来越厚。在距平板前沿的一段距离之内（$0 \leqslant x \leqslant x_c$），边界层内的流动处于层流状态，这段边界层称为**层流边界层**。

（2）随着边界层的加厚，边界层边缘处黏性力的影响逐渐减弱，惯性力的影响相对加大。当边界层达到一定厚度之后，边界层的边缘开始出现扰动，并且随着向前流动，扰动的范围越来越大，逐渐形成旺盛的湍流区（或称为**湍流核心**），边界层过渡为**湍流边界层**。从紧靠壁面处延伸至主流中心，湍流边界层包括层流底层、缓冲层和湍流核心三层。

（3）在层流边界层和湍流边界层中间存在一段**过渡区**。

边界层从层流开始向湍流过渡的距离 x_c 称为**临界距离**，其大小取决于流体的物性、固体壁面的粗糙度等几何因素以及来流的稳定度，由实验确定，通常用称为**临界雷诺数**的特征数 Re_c 给出。对于流体外掠平板的流动，$Re_c = \dfrac{u_\infty \cdot x_c}{\nu} = (2 \sim 30) \times 10^5$，一般情况下可取 $Re_c = 5 \times 10^5$。

2. 热边界层

当温度均匀的流体与它所掠过的固体壁面温度不同时，在壁面附近会形成一层温度变化较大的流体层，称为**热边界层**或**温度边界层**。如图 2-13 所示，在热边界层内，紧贴壁面的流体温度等于壁面温度 t_w，随着远离壁面，流体温度逐渐接近主流温度 t_∞。一

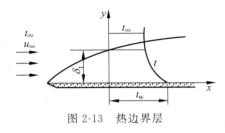

图 2-13　热边界层

般规定流体过余温度 $(t - t_w)$ 等于主流过余温度 $(t_\infty - t_w)$ 的 99% 处的 y 值作为热边界层的厚度，用 δ_t 表示。热边界层就是存在温度梯度的流体层，也是发生热量传递的主要区域，其温度场由能量微分方程来描写。这样，以热边界层外沿为界将流动区域分为两部分：沿 y 方向有温度变化的热边界层和温度几乎不变的等温流动区。

流体外掠平壁时热边界层的形成和发展与流动边界层相似。首先，在层流边界层内，速度梯度的变化比较平缓，热边界层内温度梯度的变化也比较平缓，垂直于壁面方向上的热量传递主要依靠导热。其次，湍流边界层内，层流底层中存在很大的速度梯度，也存在很大的温度梯度，热量传递主要靠导热；而湍流核心内由于强烈的扰动混合使速度和温度都趋于均匀，速度梯度和温度梯度都较小，热量传递主要靠对流。对于工业上和日常生活中常见流体的湍流对流换热，热阻主要在层流底层。

图 2-12 中所示的局部表面传热系数的变化趋势可以这样理解：在层流边界层区，热量传递主要依靠导热，随着边界层的加厚，导热热阻增大，所以局部表面传热系数逐渐减小；在过渡区，随着流体扰动的加剧，对流传热方式的作用越来越大，局部表面传热系数迅速增大；在湍流边界层区，热阻主要在层流底层，随着湍流边界层的加厚，热阻也增大，所以局部表面传热系数随之减小。

3. 普朗特数

流动边界层厚度 δ 与热边界层厚度 δ_t 是两个不同的概念。流动边界层厚度 δ 由流体中垂直于壁面方向上的速度分布决定，而热边界层厚度 δ_t 由流体中垂直于壁面方向上的温度分布决定。

如果整个平板都与流体进行对流换热,则热边界层和流动边界层都从平板前沿开始同时形成和发展,在同一位置,这两种边界层厚度的相对大小取决于流体运动黏度(动量扩散率)ν 与热扩散率 a 的相对大小。运动黏度 ν 反映流体动量扩散的能力,在其他条件相同的情况下,ν 越大,流动边界层越厚;热扩散率 a 反映物体热量扩散的能力,在其他条件相同的情况下,a 越大,热边界层越厚。ν 与 a 具有相同的量纲 $\mathrm{m^2/s}$,令

$$\frac{\nu}{a} = Pr$$

则 Pr 是一个无量纲的特征数,称为**普朗特数**,其物理意义为流体的动量扩散能力与热量扩散能力之比。分析结果表明:

(1) 对于层流边界层,如果热边界层和流动边界层都从平板前沿开始同时形成和发展,当 $Pr=1$ 时,流动边界层厚度与热边界层厚度大体相等;当 $Pr>1$ 时,则 $\delta > \delta_t$;当 $Pr<1$ 时,则 $\delta < \delta_t$。

(2) 对于液态金属,$Pr<0.05$,热边界层的厚度要远大于流动边界层的厚度。

(3) 对于液态金属除外的一般流体,$Pr=0.6\sim4000$。

(4) 气体的 Pr 较小,在 $0.6\sim0.8$ 范围内,所以气体的流动边界层比热边界层略薄;对于高 Pr 的油类($Pr=10^2\sim10^3$),流动边界层的厚度要远大于热边界层的厚度。

综上所述,流动边界层与热边界层具有以下特征:

(1) 边界层的厚度(δ、δ_t)与壁面特征长度 l 相比是很小的量。

(2) 流场划分为边界层区和主流区。流动边界层区内存在较大的速度梯度,是发生动量扩散(即黏性力作用)的主要区域;在流动边界层区之外的主流区,流体可近似为理想流体。热边界层内存在较大的温度梯度,是发生热量扩散的主要区域,热边界层之外的温度梯度可以忽略。

(3) 根据流动状态,边界层分为层流边界层和湍流边界层。湍流边界层分为层流底层、缓冲层与湍流核心三层结构。层流底层内的速度梯度和温度梯度远大于湍流核心。

(4) 在层流边界层与层流底层内,垂直于壁面方向上的热量传递主要靠导热。湍流边界层的主要热阻在层流底层。

4. 对流换热微分方程组的简化

根据上述边界层理论的基本内容,分析对流换热微分方程中各项的数量级,忽略高阶小量,可以使对流换热微分方程组得到合理的简化,更容易分析求解。

对于常物性、无内热源、不可压缩牛顿流体二维对流换热问题已给出下列 4 个方程组成的微分方程组。

连续性微分方程式(2-41):

$$\frac{\partial u}{\partial x} + \frac{\partial v}{\partial y} = 0$$

动量微分方程式(2-42)、式(2-43):

$$\rho\left(\frac{\partial u}{\partial \tau} + u\frac{\partial u}{\partial x} + v\frac{\partial u}{\partial y}\right) = F_x - \frac{\partial p}{\partial x} + \eta\left(\frac{\partial^2 u}{\partial x^2} + \frac{\partial^2 u}{\partial y^2}\right)$$

$$\rho\left(\frac{\partial v}{\partial \tau} + u\frac{\partial v}{\partial x} + v\frac{\partial v}{\partial y}\right) = F_y - \frac{\partial p}{\partial y} + \eta\left(\frac{\partial^2 v}{\partial x^2} + \frac{\partial^2 v}{\partial y^2}\right)$$

能量微分方程式(2-44)：

$$\rho c_p \left[\frac{\partial t}{\partial \tau} + u\frac{\partial t}{\partial x} + v\frac{\partial t}{\partial y} \right] = \lambda \left(\frac{\partial^2 t}{\partial x^2} + \frac{\partial^2 t}{\partial y^2} \right)$$

对于体积力可以忽略的稳态强迫对流换热，$\frac{\partial u}{\partial \tau} = \frac{\partial v}{\partial \tau} = \frac{\partial t}{\partial \tau} = 0$，$F_x = F_y = 0$，式(2-42)、式(2-43)、式(2-44)可以简化为

$$u\frac{\partial u}{\partial x} + v\frac{\partial u}{\partial y} = -\frac{1}{\rho}\frac{\partial p}{\partial x} + v\left(\frac{\partial^2 u}{\partial x^2} + \frac{\partial^2 u}{\partial y^2} \right) \tag{2-45}$$

$$u\frac{\partial v}{\partial x} + v\frac{\partial v}{\partial y} = -\frac{1}{\rho}\frac{\partial p}{\partial y} + v\left(\frac{\partial^2 v}{\partial x^2} + \frac{\partial^2 v}{\partial y^2} \right) \tag{2-46}$$

$$u\frac{\partial t}{\partial x} + v\frac{\partial t}{\partial y} = a\left(\frac{\partial^2 t}{\partial x^2} + \frac{\partial^2 t}{\partial y^2} \right) \tag{2-47}$$

根据边界层理论可知：边界层的厚度(δ、δ_t)与壁面特征长度 l 相比是很小的量，$\delta \ll l$，$\delta_t \ll l$，$y \ll x$，依此对上述微分方程中的各项进行数量级分析，可得

$$u \gg v;\ \frac{\partial u}{\partial y} \gg \frac{\partial u}{\partial x},\ \frac{\partial u}{\partial x} \gg \frac{\partial v}{\partial x},\ \frac{\partial u}{\partial y} \gg \frac{\partial v}{\partial y};$$

$$\frac{\partial^2 u}{\partial y^2} \gg \frac{\partial^2 u}{\partial x^2},\ \frac{\partial^2 u}{\partial y^2} \gg \frac{\partial^2 v}{\partial y^2};\ \ \frac{\partial t}{\partial y} \gg \frac{\partial t}{\partial x};\ \ \frac{\partial^2 t}{\partial y^2} \gg \frac{\partial^2 t}{\partial x^2}$$

上述分析结果表明：y 方向动量微分方程中的各项与 x 方向动量微分方程中的各项相比很小，可以不予考虑，只保留 x 方向的动量微分方程。x 方向动量微分方程中的 $\frac{\partial^2 u}{\partial x^2}$ 与 $\frac{\partial^2 u}{\partial y^2}$ 相比很小，能量微分方程中的 $\frac{\partial^2 t}{\partial x^2}$ 与 $\frac{\partial^2 t}{\partial y^2}$ 相比也很小，可以忽略，这实质是忽略边界层中 x 方向的动量扩散与能量扩散，只考虑 y 方向的动量扩散与能量扩散。于是，上述对流换热微分方程组可以简化为

$$\frac{\partial u}{\partial x} + \frac{\partial v}{\partial y} = 0$$

$$u\frac{\partial u}{\partial x} + v\frac{\partial u}{\partial y} = -\frac{1}{\rho}\frac{dp}{dx} + v\frac{\partial^2 u}{\partial y^2} \tag{2-48}$$

$$u\frac{\partial t}{\partial x} + v\frac{\partial t}{\partial y} = a\frac{\partial^2 t}{\partial y^2} \tag{2-49}$$

由于 y 方向的压力变化 $\frac{\partial p}{\partial y}$ 已随同 y 方向动量微分方程一起被忽略，边界层中的压力只沿 x 方向变化，所以 x 方向动量微分方程中的 $\frac{\partial p}{\partial x}$ 改为 $\frac{dp}{dx}$。

可以看到，简化后的方程组只有 3 个方程，但仍然含有 u、v、p、t 等 4 个未知量，方程组不封闭。然而，由于忽略了 y 方向的压力变化，使边界层内压力沿 x 方向变化与边界层外的主流区相同，所以压力 p 可由主流区理想流体的伯努利方程确定。如果忽略位能的变化，伯努利方程的形式为

$$p + \frac{1}{2}\rho u_\infty^2 = 常数 \tag{2-50}$$

于是

$$\frac{\mathrm{d}p}{\mathrm{d}x} = -\rho u_\infty \frac{\mathrm{d}u_\infty}{\mathrm{d}x}$$

将上式代入动量微分方程式(2-48),得

$$u\frac{\partial u}{\partial x} + v\frac{\partial u}{\partial y} = u_\infty \frac{\mathrm{d}u_\infty}{\mathrm{d}x} + \eta \frac{\partial^2 u}{\partial y^2} \tag{2-51}$$

通常主流速度 u_∞ 给定,这样,式(2-41)与简化后的式(2-49)、式(2-51)构成一个封闭的方程组。对于简单的层流对流换热问题,可以利用该方程组进行分析求解。

2.2.4 外掠等壁温平板层流换热分析

1. 对流换热特征数关联式

所谓特征数是由一些物理量组成的无量纲数,它具有一定的物理意义,表征物理现象或物理过程的某些特点。对流换热特征数有努塞尔数 Nu、雷诺数 Re、普朗特数 Pr 和格拉晓夫数 Gr 等。理论分析表明,对流换热的解可以表示成特征数函数的形式,称为**特征数关联式**。通过对流换热微分方程的无量纲化或相似分析可以获得对流换热的特征数,即

$$Nu = f(Re, Pr) \tag{2-52}$$

式中,努塞尔数 $Nu = \dfrac{hl}{\lambda}$,它反映了流体层的导热热阻与对流换热热阻之比,对于平板而言,它以平板全长 l 作为特征长度,在 λ 和 l 相近时,它可以表示对流换热的强弱;雷诺数 $Re = \dfrac{u_\infty l}{\nu}$,它反映了流体强制流动时,惯性力和黏性力的相对大小,Re 大,表明惯性力相对较大,黏性力对流动的约束不显著,流动趋于紊乱,反之由于黏性力的约束,流动比较平稳;普朗特数 $Pr = \dfrac{\nu}{a}$,它反映了流体动量扩散能力与热扩散能力的相对大小,Pr 大,表明流体的动量扩散能力大于热扩散能力,流动边界层比热边界层厚,如各种油类,Pr 小则相反,如液态金属。

Nu、Re 与 Pr 都是无量纲特征数,所以式(2-52)称为特征数关联式。因为 Nu 中含有待定的表面传热系数 h,所以称为**待定特征数**;Re、Pr 完全由已知的单值性条件中的物理量组成,所以称为**已定特征数**。

综上所述,流体平行外掠平板强迫对流换热的解可以表示成式(2-52)所示的特征数关联式的形式。理论分析表明,所有对流换热问题的解都可以表示成特征数关联式的形式,只不过对流换热的形式不同,所涉及的特征数不同、关系式的形式不同而已。

2. 外掠平板层流换热的对流换热特征数关联式

对于常物性、无内热源、不可压缩牛顿流体平行外掠等壁温平板层流换热,以无量纲特征数关联式的形式给出如下:

对于 $Pr \geq 0.6$ 的流体

$$Nu = 0.664Re^{1/2}Pr^{1/3} \tag{2-53}$$

需要指出,关系式(2-53)仅适用于 $Pr \geq 0.6$ 的流体外掠等壁温平板层流换热,定性温度为边界层的算术平均温度, $t_m = \frac{1}{2}(t_w + t_\infty)$ 。

对于 $Pr \geq 0.6$ 的流体外掠常热流平板层流换热,分析结果为

$$Nu = 0.680Re^{1/2}Pr^{1/3} \tag{2-54}$$

对比式(2-53)与式(2-54)可以看出,当 Re 、 Pr 相同时,常热流情况下的平均努塞尔数只比等壁温情况大 2.4%。

2.2.5　单相流体对流换热特征数关联式

对于工程上常见的绝大多数单相流体的对流换热问题,经过科技工作者多年的理论分析与实验研究,已经获得了计算表面传热系数的特征数关联式。这些关联式的准确性已在大量的工程应用中得到了进一步的验证。

1. 管内强迫对流换热

单相流体管内强迫对流换热是工业和日常生活中最常见的换热现象,如各类液体、气体管道内的对流换热以及各类换热器排管内的对流换热等。

1) 管内强迫对流换热的特点

2.2.1 节中已指出,流体的流动状态对对流换热有显著影响。由流体力学可知,单相流体管内强迫对流的流动状态不仅取决于流体的物性、管道的几何尺寸、管内壁的粗糙度,还与流体进入管道前的稳定程度有关。对于工业和日常生活中常用的一般光滑管道,当 $Re = \frac{u_m d}{\nu} \leq 2300$ 时,流态为层流;当 $2300 < Re < 10^4$ 时,是层流到湍流的过渡阶段;当 $Re > 10^4$ 时,流态为旺盛湍流。这种根据雷诺数 Re 的大小范围判断流态的方法并不是对所有管内流动都是适用的,只是常用一般光滑管道的测量结果。随着工艺水平与实验技术的发展,在 19 世纪初就已在实验中利用特制的管道将管内层流保持到 $Re \approx 4 \times 10^4$,现在利用高新技术能使管内层流保持到 Re 达几十万。

当不可压缩牛顿流体以均匀的流速从大空间稳态流进圆管时,从管子的进口处开始,管内流动边界层逐渐加厚,圆管横截面上的速度分布沿流动方向(轴向)不断变化。当流动边界层的边缘在圆管的中心线汇合之后,圆管横截面上的速度分布沿轴向不再变化,这时称流体进入了**流动充分发展阶段**,在此之前的一段称为**流动进口段**,如图 2-14(a)所示。

如果流体和管壁之间有温差,流体进入管内后就会发生对流换热,热边界层就从管口处开始发展,并沿流动方向逐渐加厚,流体的温度沿 x 和 r 方向不断变化。当热边界层的边缘在圆管的中心线汇合之后,虽然流体的温度仍然沿 x 方向不断发生变化,但无量纲温度 $\frac{t_w - t}{t_w - t_f}$ 不再随 x 而变,只是半径 r 的函数,从这时起称管内的对流换热进入了**热充分发展阶段**,此前称为**热进口段**,如图 2-14(b)所示。

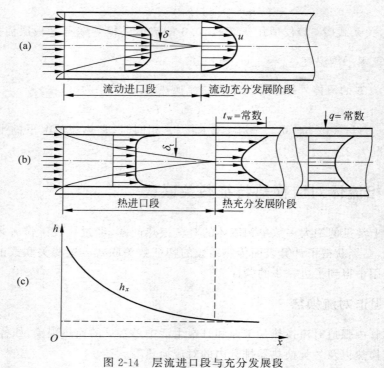

图 2-14　层流进口段与充分发展段

(a) 流动进口段与充分发展阶段；(b) 热进口段与充分发展阶段；(c) 进口段与充分发展阶段的
局部表面传热系数变化规律

　　进口处边界层很薄，局部表面传热系数 h_x 很大，对流换热较强。随着边界层的加厚，h_x 将沿 x 方向逐渐减小，对流换热逐渐减弱，直到进入热充分发展段后保持不变（图 2-14（c））。因此，在计算管内对流换热时要考虑进口段的影响，尤其是短管的对流换热。

　　研究表明，对于管内层流，流动进口段的长度 l_f 可用下式计算：

$$\frac{l_f}{d} \approx 0.05 Re \tag{2-55}$$

　　热进口段的长度 l_t 可用下式计算：

$$\frac{l_t}{d} \approx 0.05 Re Pr \tag{2-56}$$

比较式（2-55）、式（2-56）可以看出，当 $Pr > 1$ 时，流动边界层的发展比热边界层快，即流动进口段的长度比热进口段小；当 $Pr < 1$ 时，热边界层的发展比流动边界层快，即热进口段的长度比流动进口段小。

　　2）管内强迫对流换热特征数关联式

　　（1）层流换热

　　当 $Re \leqslant 2300$ 时，如果管道较短，进口段的影响不能忽略，推荐采用**席德**和**塔特**（Sieder and Tate）提出的公式计算等壁温管内层流换热的平均努塞尔数 Nu_f：

$$Nu_f = 1.86 \left(Re_f Pr_f \cdot \frac{d}{l} \right)^{1/3} \left(\frac{\eta_f}{\eta_w} \right)^{0.14} \tag{2-57}$$

此式的适用条件为

$$0.48 < Pr_f < 16700$$

$$0.0044 < \frac{\eta_f}{\eta_w} < 9.75$$

$$\left(Re_f Pr_f \cdot \frac{d}{l}\right)^{1/3} \left(\frac{\eta_f}{\eta_w}\right)^{0.14} \geqslant 2$$

式中,l 表示管道长度;下角标 f 表示定性温度为流体的平均温度 t_f;但动力黏度 η_w 须按壁面温度 t_w 确定。关联式(2-57)适用于不考虑自然对流影响的纯强迫对流层流换热。

（2）湍流换热

对于流体与管壁温度相差不大(例如,对于气体,$\Delta t = t_w - t_f < 50℃$;对于水,$\Delta t < 20 \sim 30℃$;对于油,$\Delta t < 10℃$)的情况,可采用**迪图斯和贝尔特**(Dittus and Boelter)于 1930 年提出的公式:

$$Nu_f = 0.023 Re_f^{0.8} Pr_f^n \tag{2-58}$$

适用条件:
$$n = \begin{cases} 0.4 & (t_w > t_f) \\ 0.3 & (t_w < t_f) \end{cases}$$

$$0.7 \leqslant Pr_f \leqslant 160, \quad Re_f \geqslant 10^4, \quad l/d \geqslant 60$$

对于流体与管壁温度相差较大,流体物性场不均匀性影响较大的情况,可采用席德和塔特于 1936 年提出的公式:

$$Nu_f = 0.027 Re_f^{0.8} Pr_f^{1/3} \left(\frac{\eta_f}{\eta_w}\right)^{0.14} \tag{2-59}$$

适用条件:
$$0.7 \leqslant Pr_f \leqslant 16700, \quad Re_f \geqslant 10^4, \quad l/d \geqslant 60$$

以上两个公式适用于一般的光滑管道,对常热流和等壁温边界条件都适用,是形式比较简单的计算管内湍流换热的特征数关联式。但由于提出年代较早,实验数据的偏差较大(达 25%),因此精确度不高,可用于一般的工程计算。

例题 2-3　在一冷凝器中,冷却水以 1m/s 的流速流过内径为 10mm、长度为 3m 的铜管,冷却水的进、出口温度分别为 15℃和 65℃,试计算管内的表面传热系数。

解:　由于管子细长,l/d 较大,可以忽略进口段的影响。冷却水的平均温度为

$$t_f = \frac{1}{2}(15 + 65) = 40(℃)$$

从水的物性表可查得

$$\lambda_f = 0.635 \text{W}/(\text{m} \cdot \text{K}), \quad \nu_f = 0.659 \times 10^{-6} \text{m}^2/\text{s}, \quad Pr_f = 4.31$$

管内雷诺数为

$$Re_f = \frac{ud}{\nu_f} = \frac{1 \times 0.01}{0.659 \times 10^{-6}} = 1.52 \times 10^4$$

管内流动为旺盛湍流。运用式(2-58)可得

$$Nu_f = 0.023 Re_f^{0.8} Pr_f^{0.4}$$
$$= 0.023 \times (1.52 \times 10^4)^{0.8} \times 4.31^{0.4}$$
$$= 91.4$$

$$h = \frac{\lambda_f}{d} Nu_f = \frac{0.635}{0.01} \times 91.4 = 5804 \; [\text{W}/(\text{m}^2 \cdot \text{K})]$$

式(2-58)没考虑流体物性场不均匀的影响。如果考虑物性场不均匀的影响,应该用式(2-59)计算,为此,必须求出壁面温度 t_w,以确定修正项 $B(\eta_f/\eta_w)^{0.14}$。可以首先根据冷却水的温升确定换热量 Φ,再用上面计算的表面传热系数 h 由式 $\Phi = Ah(t_w - t_f)$ 计算 t_w。请读者自己计算,并将式(2-58)、式(2-59)的计算结果进行比较。

2. 外掠平板壁面强迫对流换热

1) 层流换热

如果来流是速度均匀分布的层流,平行流过平板,则在平板前沿形成层流边界层。对于流体外掠平板的层流换热,理论分析已经做得相当充分,所得结论和实验结果非常吻合。

如果从平板前沿($x=0$)就开始换热,对于 $0.5 \leqslant Pr \leqslant 1000$ 的流体沿等壁温平板的层流换热,可采用式(2-53)计算平均表面传热系数,即

$$Nu = 0.664 Re^{1/2} Pr^{1/3}$$

对于 $0.5 \leqslant Pr \leqslant 1000$ 的流体沿常热流平板的层流换热,可采用式(2-54)计算平均表面传热系数,即

$$Nu = 0.680 Re^{1/2} Pr^{1/3}$$

2) 湍流换热

如果流体掠过等壁温平板时先形成层流边界层后再过渡到湍流边界层,则整个平板的平均表面传热系数为

$$Nu = (0.037 Re^{4/5} - 871) Pr^{1/3} \tag{2-60}$$

适用条件:

$$t_w = \text{常数}, \quad 0.6 < Pr < 60, \quad 5 \times 10^5 < Re < 10^7$$

对于流体外掠平板的强迫对流换热,牛顿冷却公式 $q = h(t_w - t_f)$ 中的 t_f 为流体的主流温度,即边界层之外的流体温度 t_∞。上述关联式中物性参数的定性温度为边界层的算术平均温度 $t_m = \frac{1}{2}(t_w + t_\infty)$。

3. 横掠单管表面强迫对流换热

由流体力学可知,当流体横向(与轴线垂直)流过单根圆管或圆柱体的表面时,其流动状态取决于雷诺数 $Re = \dfrac{u_\infty d}{\nu}$ 的大小,如图 2-15 所示。大量实验观察结果表明,如果 $Re < 5$,则流体平滑、无分离地流过圆柱表面;如果 $Re > 5$,则流体在绕流圆柱体时会发生边界层脱体现象,形成旋涡。

对于流体横掠圆柱体的对流换热,**茹考思卡斯**(A. A. Zhukauskas)推荐用下面的关联式计算平均表面传热系数:

$$Nu = C Re^n Pr^m (Pr/Pr_w)^{0.25} \tag{2-61}$$

该式的适用范围为 $0.7 < Pr < 500, 1 < Re < 10^6$,式中,除 Pr_w 的定性温度为壁面温度 t_w 外,其他物性的定性温度为主流温度 t_∞,特征长度为圆柱体直径 d,雷诺数中的速度为主流

速度 u_∞。对于 $Pr \leqslant 10$ 的流体，$m = 0.37$；对于 $Pr > 10$ 的流体，$m = 0.36$。式中常数 C 和 n 的数值列于表 2-2 中。

$Re < 5$	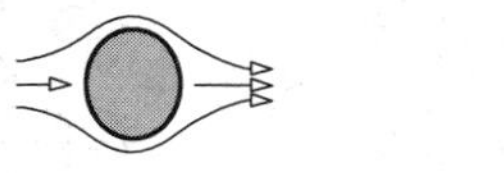	不脱体
$5 \sim 15 < Re < 40$	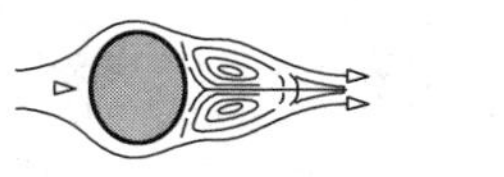	开始脱体，尾流出现涡
$40 < Re < 150$	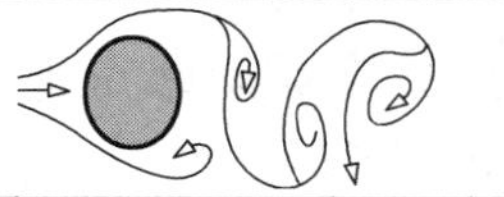	脱体，尾流形成层流涡街
$150 < Re < 3 \times 10^5$	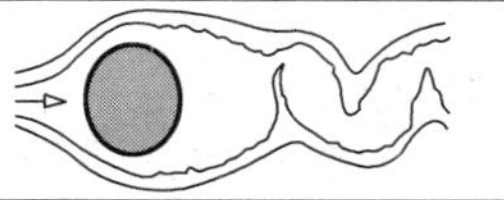	脱体前边界层保持层流，湍流涡街
$3 \times 10^5 < Re < 3.5 \times 10^6$	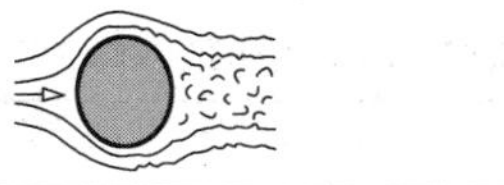	边界层从层流过渡到湍流
$Re > 3.5 \times 10^6$		又出现湍流涡街，但比第 4 种情况狭窄

图 2-15　流体横掠单管时的流动状态

表 2-2　式（2-61）中常数 C 和 n 的数值

Re	C	n	Re	C	n
$1 \sim 40$	0.75	0.4	$10^3 \sim 2 \times 10^5$	0.26	0.6
$40 \sim 1000$	0.51	0.5	$2 \times 10^5 \sim 10^6$	0.076	0.7

4. 横掠管束表面强迫对流换热

　　工业上许多换热设备是由多根管子组成的管束构成，一种流体在管内流过，另一种流体在管外横向掠过管束。当流体外掠管束时，除 Re、Pr 之外，管束的排列方式、管间距以及管排数对流体和管外壁面之间的对流换热都会产生影响。管束的排列方式通常有两种：**顺排与叉排**，如图 2-16 所示。这两种排列方式各有优缺点：叉排管束对流体的扰动比顺排剧烈，因此对流换热更强；但顺排管束的流动阻力比叉排小，管外表面的污垢比较容易被冲刷。由于管束中后排管的对流换热受到前排管尾流的影响，所以后排管的平均表面传热系数要大于前排，这种影响一般要延伸到 10 排以上。

　　对于流体外掠管束的对流换热，**茹考思卡斯**汇集了大量实验数据，总结出计算管束平均表面传热系数的关联式为

$$Nu_f = C Re_f^m Pr_f^{0.36} \left(\frac{Pr_f}{Pr_w} \right)^{0.25} \cdot \varepsilon_n \tag{2-62}$$

该式的适用范围为 $1 < Re_f < 2 \times 10^6$、$0.6 < Pr_f < 500$。式中，除 Pr_w 采用管束平均壁面温度 t_w 下的数值外，其他物性参数的定性温度为管束进出口流体的平均温度 t_f。Re_f 中的流

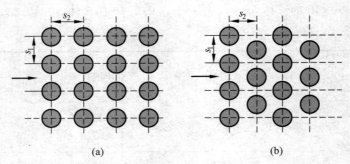

图 2-16 管束的排列方式

（a）顺排；（b）叉排

速采用管束最窄流通截面处的平均流速。

常数 C 和 m 的值列于表 2-3 中。ε_n 为管排数的修正系数,其数值列于表 2-4 中。

表 2-3   关联式（2-62）中的常数 C 和 m 的数值

	Re_f	C	m
顺排	$1 \sim 10^2$	0.9	0.4
	$10^2 \sim 10^3$	0.52	0.5
	$10^3 \sim 2 \times 10^5$	0.27	0.63
	$2 \times 10^5 \sim 2 \times 10^6$	0.033	0.8
叉排	$1 \sim 5 \times 10^2$	1.04	0.4
	$5 \times 10^2 \sim 10^3$	0.7	0.5
	$10^3 \sim 2 \times 10^5$:		
	$\dfrac{s_1}{s_2} \leqslant 2$	$0.35 \left(\dfrac{s_1}{s_2} \right)^{0.2}$	0.6
	$\dfrac{s_1}{s_2} > 2$	0.4	0.6
	$2 \times 10^5 \sim 2 \times 10^6$	$0.31 \left(\dfrac{s_1}{s_2} \right)^{0.2}$	0.8

表 2-4   关联式（2-62）中的管排修正系数 ε_n

	管排数 n										
	1	2	3	4	5	7	9	10	13	15	$\geqslant 16$
顺排：$Re_f > 10^3$	0.70	0.80	0.86	0.91	0.93	0.95	0.97	0.98	0.99	0.994	1.0
叉排：$10^2 < Re_f < 10^3$	0.83	0.87	0.91	0.94	0.95	0.97	0.98	0.984	0.993	0.996	1.0
$Re_f > 10^3$	0.62	0.76	0.84	0.90	0.92	0.95	0.97	0.98	0.99	0.997	1.0

式（2-62）仅适用于流体流动方向与管束垂直,即冲击角 $\psi = 90°$ 的情况。如果 $\psi < 90°$,对流换热将减弱,可在式（2-62）的右边乘以一个修正系数 ε_ψ 来计算管束的平均表面传热系数。修正系数 ε_ψ 随冲击角的变化曲线如图 2-17 所示。

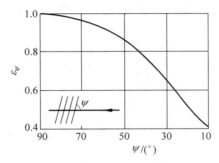

图 2-17　修正系数 ε_ψ 随冲击角的变化曲线

如果冲击角 $\psi=0$，即流体纵向流过管束，可按管内强迫对流换热计算，特征长度取管束间流通截面的当量直径 d_e。

2.3　辐射换热

辐射换热在热能动力工程、核能工程、冶金、化工、航天、太阳能利用以及日常生活中的加热、干燥、供暖等方面具有非常广泛的应用。本节主要从宏观角度介绍热辐射的基本概念、基本定律以及辐射换热的计算方法。

2.3.1　热辐射的基本概念

1. 吸收、反射与透射

当热辐射的能量投射到物体表面上时，与可见光一样，也会发生吸收、反射和透射现象。单位时间内投射到单位面积物体表面上的全波长范围内的辐射能称为**投入辐射**，用 G 表示，单位为 W/m^2。如图 2-18 所示，投射到物体表面上的辐射能 G 中，被物体吸收、反射和透射的部分分别为 G_α、G_ρ 和 G_τ，则 G_α、G_ρ 和 G_τ 所占的份额分别为

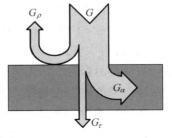

图 2-18　物体热辐射示意图

$$\alpha=\frac{G_\alpha}{G}, \qquad \rho=\frac{G_\rho}{G}, \qquad \tau=\frac{G_\tau}{G}$$

式中，α、ρ、τ 分别称为物体对投射辐射能的**吸收比**、**反射比**与**透射比**。根据能量守恒，$G_\alpha+G_\rho+G_\tau=G$，于是有

$$\alpha+\rho+\tau=1 \tag{2-63}$$

如果投入辐射是某一波长 λ 的辐射能 G_λ，其中，被物体吸收、反射和透射的部分分别为 $G_{\alpha\lambda}$、$G_{\rho\lambda}$ 和 $G_{\tau\lambda}$，所占的份额分别为

$$\alpha_\lambda=\frac{G_{\lambda\alpha}}{G_\lambda}, \qquad \rho_\lambda=\frac{G_{\lambda\rho}}{G_\lambda}, \qquad \tau_\lambda=\frac{G_{\lambda\tau}}{G_\lambda}$$

式中，α_λ、ρ_λ、τ_λ 分别称为物体对该波长辐射能的**光谱吸收比**、**光谱反射比**和**光谱透射比**。与式(2-63)类似，有

$$\alpha_\lambda + \rho_\lambda + \tau_\lambda = 1 \tag{2-64}$$

α_λ、ρ_λ、τ_λ 属于物体的光谱辐射特性，与物体的种类、温度和表面状况有关，一般是波长 λ 的函数。

实际上，当热辐射投射到固体或液体表面时，一部分被反射，其余部分在很薄的表面层内就被完全吸收，可以认为透射比 $\tau = 0$，或 $\alpha + \rho = 1$。气体对辐射几乎没有反射能力，即 $\rho = 0$，或 $\alpha + \tau = 1$。

物体表面对热辐射的反射有两种现象：**镜反射**与**漫反射**。镜反射的特点是反射角等于入射角，如图 2-19(a)所示。漫反射时被反射的辐射能在物体表面上方空间各个方向上均匀分布，如图 2-19(b)所示。物体表面对热辐射的反射情况取决于物体表面的粗糙程度和投射辐射能的波长。当物体表面粗糙尺度小于投射辐射能的波长时，就会产生镜反射，例如高度抛光的金属表面就会产生镜反射；当物体表面粗糙尺度大于投射辐射能的波长时，就会产生漫反射。对全波长范围的热辐射能完全镜反射或完全漫反射的实际物体是不存在的，绝大多数工程材料对热辐射的反射近似于漫反射。

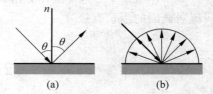

图 2-19　镜反射与漫反射示意图
(a) 镜反射；(b) 漫反射

2. 灰体与黑体

灰体是指光谱辐射特性不随波长变化而变化的假想物体。灰体的吸收比 α、反射比 ρ、透射比 τ 的大小与波长无关，只取决于灰体本身的性质。在热辐射的波长范围内，绝大多数工程材料都可以近似地作为灰体处理。

吸收比 $\alpha = 1$ 的物体称为**绝对黑体**，简称**黑体**。黑体可以将所有投射在它上面的辐射能全部吸收，在所有物体之中，它吸收热辐射的能力最强。后面将证明，在温度相同的物体之中，黑体发射辐射能的能力也最强。黑体和灰体一样，是一种理想物体，在自然界是不存在的，但可以人工制造出接近于黑体的模型。图 2-20 所示的是一个**人工黑体模型**：一个内表面吸收比较高的空腔，空腔的壁面上有一个小孔。只要小孔的尺寸与空腔相比

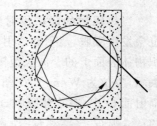

图 2-20　人工黑体示意图

足够小，则从小孔进入空腔的辐射能经过空腔壁面的多次吸收和反射后，几乎全部被吸收，相当于小孔的吸收比接近于 1，即接近于黑体。

黑体的引入对热辐射规律的研究具有重要意义：由于实际物体的热辐射特性和规律非常复杂，黑体辐射相对简单，所以人们首先研究黑体辐射的性质和规律，再把实际物体的辐射与之比较，找出与黑体辐射的区别，就可以对黑体辐射的规律进行修正后用于实际物体。

反射比 $\rho = 1$ 的物体称为**镜体**（或**白体**）。透射比 $\gamma = 1$ 的物体称之为**绝对透明体**。镜体、绝对透明体与灰体、黑体一样，都是理想物体，自然界中并不存在。

这里所说的黑体、白体与日常生活中所说的白色物体与黑色物体不同，颜色只是对可见光而言，而可见光在热辐射的波长范围中只占很小部分，所以不能凭物体颜色的黑白来判断

它对热辐射吸收比的大小。例如,白雪对红外线的吸收比高达 0.94;白布和黑布对可见光的吸收比差别很大,但对红外线的吸收比基本相同。

3. 辐射力

为了从数量上表示物体的辐射能力,引入"辐射力"的概念。在单位时间内,每单位面积的物体表面向半球空间发射的全部波长的辐射能总和称为该物体表面的**辐射力**,用符号 E 表示,单位为 $\mathrm{W/m^2}$。它表征了物体发射辐射能的大小。

在单位时间内,每单位面积的物体表面向半球空间发射的某一波长的辐射能总和称为该物体表面的**光谱辐射力**,用符号 E_λ 表示,单位为 $\mathrm{W/m^3}$。

2.3.2　黑体辐射的基本定律

1. 普朗克定律

1900 年,**普朗克**(M. Planck)在量子假设的基础上,从理论上确定了黑体辐射的光谱分布规律,给出了黑体的光谱辐射力 $E_{b\lambda}$ 与热力学温度 T、波长 λ 之间的函数关系,称之为**普朗克定律**:

$$E_{b\lambda} = \frac{C_1 \lambda^{-5}}{e^{C_2/(\lambda T)} - 1} \tag{2-65}$$

式中,λ 为波长,m;T 为热力学温度,K;C_1 为普朗克第一常数,$C_1 = 3.742 \times 10^{-16}\,\mathrm{W \cdot m^2}$;$C_2$ 为普朗克第二常数,$C_2 = 1.439 \times 10^{-2}\,\mathrm{m \cdot K}$。

不同温度下黑体的光谱辐射力随波长的变化如图 2-21 所示。可以看出,黑体的光谱辐射力随波长和温度的变化具有下述特点:

(1) 温度越高,同一波长下的光谱辐射力越大;

(2) 在一定的温度下,黑体的光谱辐射力随波长连续变化,并在某一波长下具有最大值;

(3) 随着温度的升高,光谱辐射力取得最大值的波长 $\lambda_{\max}$ 越来越小,即在 λ 坐标中的位置向短波方向移动。

在温度不变的情况下,由普朗克定律表达式(2-65)求极值,可以确定黑体的光谱辐射力取得最大值的波长 $\lambda_{\max}$ 与热力学温度 T 之间的关系为

$$\lambda_{\max} T = 2.8976 \times 10^{-3} \approx 2.9 \times 10^{-3}\,(\mathrm{m \cdot K}) \tag{2-66}$$

此关系式称为**维恩**(Wien)**位移定律**。

根据维恩位移定律,可以确定任一温度下黑体的光谱辐射力取得最大值的波长。例如,太阳辐射可以近似为表面温度约为 5800K 的黑体辐射,由式(2-66)可求得光谱辐射力取得最大值的波长为 $\lambda_{\max} = 0.5\mu\mathrm{m}$,位于可见光的范围内;可见光的波长范围虽然很窄(0.38～0.76μm),但所占太阳辐射能的份额却很大(约为 44.6%)。工业上常见的高温一般低于2000K,由式(2-66)可以确定,2000K 温度下黑体的光谱辐射力取得最大值的波长为 $\lambda_{\max} = 1.45\mu\mathrm{m}$,处于红外线范围内。加热炉中金属块升温过程中颜色的变化也能体现黑体辐射的

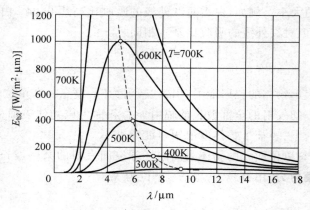

图 2-21　黑体的光谱辐射力 $E_{b\lambda}=f(\lambda,T)$

特点：当金属块的温度低于 800K 时，所发射的热辐射主要是红外线，人的眼睛感受不到，看起来还是暗黑色的；随着温度的升高，金属块的颜色逐渐变为暗红色、鲜红色、橘黄色、亮白色，这是由于随着温度的升高，金属块发射的热辐射中可见光的比例逐渐增大。

2. 斯蒂芬-玻耳兹曼定律

斯蒂芬（J. Stefan）**-玻耳兹曼**（D. Boltzmann）定律确定了黑体的辐射力 E_b 与热力学温度 T 之间的关系，它首先由斯蒂芬在 1879 年从实验中得出，后来玻耳兹曼于 1884 年运用热力学理论进行了证明。其表达式为

$$E_b=\sigma T^4 \tag{2-67}$$

式中，$\sigma=5.67\times10^{-8}\mathrm{W/(m^2\cdot K^4)}$，称为**斯蒂芬-玻耳兹曼常数**，又称为**黑体辐射常数**。

斯蒂芬-玻耳兹曼定律说明黑体的辐射力 E_b 与热力学温度 T 的四次方成正比，故又称为四次方定律。为了计算上方便，通常把式（2-67）改写成

$$E_b=C_0\left(\frac{T}{100}\right)^4 \tag{2-68}$$

式中，$C_0=5.67\mathrm{W/(m^2\cdot K^4)}$，称为**黑体辐射系数**。

*2.3.3　实际物体的辐射特性

实际物体的辐射特性与黑体有很大的区别，下面分别介绍实际物体的发射特性和吸收特性以及二者之间的关系。

1. 实际物体的发射特性

为了说明实际物体的发射特性，引入发射率的概念：实际物体的辐射力与同温度下黑体的辐射力之比称为该物体的**发射率**（习惯上称为**黑度**），用符号 ε 表示，即

$$\varepsilon=\frac{E}{E_b} \tag{2-69}$$

发射率表征物体辐射力接近黑体辐射力的程度。

实际物体的光谱辐射力与同温度下黑体的光谱辐射力之比称为该物体的**光谱发射率**（或称为**光谱黑度**），用符号 ε_λ 表示：

$$\varepsilon_\lambda = \frac{E_\lambda}{E_{b\lambda}} \tag{2-70}$$

发射率与光谱发射率之间的关系为

$$\varepsilon = \frac{\int_0^\infty \varepsilon_\lambda E_{b\lambda}\,\mathrm{d}\lambda}{E_b} \tag{2-71}$$

对于灰体，光谱辐射特性不随波长而变化，$\varepsilon_\lambda =$ 常数，由式（2-71）可得

$$\varepsilon = \frac{\varepsilon_\lambda \int_0^\infty E_{b\lambda}\,\mathrm{d}\lambda}{E_b} = \varepsilon_\lambda \tag{2-72}$$

因此，灰体的光谱辐射力随波长的变化趋势与黑体相同。

实际物体光谱辐射力随波长的变化较大，图 2-22 是相同温度下黑体、灰体和实际物体的光谱辐射力随波长变化的示意图。可以看出，实际物体的光谱辐射力随波长的变化规律完全不同于黑体和灰体。

在工程计算中，实际物体的辐射力 E 可以根据发射率的定义式（2-69）由下式计算：

$$E = \varepsilon E_b = \varepsilon \sigma T^4 \tag{2-73}$$

应该指出，实际物体的辐射力并不严格与热力学温度的四次方成正比，所存在的偏差包含在由实验确定的发射率 ε 数值之中。

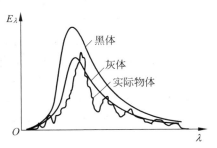

图 2-22　光谱辐射力随波长的变化示意图

发射率数值的大小取决于材料的种类、温度和表面状况，发射率数值在 0 与 1 之间，通常由实验确定。

2. 实际物体的吸收特性

实际物体的光谱吸收比 α_λ 与黑体、灰体不同，是波长的函数。有些材料，如磨光的铜和铝，光谱吸收比随波长变化不大；但有些材料，如阳极氧化的铝、粉墙面、白瓷砖等，光谱吸收比随波长变化很大。这种辐射特性随波长变化的性质称为**辐射特性对波长的选择性**。人们经常利用这种选择性来为工农业生产服务。例如，温室就是利用玻璃对阳光吸收较少透射较多而对红外线吸收较多透射较少的特性，使大部分太阳能穿过玻璃进入室内，而阻止室内物体发射的辐射能透过玻璃散到室外，达到保温的目的。

实际物体光谱辐射特性随波长的变化给辐射换热计算带来很大的困难，因此才引进光谱辐射特性不随波长变化的假想物体——灰体的概念。由于工程上的热辐射主要位于 $0.76 \sim 10\,\mu m$ 的红外波长范围内，绝大多数工程材料的光谱辐射特性在此波长范围内变化不大，因此在工程计算时可以近似地当作灰体处理，不会产生很大的误差。

3. 基尔霍夫定律

1860 年，**基尔霍夫**（G. R. Kirchhoff）揭示了物体吸收辐射能的能力与发射辐射能的能

力之间的关系,称之为**基尔霍夫定律**,其表达式如下:

$$\alpha_\lambda(\theta,\varphi,T)=\varepsilon_\lambda(\theta,\varphi,T) \tag{2-74}$$

即任何一个温度为 T 的物体在 (θ,φ) 方向上的光谱吸收比,等于该物体在相同温度、相同方向、相同波长的光谱发射率。这说明,吸收辐射能的能力越强的物体,发射辐射能的能力也越强。在温度相同的物体中,黑体吸收辐射能的能力最强,发射辐射能的能力也最强。

对于漫射体,辐射特性与方向无关,基尔霍夫定律表达式为

$$\alpha_\lambda(T)=\varepsilon_\lambda(T) \tag{2-75}$$

对于漫射、灰体,辐射特性既与方向无关也与波长无关,$\varepsilon=\varepsilon_\lambda$、$\alpha=\alpha_\lambda$,由式(2-75)可得

$$\alpha(T)=\varepsilon(T) \tag{2-76}$$

该式表明灰体的吸收比恒等于同温度下该物体的发射率(或黑度)。

在工程上常见的温度范围($T\leqslant2000\text{K}$)内,大部分辐射能都处于红外波长范围内,绝大多数工程材料可以近似为漫发射、灰体,已知发射率的数值就可以由式(2-76)确定吸收比的数值,不会引起较大的误差。

在太阳能利用中,研究物体表面对太阳能的吸收和物体本身的热辐射时,不能简单地认为物体表面对太阳能的吸收比等于自身辐射的发射率。这是因为,近 50% 的太阳辐射位于可见光的波长范围内,而物体自身热辐射位于红外波长范围内,实际物体的光谱吸收比对投入辐射的波长具有选择性,所以一般物体对太阳辐射的吸收比与自身辐射的发射率有较大的差别。例如,太阳能集热器上使用的选择性表面涂层材料,对太阳能的吸收比高达 0.9,而自身发射率只有 0.1 左右,这样既有利于对太阳能的吸收,又减少了自身的辐射散热损失。

4. 太阳辐射

太阳辐射将能量传递给地球,地球也以热辐射的方式将热量散发到太空中去,热平衡的结果使地球表面温度一年四季在大约 $250\sim320\text{K}$ 间变化。地球表面的发射率接近于 1(水的发射率大约为 0.97),热辐射主要是波长范围在 $4\sim40\mu\text{m}$ 之间的红外辐射,光谱辐射力的最大值约在 $10\mu\text{m}$。近些年来,随着世界各国工业化的发展,大量的工业废气、汽车尾气排向空中,使大气中的 CO_2、SO_2 及氮氧化物等气体的含量增多,由于它们对地球表面发射的红外辐射的强烈吸收作用,使地球向太空辐射的热量减少,形成所谓的**大气层“温室效应”**,使地球表面的温度升高,带来气候的变化和一系列的自然灾害。

太阳能集热器是将太阳能转换成热能的设备,常用的有平板式集热器和玻璃真空管式集热器。玻璃和选择性表面涂层是制造太阳能集热器的两种重要材料。普通玻璃对可见光和 $\mu<3\mu\text{m}$ 的红外辐射有很大的穿透比,而对 $\lambda>3\mu\text{m}$ 的红外辐射的穿透比却很小。绝大部分的太阳辐射可以穿过太阳能集热器的玻璃罩到达吸热面,而常温下吸热面所发射的长波红外辐射却不能从玻璃罩透射出去,使集热器既吸收了太阳辐射又减少了本身的辐射散热损失。同理,太阳辐射可以通过玻璃窗进入室内,而室内常温物体所发射的长波红外辐射却不能从玻璃窗透射出去,形成了所谓的**温室效应**。

选择性表面涂层是涂在太阳能集热器吸热面上的表面材料,它对几乎全部集中在 $0.3\sim3\mu\text{m}$ 波长范围内的太阳辐射具有较高的光谱吸收比,而对 $\lambda>3\mu\text{m}$ 的红外辐射具有很低的光谱吸收比,也就是说在常温下具有很低的光谱发射率,这意味着选择性表面涂层能

吸收较多的太阳辐射能,而自身的辐射散热损失又很少。例如铜材上的黑镍镀层对太阳辐射的吸收比可达 0.97,而常温下的自身发射率只有 0.07～0.11。

实际上,一般材料表面对太阳辐射的吸收比与常温下的发射率都有较大的差别。例如,涂在金属板上的白漆对太阳辐射的吸收比为 0.21,温度 300K 下的发射率为 0.96;无光泽的不锈钢对太阳辐射的吸收比为 0.5,而温度 300K 下的发射率为 0.21;白雪对太阳辐射的吸收比为 0.28,而发射率为 0.97。

*2.3.4　辐射换热的计算方法

为了使辐射换热的计算简化,假设

(1) 进行辐射换热的物体表面之间是不参与辐射的介质(如单原子或具有对称分子结构的双原子气体、空气)或真空;

(2) 参与辐射换热的物体表面都是漫射(漫发射、漫反射)、灰体或黑体表面;

(3) 每个表面的温度、辐射特性及投入辐射分布均匀。

实际上,能严格满足上述条件的情况很少,但工程上为了计算简便,常近似地认为满足上述条件,因此计算结果会有一定的误差。

以两个灰体表面所组成封闭系统的辐射换热为例,介绍其计算方法。

由凸表面物体 1 和包壳 2 构成的封闭空腔,如图 2-23 所示。当物体 1 的表面积 A_1 远远小于物体 2 的表面积 A_2 时,例如大空间内小物体的辐射换热(如管道与环境间的辐射换热)计算,以及气体体积内(或者管道内)热电偶测温时的辐射误差等实际问题的计算。这些情况下,表面 1 与表面 2 之间的辐射换热量计算公式为

$$\Phi_{1,2} = \sigma \varepsilon_1 A_1 (T_1^4 - T_2^4) \tag{2-77}$$

式中,σ 为斯蒂芬-玻耳兹曼常数;ε_1 为物体 1 的发射率;A_1 为物体 1 的表面积。

在用热电偶测量高温气体的温度时,为了减少辐射换热产生的测温误差,需要对热电偶加装辐射屏蔽(遮热罩)。图 2-24 是用热电偶测量高温燃气管道中的燃气温度示意图。

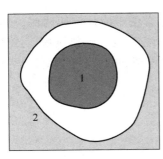

图 2-23　两个灰体表面组成的封闭系统

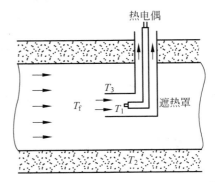

图 2-24　带遮热罩的抽气式热电偶测温示意图

如果用裸露的热电偶进行测量,当忽略热电偶连线的导热时,根据稳态情况下热电偶端点的热平衡,燃气与热电偶端点之间的对流换热量应等于热电偶端点与周围管壁之间的辐射换热量,即

$$Ah(T_f - T_1) = \sigma A \varepsilon_1 (T_1^4 - T_2^4)$$

式中,h 为热电偶端点与燃气之间对流换热的表面传热系数;ε_1 为热电偶端点的表面发射率;T_f 为燃气的绝对温度;T_1 为热电偶端点的绝对温度,即热电偶的测量结果;T_2 为燃气通道内壁面的绝对温度。由上式可以得出热电偶的测温误差为

$$T_f - T_1 = \frac{\varepsilon_1 \sigma (T_1^4 - T_2^4)}{h}$$

可见,热电偶的测温误差与热电偶端点和燃气通道壁面之间的辐射换热量成正比,与表面传热系数 h 成反比,例如当 $T_f = 1000K$、$T_2 = 800K$、$\varepsilon_1 = 0.8$、$h = 40W/(m^2 \cdot K)$ 时,测温误差可达 144K。

如果给热电偶端部加一个表面发射率为 $\varepsilon_3 = 0.2$ 的遮热罩 3,如图 2-24 所示,假设热电偶端点与燃气和遮热罩之间对流换热的表面传热系数都为 $h = 40W/(m^2 \cdot K)$,则热电偶端点的热平衡表达式为

$$h(T_f - T_1) = \varepsilon_1 \sigma (T_1^4 - T_3^4) \tag{2-78}$$

上式含有两个未知数,即热电偶温度 T_1 和遮热罩温度 T_3,所以还必须考虑遮热罩的热平衡。与遮热罩与燃气之间的对流换热以及遮热罩与管道壁面之间的辐射换热相比,热电偶端点与遮热罩之间的辐射换热非常小,可以忽略不计,因此遮热罩内、外壁面与燃气的对流换热量应等于遮热罩外壁面与燃气管道壁面之间的辐射换热量,遮热罩的热平衡表达式为

$$2h(T_f - T_3) = \varepsilon_3 \sigma (T_3^4 - T_2^4) \tag{2-79}$$

由式(2-79)求得遮热罩壁温 T_3,然后代入式(2-78),可求得测温误差($T_f - T_1$),结果为 44K。可见,加遮热罩后,相对测温误差由未加遮热罩的 14.4% 降低到 4.4%。

通常遮热罩做成抽气式,以便强化燃气与热电偶之间的对流换热,提高表面传热系数 h,进一步减少测温误差。

2.4　传热过程

在许多工业换热设备中,进行热量交换的冷热流体通常位于固体壁面两侧。热量从温度较高的流体,经过固体壁面传递给温度较低的流体,这个过程称为**传热过程**。传热过程是工程中广泛应用的一种典型热量传递过程,本节分析通过平壁、圆筒壁和肋壁传热过程的特点和热流量计算方法。

2.4.1　通过平壁的传热过程

一般来说,传热过程由三个相互串联的热量传递环节组成(参照图 2-25):

(1) 热量以对流换热的方式从高温流体传给壁面,有时还存在高温流体与壁面之间的辐射换热,如炉膛内高温烟气与水冷壁之间;

(2) 热量再以导热的方式从高温流体侧壁面穿过固体壁传递到低温流体侧壁面;

(3) 热量以对流换热的方式从低温流体侧壁面传给低温流体,有时还须考虑壁面与流

体及周围环境之间的辐射换热。

如图 2-25 所示, 一个热导率为 λ 为常数、厚度为 δ 的大平壁, 平壁左侧远离壁面处的流体温度为 t_{f1}, 表面传热系数为 h_1, 平壁右侧远离壁面处的流体温度为 t_{f2}, 表面传热系数为 h_2, 且 $t_{f1} > t_{f2}$。假设平壁两侧的流体温度及表面传热系数都不随时间而变化。显然, 这是一个稳态的传热过程, 由平壁左侧的对流换热、平壁的导热及平壁右侧的对流换热三个相互串联的热量传递环节组成。

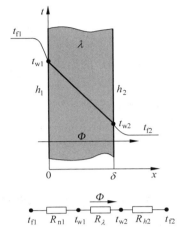

图 2-25 通过平壁的传热过程

对于平壁左侧流体与左侧壁面之间的对流换热, 根据牛顿冷却公式有

$$\Phi = A h_1 (t_{f1} - t_{w1}) = \frac{t_{f1} - t_{w1}}{\dfrac{1}{A h_1}} = \frac{t_{f1} - t_{w1}}{R_{h1}} \quad\quad (a)$$

对于平壁的导热, 根据平壁一维稳态导热有

$$\Phi = A\lambda \frac{t_{w1} - t_{w2}}{\delta} = \frac{t_{w1} - t_{w2}}{\dfrac{\delta}{A\lambda}} = \frac{t_{w1} - t_{w2}}{R_{\lambda}} \quad\quad (b)$$

对于平壁右侧流体与右侧壁面之间的对流换热, 同样可得

$$\Phi = A h_2 (t_{w2} - t_{f2}) = \frac{t_{w2} - t_{f2}}{\dfrac{1}{A h_2}} = \frac{t_{w2} - t_{f2}}{R_{h2}} \quad\quad (c)$$

式中, R_{h1}、R_{λ}、R_{h2} 分别为平壁左侧对流换热热阻、平壁导热热阻和平壁右侧对流换热热阻。在稳态情况下, 式(a)、式(b)、式(c)计算的热流量 Φ 是相同的, 由此可得

$$\Phi = \frac{t_{f1} - t_{f2}}{\dfrac{1}{A h_1} + \dfrac{\delta}{A\lambda} + \dfrac{1}{A h_2}} = \frac{t_{f1} - t_{f2}}{R_{h1} + R_{\lambda} + R_{h2}} = \frac{t_{f1} - t_{f2}}{R_k} \quad\quad (2\text{-}80)$$

上式中的总热阻 R_k 称为**传热热阻**, 单位为 K/W, 由三个热阻串联而成, 如图 2-25 中的热阻网络所示。上式还可以写成

$$\Phi = A k (t_{f1} - t_{f2}) = A k \Delta t \quad\quad (2\text{-}81)$$

式中, Δt 为传热温差; k 称为**传热系数**, W/(m^2 · K)

$$k = \frac{1}{\dfrac{1}{h_1} + \dfrac{\delta}{\lambda} + \dfrac{1}{h_2}} \quad\quad (2\text{-}82)$$

通过单位面积平壁的热流密度为

$$q = k (t_{f1} - t_{f2}) = \frac{t_{f1} - t_{f2}}{\dfrac{1}{h_1} + \dfrac{\delta}{\lambda} + \dfrac{1}{h_2}} \quad\quad (2\text{-}83)$$

利用上述公式, 可以很容易求得通过平壁的热流量 Φ、热流密度 q 及壁面温度 t_{w1}、t_{w2}。

对于通过无内热源的多层平壁的稳态传热过程, 利用热阻的概念, 可以很容易写出热流量计算公式。假设各层平壁材料的热导率 λ_1、λ_2、$\cdots$、λ_n 分别为常数, 厚度分别为 δ_1、δ_2、$\cdots$、δ_n,

层与层之间接触良好,无接触热阻,则通过多层平壁的传热热流量为

$$\Phi = \frac{t_{f1} - t_{f2}}{R_{h1} + \sum_{i=1}^{n} R_{\lambda i} + R_{h2}} = \frac{t_{f1} - t_{f2}}{R_k} \tag{2-84}$$

或写成式(2-81)的形式

$$\Phi = Ak(t_{f1} - t_{f2}) = Ak\Delta t$$

式中,传热系数为

$$k = \frac{1}{\dfrac{1}{h_1} + \displaystyle\sum_{i=1}^{n} \dfrac{\delta_i}{\lambda_i} + \dfrac{1}{h_2}} \tag{2-85}$$

2.4.2   通过圆管壁的传热过程

如图 2-26 所示,一单层圆管壁,内、外半径分别为 r_1、r_2,长度为 l,热导率 λ 为常数,无内热源,圆管内、外两侧的流体温度分别为 t_{f1}、t_{f2},且 $t_{f1} > t_{f2}$,两侧的表面传热系数分别为 h_1、h_2。

很显然,这是一个由圆管内侧的对流换热、圆管壁的导热及圆管外侧的对流换热三个热量传递环节组成的传热过程,在稳态情况下,运用热阻的概念,很容易求出通过圆管的热流量。根据牛顿冷却公式以及圆管壁的稳态导热计算公式,通过圆管三个环节的热流量可以分别表示为

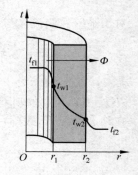

$$\Phi = \pi d_1 l h_1 (t_{f1} - t_{w1}) = \frac{t_{f1} - t_{w1}}{\dfrac{1}{\pi d_1 l h_1}} = \frac{t_{f1} - t_{w1}}{R_{h1}} \tag{a}$$

$$\Phi = \frac{t_{w1} - t_{w2}}{\dfrac{1}{2\pi\lambda l}\ln\dfrac{d_2}{d_1}} = \frac{t_{w1} - t_{w2}}{R_\lambda} \tag{b}$$

$$\Phi = \pi d_2 l h_2 (t_{w2} - t_{f2}) = \frac{t_{w2} - t_{f2}}{\dfrac{1}{\pi d_2 l h_2}} = \frac{t_{w2} - t_{f2}}{R_{h2}} \tag{c}$$

图 2-26   圆管壁的传热过程

式中,R_{h1}、R_λ、R_{h2} 分别为圆管内侧的对流换热热阻、管壁的导热热阻和圆管外侧的对流换热热阻。在稳态情况下,式(a)、(b)、(c)三式中的 Φ 是相同的,于是可得

$$\Phi = \frac{t_{f1} - t_{f2}}{\dfrac{1}{\pi d_1 l h_1} + \dfrac{1}{2\pi\lambda l}\ln\dfrac{d_2}{d_1} + \dfrac{1}{\pi d_2 l h_2}} = \frac{t_{f1} - t_{f2}}{R_{h1} + R_\lambda + R_{h2}} = \frac{t_{f1} - t_{f2}}{R_k} \tag{2-86}$$

式中,R_k 为传热热阻,K/W,为三个串联的热阻之和,如图 2-26 中的热阻网络所示。上式还可以写成

$$\Phi = \pi d_2 l k_o (t_{f1} - t_{f2}) = \pi d_2 l k_o \Delta t \tag{2-87}$$

式中,k_o 为以圆管外壁面面积为基准计算的传热系数。对比式(2-86)、式(2-87)可得

$$k_o = \cfrac{1}{\cfrac{d_2}{d_1}\cfrac{1}{h_1} + \cfrac{d_2}{2\lambda}\ln\cfrac{d_2}{d_1} + \cfrac{1}{h_2}} \tag{2-88}$$

工程上，一般以圆管外壁面面积为基准计算传热系数。

对于通过 n 层不同材料组成的无内热源多层圆管的稳态传热过程，如果圆管内、外直径分别为 d_n、d_{n+1}，各层材料的热导率 λ_i 分别为常数，假设层与层之间无接触热阻，则总传热热阻为相互串联的各热阻之和，于是可直接写出热流量的表达式：

$$\Phi = \cfrac{t_{f1} - t_{f2}}{R_{h1} + \displaystyle\sum_{i=1}^{n} R_{\lambda i} + R_{h2}} = \cfrac{t_{f1} - t_{f2}}{\cfrac{1}{\pi d_1 l h_1} + \displaystyle\sum_{i=1}^{n} \cfrac{1}{2\pi\lambda_i l}\ln\cfrac{d_{i+1}}{d_i} + \cfrac{1}{\pi d_{n+1} l h_2}} \tag{2-89}$$

*2.4.3 临界热绝缘直径

在工程上，为了减少热流体输送管道的散热损失，通常用保温材料在管道外面加一层或多层保温层，同时为了劳动保护的需要，一般使管道外表面的温度低于 $50℃$。如何选择保温材料和保温层的厚度是需要解决的主要问题。由上述对圆管壁的稳态传热过程分析可知，在热流体和周围环境温度不变、又不考虑辐射换热的情况下，加一层保温层的管道散热过程是一个通过二层圆管壁的稳态传热过程。假设管壁材料的热导率为 λ_1，管道外径为 d_2，保温材料的热导率为 λ_x，如图 2-27(a) 所示。

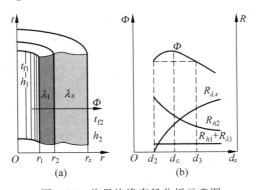

图 2-27 临界绝缘直径分析示意图

根据前面对圆管的传热过程分析可知，二层圆管壁的传热热阻为 4 个热阻之和，即

$$R_k = R_{h1} + R_{\lambda1} + R_{\lambda x} + R_{h2}$$

$$= \cfrac{1}{\pi d_1 l h_1} + \cfrac{1}{2\pi\lambda_1 l}\ln\cfrac{d_2}{d_1} + \cfrac{1}{2\pi\lambda_x l}\ln\cfrac{d_x}{d_2} + \cfrac{1}{\pi d_x l h_2} \tag{2-90}$$

由上式可见，随着保温层厚度的增加，即 d_x 的增大，管内对流换热热阻与管壁导热热阻之和 $(R_{h1} + R_{\lambda1})$ 保持不变，保温层的导热热阻 $R_{\lambda x}$ 随之加大，但保温层外侧的对流换热热阻 R_{h2} 却随之减小。当 d_2 较小时，有可能总热阻 R_k 先随着 d_x 的增大而减小，然后再随着 d_x 的增大而增大，中间出现极小值，相应热流量 Φ 出现极大值，如图 2-27(b) 所示。总热阻 R_k 取得极小值时的保温层外径称为**临界热绝缘直径**，用 d_c 表示，可由下式求出

$$\frac{\mathrm{d}R_k}{\mathrm{d}d_x}=0$$

得

$$d_x=\frac{2\lambda_x}{h_2}=d_c \tag{2-91}$$

从图 2-27(b)可以看出,当管道外径 d_2 大于 d_c 时,增加保温层厚度可以减少散热量,从而起到隔热保温的作用。当管道外径 d_2 小于 d_c 时,必须考虑临界绝缘直径的问题,在这种情况下,只有当保温层外径 d_3 大于 d_c 时,增加保温层才起到减少散热损失的作用。

在电力输送过程中,强大的电流在输电线中产生热量。由于输电线的直径一般小于临界热绝缘直径,因此在输电线外表包上一层绝缘层,不仅能够使电绝缘,而且有利于散热。

对于工程中的一般热力管道,其直径往往已大于临界热绝缘直径,因而敷设保温材料可以减少热损失。只有当管径很小、保温材料的热导率又较大时,才需要考虑临界绝缘直径的问题。

2.4.4　通过肋壁的传热过程

在工程上常遇到壁面两侧对流换热表面传热系数相差较大的传热过程,例如一侧是单相液体强迫对流换热或相变换热(沸腾或凝结),另一侧是气体强迫对流换热或自然对流换热,壁面两侧表面传热系数相差很大。这种情况下,在表面传热系数较小的一侧壁面上加肋(扩大换热面积)是强化传热的有效措施。下面以通过平壁的传热过程为例进行分析。

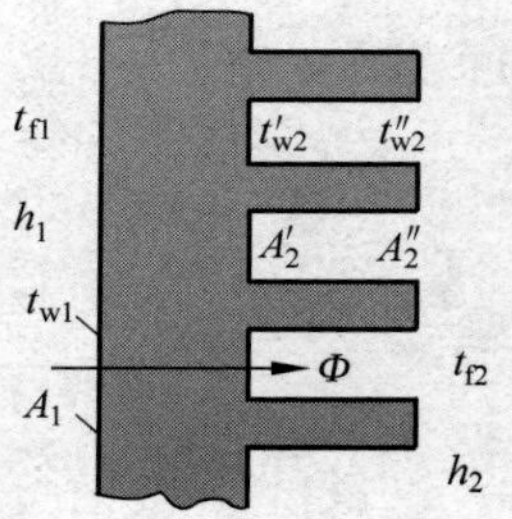

对于通过单层平壁的稳态传热过程,假设 $h_1 \gg h_2$,为了强化传热,在对流换热较弱的右侧加肋,如图 2-28 所示。未加肋的左侧面积为 A_1,加肋侧肋基面积为 A_2',肋基温度为 t_{w2}',肋片面积为 A_2'',肋片平均温度为 t_{w2}'',肋侧总面积 $A_2=A_2'+A_2''$。假设肋壁材料的热导率 λ 为常数,肋侧表面传热系数 h_2 也为常数。

图 2-28　通过肋壁的
传热过程

在稳态情况下,对于传热过程的三个环节可以分别写出下面三个热流量 Φ 的计算公式:

对于左侧对流换热

$$\Phi=A_1h_1(t_{f1}-t_{w1})=\frac{t_{f1}-t_{w1}}{\dfrac{1}{A_1h_1}} \tag{a}$$

对于壁的导热

$$\Phi=\frac{t_{w1}-t_{w2}}{\dfrac{\delta}{A_1\lambda}} \tag{b}$$

对于肋侧对流换热

$$\Phi=A_2'h_2(t_{w2}'-t_{f2})+A_2''h_2(t_{w2}''-t_{f2}) \tag{c}$$

根据肋片效率的定义式

$$\eta_f = \frac{A_2'' h_2 (t_{w2}'' - t_{f2})}{A_2'' h_2 (t_{w2}' - t_{f2})} = \frac{t_{w2}'' - t_{f2}}{t_{w2}' - t_{f2}} \tag{d}$$

可将式(c)改写为

$$\Phi = (A_2' + A_2'' \eta_f) h_2 (t_{w2}' - t_{f2}) = A_2 \eta h_2 (t_{w2}' - t_{f2}) = \frac{t_{w2}' - t_{f2}}{\dfrac{1}{A_2 \eta h_2}} \tag{e}$$

式中，$\eta = (A_2' + A_2'' \eta_f)/A_2$，称为**肋面总效率**。一般情况下，$A_2'' \gg A_2'$，$A_2 \approx A_2''$，所以 $\eta \approx \eta_f$。

联立式(a)、式(b)、式(e)，可得通过肋壁的传热热流量计算公式为

$$\Phi = \frac{t_{f1} - t_{f2}}{\dfrac{1}{A_1 h_1} + \dfrac{\delta}{A_1 \lambda} + \dfrac{1}{A_2 \eta h_2}} \tag{2-92}$$

上式还可以改写成

$$\Phi = A_1 \cdot \frac{t_{f1} - t_{f2}}{\dfrac{1}{h_1} + \dfrac{\delta}{\lambda} + \dfrac{A_1}{A_2} \cdot \dfrac{1}{\eta h_2}} = A_1 \cdot \frac{t_{f1} - t_{f2}}{\dfrac{1}{h_1} + \dfrac{\delta}{\lambda} + \dfrac{1}{\beta \eta h_2}}$$

$$= A_1 k_1 (t_{f1} - t_{f2}) = A_1 k_1 \Delta t \tag{2-93}$$

式中，k_1 称为以光壁表面积为基准的总传热系数，其表达式为

$$k_1 = \frac{1}{\dfrac{1}{h_1} + \dfrac{\delta}{\lambda} + \dfrac{1}{\beta \eta h_2}} \tag{2-94}$$

式中，$\beta = A_2/A_1$，称为**肋化系数**。由上式可见，加肋后，肋侧的对流换热热阻是 $\dfrac{1}{\beta \eta h_2}$，而未加肋时为 $\dfrac{1}{h_2}$，加肋后热阻减小的程度与 $\beta \eta$ 有关。从肋化系数的定义可知，$\beta > 1$，其大小取决于肋高与肋间距。增加肋高可以加大 β，但增加肋高会使肋片效率 η_f 降低，从而使肋面总效率 η 降低。减小肋间距虽然可以加大 β，但肋间距过小会增大流体的流动阻力，使肋间流体的温度升高，降低传热温差，不利于传热。一般肋间距应大于两倍边界层最大厚度。应该合理地选择肋高和肋间距，使 $\dfrac{1}{\beta \eta h_2}$ 及传热系数 k_1 具有最佳值。在工程上，当 $h_1/h_2 = 3 \sim 5$ 时，一般选择 β 较小的低肋；当 $h_1/h_2 > 10$ 时，一般选择 β 较大的高肋。为了有效地强化传热，肋片应该加在表面传热系数较小的一侧。

工程上，通常采用以肋侧表面积为基准的总传热系数 k_2 来计算，式(2-92)可以改写成

$$\Phi = A_2 k_2 \Delta t \tag{2-95}$$

式中，k_2 的表达式为

$$k_2 = \frac{1}{\dfrac{1}{h_1} \beta + \dfrac{\delta}{\lambda} \beta + \dfrac{1}{\eta h_2}} \tag{2-96}$$

2.4.5 复合换热

以上对通过平壁、圆管及肋壁传热过程的讨论并没有涉及辐射换热。有时壁面与流体或周围环境之间存在较强的辐射换热，不可以忽略，这种对流换热与辐射换热同时存在的换热过程称为**复合换热**。对于复合换热，工程上为了计算方便，通常将辐射换热量折合成对流换热量，引入**辐射换热表面传热系数** h_r，定义如下：

$$h_r = \frac{\Phi_r}{A(t_w - t_f)} \tag{2-97}$$

式中，Φ_r 为辐射换热量。于是，复合换热表面传热系数 h 为对流换热表面传热系数 h_c 与辐射表面传热系数 h_r 之和，即

$$h = h_c + h_r \tag{2-98}$$

总换热量 Φ 为对流换热量 Φ_c 与辐射换热量 Φ_r 之和，即

$$\Phi = \Phi_c + \Phi_r = (h_c + h_r)A(t_w - t_f) = hA(t_w - t_f) \tag{2-99}$$

在复合换热情况下，前面讨论的传热过程计算公式中的表面传热系数 h 应为复合换热表面传热系数。

例题 2-4 热电厂中有一水平放置的蒸汽管道，内径为 $d_1 = 100\text{mm}$，壁厚 $\delta_1 = 4\text{mm}$，钢管材料的导热系数为 $\lambda_1 = 40\text{W/(m·K)}$，外包厚度为 $\delta_2 = 70\text{mm}$ 厚的保温层，保温材料的导热系数为 $\lambda_2 = 0.05\text{W/(m·K)}$。管内蒸汽温度为 $t_{f1} = 300\ ℃$，管内表面传热系数为 $h_1 = 200\text{W/(m}^2\text{·K)}$，保温层外壁面复合换热表面传热系数为 $h_2 = 8\text{W/(m}^2\text{·K)}$，周围空气的温度为 $t_\infty = 20℃$。试计算单位长度蒸汽管道的散热损失 Φ_l 及管道外壁面温度 t_{w3}。

解：这是一个通过两层圆管的传热过程。根据式（2-89）有

$$\Phi_l = \frac{t_{f1} - t_{f2}}{\dfrac{1}{\pi d_1 h_1} + \dfrac{1}{2\pi\lambda_1}\ln\dfrac{d_2}{d_1} + \dfrac{1}{2\pi\lambda_2}\ln\dfrac{d_3}{d_2} + \dfrac{1}{\pi d_3 h_2}}$$

式中

$$\frac{1}{\pi d_1 h_1} = \frac{1}{\pi \times 0.1 \times 200} = 1.59 \times 10^{-2}\ (\text{m·K/W})$$

$$\frac{1}{2\pi\lambda_1}\ln\frac{d_2}{d_1} = \frac{1}{2\times\pi\times 40} \times \ln\frac{108}{100} = 3.06 \times 10^{-4}\ (\text{m·K/W})$$

$$\frac{1}{2\pi\lambda_2}\ln\frac{d_3}{d_2} = \frac{1}{2\times\pi\times 0.05} \times \ln\frac{248}{108} = 2.646\ (\text{m·K/W})$$

$$\frac{1}{\pi d_3 h_2} = \frac{1}{\pi \times 0.248 \times 8} = 0.160\ (\text{m·K/W})$$

所以

$$\Phi_l = \frac{300 - 20}{(1.59\times 10^{-2} + 3.06 \times 10^{-4} + 2.646 + 0.160)} = 99.2\ (\text{W/m})$$

由式 $\Phi_l = \pi d_3 h_2 (t_{w3} - t_{f2})$，可求得管道外壁面温度为

$$t_{w3} = t_{f2} + \frac{\Phi_l}{\pi d_3 h_2} = 20 + \frac{99.2}{\pi \times 0.248 \times 8} = 36\ (℃)$$

2.5　换热器

用来实现热量从热流体传递到冷流体的装置称为**换热器**。换热器是工业上各行各业以及日常生活中应用非常广泛的热量交换设备。

2.5.1　换热器的分类

换热器的种类繁多,按照其工作原理,可分为**混合式**、**蓄热式**及**间壁式**换热器三大类。

混合式换热器的工作特点是冷、热流体通过直接接触、互相混合来实现热量交换,例如火力发电厂中的大型冷却水塔及空调系统中的中小型冷却水塔、化工厂中的洗涤塔等。混合式换热器一般用于冷、热流体都是同一种物质(如冷水和热水、水和水蒸气等)的情况,有时也用于冷、热流体虽然不是同一种物质,但混合换热后非常容易分离(如水和空气)的情况。在工程实际中,绝大多数情况下的冷、热流体不能相互混合,所以混合式换热器在应用上受到了限制。

蓄热式换热器的工作特点是冷、热两种流体依次交替地流过同一换热面(蓄热体)。当热流体流过时,换热面吸收并积蓄热流体放出的热量;当冷流体流过时,换热面又将热量释放给冷流体,通过换热面这种交替式的吸、放热过程实现冷、热流体间的热量交换。显然,这种换热器的热量传递过程是非稳态的。

间壁式换热器的特点是冷、热流体由壁面隔开,热量由热流体到冷流体的传递过程正是前面 2.4 节所讨论的传热过程。

在以上几种类型的换热器中,间壁式换热器的应用最为广泛,下面重点介绍。间壁式换热器的种类很多,按照结构可分为管壳式换热器、肋片管式换热器、板式换热器、板翅式换热器和螺旋板式换热器等五种。

1. 管壳式换热器

顾名思义,管壳式换热器是由管子和外壳构成的换热装置。图 2-29 是最简单的管壳式换热器,也称为套管式换热器,由一根管子套上一根直径较大的管子组成,冷、热流体分别在内管和夹层中流过。根据冷、热流体的相对流动方向不同又有顺流及逆流之别。由于套管式换热器的换热面较小,因此适用于传热量不大或流体流量较小的情形。

工业上常用的管壳式换热器的换热面由管束构成,管束由管板和折流挡板固定在外壳之中,一种流体在管内流动,另一种流体外掠管束流动。管内流体从换热器的一端封头流进管内,在另一端的封头流出,称作流经一个**管程**。可以根据需要在封头内加装隔板,将管束分成管数相同的几组,使流体依次流经几个管程之后再流出换热器,图 2-30 所示为两管程管壳式换热器。折流挡板的作用是控制管外流体的流向,使它们能比较均匀地横向冲刷管束,以改善换热条件。工程上常常根据需要将几个管壳式换热器串联起来,形成多管程多**壳程**的管壳式换热器。

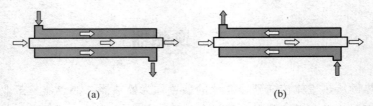

图 2-29 套管式换热器示意图

（a）顺流；（b）逆流

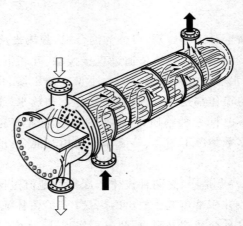

图 2-30 两管程管壳式换热器结构示意图

2. 肋片管式换热器

肋片管式换热器也称为翅片管式换热器，由带肋片的管束构成，如图 2-31 所示。这类换热器适用于管内液体和管外气体之间的换热，也即两侧表面传热系数相差较大的场合，如汽车水箱散热器、空调系统的蒸发器、冷凝器等。由于肋片管的肋片加在管子外壁气侧，肋化系数可达 25 左右，大大增加了气体侧的换热面积，强化了传热。

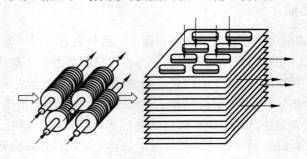

图 2-31 肋片管式换热器示意图

3. 板式换热器

板式换热器由若干片压制成型的波纹状金属传热板片叠加而成，板的四角开有角孔，相邻板片之间装有特制的密封垫片，使冷、热流体分别由一个角孔流入，间隔地在板间沿着由垫片波纹所设定的流道流动,然后在另一对角线角孔流出,如图 2-32 所示。传热板片是板式换热器的关键元件,板片的结构直接影响到传热系数、流动阻力和耐压能力。板片的材料通常为不锈钢,对于腐蚀性强的流体可用钛板。板式换热器传热系数高、阻力相对较小、结构紧凑、金属消耗量低、使用灵活性大(传热面积可以灵活变更)、拆装清洗方便,已广泛应用于供热采暖系统及食品、医药和化工等行业。

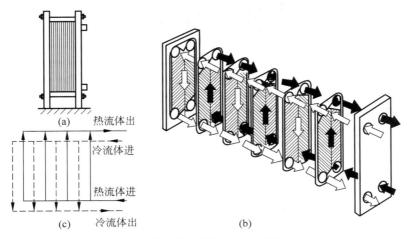

图 2-32　板式换热器结构及流程示意图

4. 板翅式换热器

板翅式换热器由金属板和波纹板形翅片层叠、交错焊接而成,如图 2-33 所示。这种换热器结构紧凑,单位体积的换热面积大,但清洗困难,不易检修,适用于清洁无腐蚀性流体间的换热。

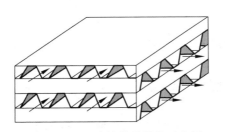

图 2-33　板翅式换热器结构示意图

5. 螺旋板式换热器

螺旋板式换热器的换热面是由两块平行金属板卷制而成,构成两个螺旋通道,分别用于冷、热流体流道,如图 2-34 所示。螺旋板式换热器的优点是结构与制造工艺简单、价格低廉、流通阻力小;缺点是不易清洗、承压能力低。

以上分别介绍了 5 种典型的间壁式换热器,可以根据不同的应用条件(冷、热流体的性质、温度及压力范围、污染程度等)加以选择。

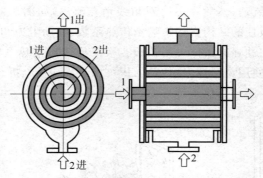

图 2-34　螺旋板式换热器结构示意图

　　冷、热流体在间壁式换热器中的相对流动方向,可分为顺流、逆流、交叉流及混合流(即顺流或逆流与交叉流混合)4 种流动形式,分别如图 2-35(a)、(b)、(c)、(d)所示。

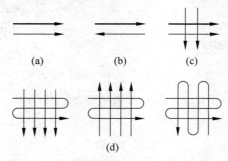

图 2-35　流动型式示意图

(a) 顺流；(b) 逆流；(c) 交叉流；(d) 混合流

　　在冷、热流体进口温度相同、流量相同、换热面面积相同的情况下,流动形式将影响冷、热流体的出口温度、换热温差、换热量以及换热器内的温度分布,进而影响换热器的热应力分布。因此,选择何种流动形式是换热器设计时必须考虑的问题。

2.5.2　换热器的传热计算

　　根据目的不同,换热器的传热计算分为两种类型:**设计计算**与**校核计算**。所谓设计计算就是根据给定的换热条件和要求,设计一台新的换热器,为此需要确定换热器的形式、结构及换热面积。而校核计算是对已有的换热器进行核算,看它能否满足一定的换热要求,一般需要计算流体的出口温度、换热量以及流动阻力等。

　　换热器的传热计算有两种方法:**平均温差法**和**效能-传热单元数法**。本书只介绍平均温差法,有关效能-传热单元数法,可参考相关文献。

1. 换热器的传热平均温差

传热过程的基本计算公式为

$$\Phi = kA\Delta t$$

式中,Δt 为传热温差。

在分析通过平壁、圆管壁及肋壁的传热过程时都假设传热温差 Δt 为定值。但在换热器内,冷、热流体沿换热面不断换热,它们的温度沿流向不断变化,冷、热流体间的传热温差 Δt 沿程也发生变化,如图 2-36 所示。

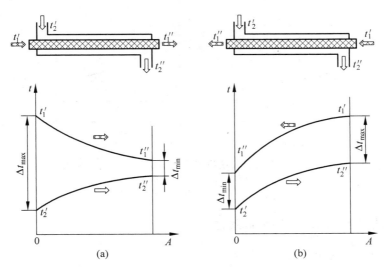

图 2-36　换热器中流体温度沿程变化示意图

（a）顺流；（b）逆流

因此,对于换热器的传热计算,上式中的传热温差应该是整个换热器传热面的**平均温差** Δt_m。于是,换热器传热方程式的形式应为

$$\Phi = kA\Delta t_m \tag{2-100}$$

图 2-36 中,t_1'、t_1'' 分别表示热流体进、出口温度；t_2'、t_2'' 分别表示冷流体进、出口温度。对于顺流换热器,进、出口两端的传热温差分别为 $\Delta t' = t_1' - t_2'$、$\Delta t'' = t_1'' - t_2''$；对于逆流情况,换热器两端的传热温差分别为 $\Delta t' = t_1' - t_2''$、$\Delta t'' = t_1'' - t_2'$。如果用 Δt_{max}、Δt_{min} 分别表示 $\Delta t'$、$\Delta t''$ 中的较大值和较小值,则分析表明,无论是顺流还是逆流,都可以统一用下面的公式计算换热器的平均温差:

$$\Delta t_m = \frac{\Delta t_{max} - \Delta t_{min}}{\ln \dfrac{\Delta t_{max}}{\Delta t_{min}}} \tag{2-101}$$

因为上式中出现对数运算,所以由上式计算的温差也称为**对数平均温差**。

在工程上,当 $\Delta t_{max}/\Delta t_{min} \leqslant 2$ 时,可以采用算术平均温差

$$\Delta t_m = \frac{\Delta t_{max} + \Delta t_{min}}{2} \tag{2-102}$$

在进、出口温度相同的情况下,算术平均温差的数值略大于对数平均温差,偏差小于 4%。

在各种流动形式中,顺流和逆流是两种最简单的流动情况。在冷、热流体进、出口温度相同的情况下,逆流的平均温差最大,顺流的平均温差最小。从图 2-36 可以看出,顺流时冷流体的出口温度 t_2'' 总是低于热流体的出口温度 t_1'',而逆流时 t_2'' 却可以大于 t_1''。因此,从强化传热的角度出发,换热器应当尽量布置成逆流。

在蒸发器或冷凝器中,冷流体或热流体发生相变,如果忽略相变流体压力的变化,则相变流体在整个换热面上保持其饱和温度不变。在此情况下,由于一侧流体温度恒定不变,所以无论顺流还是逆流,换热器的平均传热温差都相同,如图 2-37 所示。

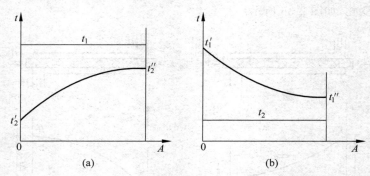

图 2-37　有相变时换热器内流体的温度变化示意图
(a) 冷凝器;(b) 蒸发器

2. 换热器传热计算的平均温差法

换热器传热计算使用下列三个基本公式:

$$\Phi = kA\,\Delta t_m \tag{2-103}$$

$$\Phi = q_{m1}c_{p1}(t_1' - t_1'') \tag{2-104}$$

$$\Phi = q_{m2}c_{p2}(t_2'' - t_2') \tag{2-105}$$

式中,q_{m1}、q_{m2} 分别为热、冷流体的质量流量;c_{p1}、c_{p2} 分别为热、冷流体的比定压热容。如果 c_{p1}、c_{p2} 已知,则以上 3 个方程中共有 8 个独立变量,即 Φ、k、A、q_{m1}、q_{m2},以及 t_1'、t_1''、t_2'、t_2'' 中的 3 个,只要知道其中 5 个变量,就可以计算其他 3 个变量。

1)设计计算

进行设计计算时,一般是根据换热要求,给定流体的质量流量 q_{m1}、q_{m2} 和 4 个进、出口温度中的 3 个,需要确定换热器的形式、结构,计算传热系数 k 及换热面积 A。计算步骤如下:

(1)根据给定的换热条件、流体的性质、温度和压力范围等条件,选择换热器的类型及流动形式,初步布置换热面,计算换热面两侧对流换热的表面传热系数 h_1、h_2 及换热面的传热系数 k。

(2)根据给定条件,由式(2-104)、式(2-105)求出 4 个进、出口温度中未知的温度,并求出换热量 Φ。

(3)由冷、热流体的 4 个进、出口温度及流动形式确定平均温差 Δt_m。

(4)由传热方程式(2-103)求出所需的换热面积 A。

(5)计算换热面两侧流体的流动阻力,如果流动阻力过大,会使风机、水泵的电耗增加,从而加大系统设备的投资和运行费用,须改变方案,重新设计。

2)校核计算

对已有换热器进行校核计算时,一般已知换热器的换热面积 A、两侧流体的质量流量

q_{m1}、q_{m2}、进口温度 t'_1、t'_2 等 5 个参数。由于两侧流体的出口温度未知,传热平均温差无法计算。同时由于流体的定性温度不能确定,也无法计算换热面两侧对流换热的表面传热系数及通过换热面的传热系数,因此不能直接利用式(2-103)、式(2-104)、式(2-105)求出其余的未知量。在这种情况下,通常采用试算法,具体计算步骤如下:

(1) 先假设一个流体的出口温度 t''_1(或 t''_2),用热平衡方程式(2-104)、式(2-105)求出换热量 Φ' 和另一个流体的出口温度。

(2) 根据流体的 4 个进、出口温度求得平均温差 Δt_m。

(3) 根据给定的换热器结构及工作条件计算换热面两侧的表面传热系数 h_1、h_2,进而求得传热系数 k。

(4) 由传热方程式(2-103)求出换热量 Φ''。

(5) 比较 Φ' 和 Φ'',如果两者相差较大(如大于 2%~5%),说明步骤(a)中假设的温度不符合实际,再重新假设一个流体出口温度,重复上述计算步骤,直到 Φ' 和 Φ'' 的偏差小到满意为止。至于两者偏差应小到何种程度,则取决于要求的计算精度,一般认为应小于 2%~5%。

实际试算过程通常采用迭代法,可以利用计算机进行运算。

例题 2-5　一台逆流式换热器,刚投入工作时的运行参数为: $t'_1 = 360℃$,$t''_1 = 300℃$,$t'_2 = 30℃$,$t''_2 = 200℃$。已知 $q_{m1}c_{p1} = 2500\text{W/K}$,$k = 800\text{W/m}^2$。运行一年后发现,在 $q_{m1}c_{p1}$、$q_{m2}c_{p2}$ 及 t'_1、t'_2 保持不变的情况下,由于结垢使得冷流体只能被加热到 162℃,而热流体的出口温度则高于 300℃。试确定此情况下热流体出口温度及污垢热阻。

解:如果忽略换热器的散热损失,根据冷、热流体的热平衡,结垢前的传热量为

$$\Phi = q_{m1}c_{p1}(t'_1 - t''_1) = q_{m2}c_{p2}(t''_2 - t'_2)$$
$$= 2500 \times (360 - 300) = 1.5 \times 10^5 (\text{W})$$

$$q_{m2}c_{p2} = \frac{\Phi}{t''_2 - t'_2} = \frac{1.5 \times 10^5}{(200 - 30)} = 882 (\text{W/K})$$

对数平均温差为

$$\Delta t_m = \frac{\Delta t_{max} - \Delta t_{min}}{\ln \dfrac{\Delta t_{max}}{\Delta t_{min}}} = \frac{(300 - 30) - (360 - 200)}{\ln \dfrac{(300 - 30)}{(360 - 200)}} = 210 (℃)$$

结垢后的传热量为

$$\Phi' = q_{m2}c_{p2} \left[(t''_2)' - t'_2 \right] = 882 \times (162 - 30) = 1.164 \times 10^5 (\text{W})$$

结垢后热流体的出口温度为

$$(t''_2)' = t'_1 - \frac{\Phi'}{q_{m1}c_{p1}} = 360 - \frac{1.164 \times 10^5}{2500} = 313 (℃)$$

结垢后的对数平均温差为 $(\Delta t_m)' = \dfrac{(313 - 30) - (360 - 162)}{\ln \dfrac{(313 - 30)}{(360 - 162)}} = 238 (℃)$

根据结垢前后的传热量可计算出污垢热阻:

$$\Phi = Ak\Delta t_m = \frac{\Delta t_m}{\dfrac{1}{Ak}} = \frac{\Delta t_m}{R_k}$$

$$\Phi' = Ak'(\Delta t_m)' = \frac{(\Delta t_m)'}{\frac{1}{Ak'}} = \frac{(\Delta t_m)'}{(R_k)'}$$

式中，R_k、$(R_k)'$ 分别为结垢前后换热器的传热热阻，污垢热阻为二者之差，即

$$R' = (R_k)' - R_k = \frac{(\Delta t_m)'}{\Phi'} - \frac{\Delta t_m}{\Phi}$$

$$= \frac{238}{1.164 \times 10^5} - \frac{210}{1.5 \times 10^5} = 0.64 \times 10^{-3} \text{ (K/W)}$$

2.6 传热的强化与削弱

传热工程技术是根据现代工业生产和科学实践的需要而蓬勃发展起来的科学与工程技术，在电力、冶金、动力机械、石油、化工、低温、建筑以及航空航天等许多领域发挥着极其重要的作用，其主要任务是按照工业生产和科学实践的要求来控制和优化热量传递过程。根据目的不同，对热量传递过程的控制形成了两个方向截然相反的技术：**强化传热技术**与**削弱传热技术**（又称隔热保温技术）。

2.6.1 强化传热

强化传热的主要目的是：①增大传热量；②减少传热面积、缩小设备尺寸、降低材料消耗；③降低高温部件的温度，例如各类发动机、核反应堆、电力、电子设备中零部件和元器件的冷却，保证设备安全运行；④降低载热流体的输送功率。

削弱传热的主要目的是：①减少热力设备、载热流体的热损失，节约能源，例如火力发电厂锅炉、汽轮机以及过热蒸汽输送管道的保温等；②维护低温工程中的人工低温环境，防止外界热量的传入，例如冷冻仓库、冷藏车、储液罐以及电冰箱的隔热等；③保护工程技术人员的人身安全，避免遭受热或冷的伤害，创造温度适宜的工作和生活环境。例如各类航天器在重返大气层时，由于其表面和大气的摩擦，会产生几千摄氏度以上的高温，因此必须采用隔热措施，避免航天器烧毁。再如载人航天器在太空飞行时，面对太阳的高温辐射以及自身向温度约为 3K 的低温太空环境的热辐射，如何保证宇航员座舱内近 20℃ 的工作、生活环境，是隔热保温技术必须解决的问题。

无论导热、热对流、热辐射哪一种热量传递方式，传热量的大小都取决于传热温差与热阻。通常，传热温差往往被客观环境、生产工艺及设备条件所限定，所以无论是强化传热还是削弱传热一般都是从改变热阻入手。在前几章对导热、对流换热、辐射换热的分析讨论时已经分别介绍了各种热阻的主要影响因素和改善方法。通过对热阻的影响因素进行分析，找出其中的关键因素，由此确定改变热阻的最佳途径和技术措施，这是传热控制技术的主要任务。

有关强化传热与隔热保温技术的详细论述，读者可参阅相关文献。这里仅以前面讨论的传热过程为例，对强化传热过程的方法进行一般性的讨论。

传热过程的基本计算公式为

$$\Phi = kA\Delta t_{\mathrm{m}} = \frac{\Delta t_{\mathrm{m}}}{\dfrac{1}{kA}} = \frac{\Delta t_{\mathrm{m}}}{R_k} = \frac{\Delta t_{\mathrm{m}}}{R_{h1} + R_{\lambda} + R_{h2}}$$

从上式可以看出,传热过程的强化有两条途径:

1) 加大传热温差 Δt_{m}

在冷、热流体进、出口温度相同的情况下,换热量相同时顺流的平均温差最小,顺流时冷流体出口温度 t_2'' 总小于热流体出口温度 t_1'',而逆流的平均温差最大,逆流时冷流体出口温度 t_2'' 可以高于热流体出口温度 t_1'',因此从强化传热的角度出发,换热器应当尽量布置成逆流。但从热能利用的角度上看,热力学第二定律已指出,传热是不可逆过程,传热温差越大,可用能损失就越大。大多数情况下,传热温差往往被客观条件所限定,所以通过加大传热温差来强化传热的途径没有太多可考虑的余地。

2) 减小传热热阻 R_k

增加总传热面积 A,即多布置一些换热面,可以降低总传热热阻 R_k,加大传热量。但换热面的增加往往受到空间尺度的限制,换热面布置过密又会增加流体的流动阻力,也会使对流换热的表面传热系数降低,进而对传热产生不利影响。

从上面传热过程的基本计算公式可以看到,在不考虑辐射换热的情况下,传热热阻 R_k 包含 3 个相互串联的热阻:2 个对流换热热阻 R_{h1}、R_{h2} 和 1 个导热热阻 R_{λ}。原则上,减小哪一个热阻都可以使总热阻减小,但效果最显著的做法是抓住主要矛盾,即减小其中最大的热阻。

工程上,绝大多数换热设备的换热面都是由导热系数较高的金属材料制造,且比较薄,所以在没有污垢的情况下,其导热热阻与对流换热热阻相比较小,一般可以忽略。由于污垢的导热系数很小,一旦换热面有了污垢(如水垢、油垢或灰垢),污垢的导热热阻就不可忽视。例如,1mm 厚水垢的导热热阻相当于约 40mm 厚普通钢板的导热热阻;1mm 厚灰垢的导热热阻相当于约 400mm 厚普通钢板的导热热阻。因此,防止和及时清除污垢是保证换热设备正常高效运行的重要技术措施。

强化对流换热技术一直是强化传热研究的重点,其基本原则就是根据影响对流换热的主要因素,寻找改善对流换热的方法与技术措施。目前已开发出的强化对流换热方法主要有以下几个方面:

1) 扩展换热面

由对流换热热阻表达式 $R_h = \dfrac{1}{hA}$ 可以看出,增加换热面积 A(例如给换热表面加装肋片)可以减小对流换热热阻。合理的扩展换热表面还会使表面传热系数增加,同样可以起到减小热阻的作用,因此扩展换热面是工程技术中容易实施、采用最为广泛的强化传热措施。例如肋片管式换热器、板翅式换热器等各种形式的紧凑式换热器,通过加装肋片扩展换热面积,取得了换热器高效而紧凑的效果。

2) 改变换热面的形状、大小和位置

以管内紊流对流换热为例,表面传热系数 h 与 $d^{0.2}$(d 为管内径)成反比,采用直径小的管子或者在管内流通截面面积相同的情况下用椭圆管代替圆管来减小当量直径,都可以取得强化对流换热的效果。再如管外自然对流换热和凝结换热，管子水平放置时的表面传热系数一般要高于垂直放置。

3）改变表面状况

如前文所述，增加换热面的表面粗糙度，可以强化单相流体的紊流换热，有利于沸腾换热和高雷诺数的凝结换热。用烧结、钎焊、火焰喷涂、机加工等工艺在换热表面形成一层多孔层可以强化沸腾换热。用切削、轧制等机加工工艺在换热面上形成沟槽或螺纹（如图2-38所示）也是强化凝结换热的实用技术。对换热表面进行处理，在表面上形成珠状凝结条件、改变表面黑度等都可以强化传热过程。

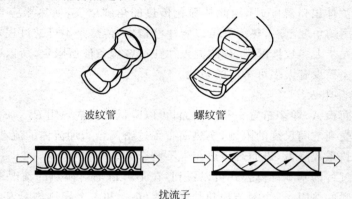

波纹管　　　　　螺纹管

扰流子

图 2-38　强化对流换热措施示意图

4）改变流体的流动状况

在 2.2 节已指出，流体的流动状况对对流换热有很大影响：在其他条件相同时，紊流换热强度要大于层流。对流换热热阻主要集中在边界层；紊流换热的主要热阻在层流底层，等等。基于上述认识，采取增加流速，将换热面加工成波纹状，在流道中加入金属螺旋环、麻花铁、涡流发生器等扰流装置（如图2-38所示），利用机械、声波等使换热面发生振动或使流体振荡等方法，都可以增强流体扰动、破坏边界层，达到强化对流换热的目的。在有些应用场合，可用射流直接冲击换热面的方法来获得较高的局部表面传热系数。

2.6.2　削弱传热

削弱传热与强化传热正好相反，可以通过减小传热温差和增大传热过程的总热阻来削弱传热，绝热技术（又称隔热保温技术）属于典型的削弱传热技术。减小传热温差比较简单，本节主要介绍如何增大传热热阻。

1. 敷设保温层

在工程上，大多数利用在壁面上增加一层或多层保温层来实现增加热阻。敷设保温层的目的视使用情况而有所不同，有时是为了节约能源，防止热力管道和设备中的热量散失至环境中；有时是为了保证生产过程的安全性和可靠性，例如当锅炉过热器出口水蒸气严重超温时，用耐火泥包覆住部分过热器传热面增加其导热热阻，从而降低过热器传递的热流量,降低蒸汽出口温度。

敷设保温层的技术包括保温材料的选择,保温层厚度的确定,先进的保温结构及工艺、检测技术等。对保温层的选择和计算需要从经济、技术和卫生等方面进行综合考虑。对于周期性工作的炉窑,采用低密度、低热扩散率的新型耐火材料(如硅酸铝纤维炉衬、高铝陶瓷纤维炉衬等)代替耐火砖,可节能 15%～30%。

2．改变表面状况

保温材料的表面铝层(如铝板、铝箔或真空镀铝等)的高反射率可降低表面的辐射黑度,减少散热;铝层的防水作用能使保温材料保持良好的保温性能。当保温材料较薄时,表面铝层可使保温效率提高很多(如可高达 50%以上),这对于车厢、汽车发动机罩的保温隔热具有较大的意义。

3．增加遮热板

工程上有时需要削弱辐射传热或隔绝辐射热的影响。如果辐射表面的尺度、温度和黑度又无法改变,这时可在辐射表面之间放置发射率很小的薄板来达到遮蔽热辐射的目的。这种薄板起着遮盖辐射热的作用,称为遮热板。在两块大平行平板间插入 n 块发射率相同的遮热板(薄金属板)时的辐射传热热流量,为无遮热板时的辐射传热热流量的 $1/(n+1)$。遮热板层数越多,遮热效果越好。以上是按各表面黑度均相同所得出的结论。实际上由于选用反射率较高的材料(如铝箔)作遮热板,此时的遮热效果比以上分析更加显著。

隔热保温技术对于减少热力设备的热损失、节约能源具有显著经济效益。在新技术领域,绝热技术对于实现某些过程具有特别重大的意义。例如,各种高速飞行器(如航天飞机等)在通过大气层时会产生强烈的气动加热,若无适当的绝热措施,将导致飞行器烧毁。在电力、冶金、化工、石油、低温、建筑及航空航天等许多工业部门,隔热保温技术目前已发展成为传热学应用技术中的一个重要分支。

本 章 小 结

1．稳态导热

导热的基本定律是傅里叶定律,即导热热流密度的大小与温度梯度的绝对值成正比,矢量表达式为

$$q = -\lambda \mathbf{grad}t = -\lambda \frac{\partial t}{\partial n}\mathbf{n}$$

对于无限大平壁,已知左右壁面温度 t_{w1} 和 t_{w2},热流量为

$$\Phi = \frac{t_{w1} - t_{w2}}{\delta/(A\lambda)}$$

对于无限长圆筒壁,已知内外两壁面温度 t_{w1} 和 t_{w2},热流量为

$$\Phi = \frac{t_{w1} - t_{w2}}{\dfrac{1}{2\pi\lambda l}\ln\dfrac{d_2}{d_1}}$$

2. 对流换热

影响对流传热表面传热系数的因素包括流动的起因,流动的速度与形态,流体有无相变,传热面的几何形状和大小及位置,流体的热物理性质等。

对流换热特征数:努塞尔数,$Nu = \dfrac{hl}{\lambda}$,反映了流体层的导热热阻与对流换热热阻之比;

普朗特数,$Pr = \dfrac{v}{a} = \dfrac{\eta c_p}{\lambda}$,动量扩散和热量扩散的度量;雷诺数,$Re = \dfrac{\rho u l}{\eta}$,惯性力和黏性力的度量。

管槽内部流动、纵掠平板、横掠单管与管束间强制对流换热的特征数方程式为

$$Nu = f(Re, Pr)$$

3. 辐射换热

黑体是吸收比 $\alpha = 1$ 的物体,黑体能吸收各种波长的辐射能。

灰体是指光谱辐射特性不随波长而变化的假想物体。

斯蒂芬-玻耳兹曼定律确定了黑体的辐射力 E_b 与热力学温度 T 之间的关系,数学表达式为

$$E_b = \sigma T^4$$

4. 传热过程

热量由固体壁一侧的热流体通过固体壁传递给另一侧冷流体的过程,叫做传热过程。

通过平壁的传热过程,其热流量为

$$\Phi = \frac{t_{f1} - t_{f2}}{\dfrac{1}{Ah_1} + \dfrac{\delta}{A\lambda} + \dfrac{1}{Ah_2}}$$

通过圆管壁的传热过程,其热流量为

$$\Phi = \frac{t_{f1} - t_{f2}}{\dfrac{1}{\pi d_1 l h_1} + \dfrac{1}{2\pi \lambda l}\ln \dfrac{d_2}{d_1} + \dfrac{1}{\pi d_2 l h_2}}$$

5. 换热器

换热器按工作原理可以分为间壁式换热器、混合式换热器、回热式(或蓄热式)换热器;按结构可以分为壳管式换热器、套管式换热器、肋管式换热器、板式换热器;按流动形式可以分为顺流、逆流、交叉流和复杂流换热器。

换热器对数平均温差 Δt_m 可以采用统一的计算式,即

$$\Delta t_m = \frac{\Delta t_{max} - \Delta t_{min}}{\ln \dfrac{\Delta t_{max}}{\Delta t_{min}}}$$

换热器传热计算的三个基本公式为

$$\Phi = kA\Delta t_m$$
$$\Phi = q_{m1} c_{p1}(t_1' - t_1'')$$
$$\Phi = q_{m2} c_{p2}(t_2'' - t_2')$$

6. 传热的强化与削弱

强化传热途径包括加大传热温差,以及减小传热总热阻等。

强化对流换热技术包括扩展换热面,改变换热面的形状、大小和位置,改变表面性状,改变流体的流动状况等。

削弱传热措施包括减小传热温差,敷设保温层,改变表面性状,增加遮热板等。

通过本章学习:

(1) 掌握傅里叶导热定律、通过平壁和圆筒壁的稳态导热计算公式。

(2) 掌握影响对流传热的各种因素与各种对流传热过程的基本特点。

(3) 掌握黑体、灰体、黑度、发射率等基本概念、斯蒂芬—玻耳兹曼定律。

(4) 掌握传热过程和传热方程,并掌握不同壁面传热系数的计算。

(5) 掌握换热器的类型和特点、对数平均温差、设计计算和校核计算方法。

(6) 了解强化传热和削弱传热的措施与方法。

思　考　题

1. 何谓一维稳态导热? 工程中什么情况的导热问题可按照一维稳态问题处理?

2. 为什么高性能的保温材料都是蜂窝状多孔结构?

3. 为什么寒冷地区的玻璃窗采用双层结构?

4. 天气晴朗干燥时,晾晒后的被褥使用时会感到暖和,如果晾晒后再拍打拍打效果会更好,为什么?

5. 试用传热学观点解释冰箱为何要定期除霜?

6. 用实例简要说明影响对流换热的主要影响因素。

7. 什么是流动边界层和热边界层?

8. 分别写出努塞尔数 Nu、雷诺数 Re 和普朗特数 Pr 的表达式,并说明它们的物理意义。

9. 何谓黑体和灰体?

10. 何谓黑度或发射率?

11. "颜色越黑的物体发射率越大"的说法正确吗? 为什么?

12. 何谓大气"温室效应"? 为什么减少 CO_2 的排放就可以降低温室效应?

13. 传热过程与导热、对流换热、辐射换热有何关系?

14. 举例说明什么样的传热过程需要加肋片来强化传热?

15. 试比较顺流式换热器和逆流式换热器的优缺点。

16. 列举五种强化传热的措施。

17. 列举三种削弱传热的措施。

习　题

2-1　有一炉墙，厚为 20cm，墙体材料的热导率为 1.3W/(m·K)，为使散热损失不超过 1500W/m²，紧贴墙外壁面加一层热导率为 0.1W/(m·K) 的保温层。已知复合墙壁内外两侧壁面温度分别为 800℃ 和 50℃，试确定保温层的厚度。

2-2　冷藏箱壁由两层铝板中间夹一层厚度 100mm 的矿渣棉组成，内外壁面的温度分别为 -5℃ 和 25℃，矿渣棉的热导率为 0.06W/(m·K)。求散冷损失的热流密度 q。

2-3　比较法测量材料热导率装置的示意图如图 2-39 所示。标准试件的厚度 δ_1 为 15mm，热导率 λ_1 为 0.15W/(m·K)；待测试件的厚度 δ_2 为 16mm。稳态时测得壁面温度 t_{w1} 为 45℃、t_{w2} 为 23℃、t_{w3} 为 18℃。试件边缘绝热良好，忽略试件边缘的散热损失，试求待测试件的热导率 λ_2。

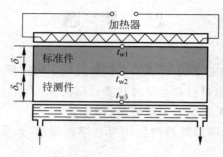

图 2-39　习题 2-3 附图

2-4　热电厂有一根外径为 100mm 的过热蒸汽钢管，已知钢管外壁面温度为 400℃。使用热导率 λ 为 0.04W/(m·K) 的硅酸铝保温棉进行保温，要求保温层外壁面温度不超过 50℃，并且每米管道的散热损失要小于 160W，试确定保温层的厚度。

2-5　水在换热器管内被加热，管内径为 14mm，管长为 2.5m，管壁温度恒定 110℃，水的进口温度为 50℃，流速为 1.3m/s，试求水通过换热器后的温度。

2-6　空气以 1.3m/s 速度在内径为 22mm、长 2.25m 的管内流动，空气平均温度为 38.5℃，管壁温度为 58℃，试求管内对流换热的表面传热系数。

2-7　如果上题中空气的流速增加到 3.5m/s，其他条件不变，试求管内对流换热的表面传热系数。

2-8　水以 2m/s 速度流过内径为 20mm、长 5m、壁面温度均匀的直管，水温从 25℃ 被加热到 35℃，试求管内对流换热的表面传热系数。

2-9　有两块平行放置的大平板，板间距远小于板的长度和宽度，温度分别为 400℃ 和 50℃，表面发射率为 0.8，试计算两块平板间单位面积的辐射换热量。

2-10　一根内径为 0.16m 的蒸汽管道，壁厚为 8mm，管外包有厚度为 200mm 的保温层。已知管材的热导率 λ_1 为 45W/(m·K)，保温材料的热导率 λ_2 为 0.1W/(m·K)；管内蒸汽温度 t_{f1} 为 300℃，蒸汽与管壁间对流换热的表面传热系数 h_1 为 150W/(m²·K)；周围空气温度 t_{f2} 为 20℃，空气与保温层外表面间对流换热的表面传热系数 h_2 为 10W/

$(m^2 \cdot K)$。试求单位管长的散热损失和保温层外表面的温度。

2-11　有一台逆流式油-水换热器,已知油的进口温度 t_1' 为 100℃,出口温度 t_1'' 为 60℃,油的密度 ρ_1 为 860kg/m³,比热容 c_p 为 2.1kJ/(kg·K);冷却水的进口温度 t_2' 为 20℃,出口温度 t_2'' 为 50℃,流量 q_{m2} 为 3kg/s。换热器的传热系数 k 为 300W/(m² · K),试求:

(1) 油的流量;

(2) 换热器的换热量;

(3) 换热器的传热面积。

2-12　有一台套管式换热器,热流体流量 q_{m1} 为 0.125kg/s,比定压热容 c_{p1} 为 2100J/(kg·K),进口温度 t_1' 为 200℃;冷流体流量 q_{m2} 为 0.25kg/s,比定压热容 c_{p2} 为 4200J/(kg·K),进口温度 t_2' 为 20℃,出口温度 t_2'' 为 40℃。换热器的传热系数 k 为 500W/(m² · K),试求:

(1) 换热器的换热量;

(2) 热流体的出口温度;

(3) 冷、热流体顺流时所需的换热面积;

(4) 冷、热流体逆流时所需的换热面积。

第 3 章

压气机与膨胀机

3.1 理想气体的性质与热力过程

热能与机械能之间的转换,必须借助某种物质才能进行。例如蒸汽动力装置中的水蒸气就是这种物质。如前所述(第 1 章),我们把这种实现热能和机械能之间相互转换的媒介物质称为**工质**。研究热力过程和热力循环的能量关系时,必须确定工质的各种热力学参数值。不同性质的工质对能量转换有不同的影响,工质是能量转换的内部条件。因此,工质热力性质的研究是能量转换研究的重要基础。

为了实现某种能量的转换,或使工质达到某种预期的状态,热力系统的工质状态总是发生变化,称为热力过程,简称**过程**。例如,燃气轮机中燃气膨胀做功过程的目的是为了实现热能转换为机械能;压气机中气体的压缩增压过程,则是为了获得预期的高压气体。工质热力过程分析计算的目的,在于揭示过程中工质状态参数的变化规律以及能量转化情况,进而找出影响转化的主要因素。

3.1.1 理想气体及其状态方程

热机中的工质皆采用容易膨胀的气态物质,包括气体和蒸汽。气体是指远离液态,不易液化的气态物质;而蒸汽则是指离液态较近,容易液化的气态物质,两者之间并无严格的界限。

在工质的热力性质中,压力 p、比体积 v、温度 T 之间的关系具有特别重要的意义。对于实际气体,这种关系一般比较复杂。但是,通过大量实验发现,当密度比较小,也就是比体积比较大的时候,处于平衡状态的气态物质的基本状态参数之间近似地保持一种简单的关系。为此,人们提出了**理想气体**的模型:

(1) 气体分子之间的平均距离相当大,分子体积与气体的总体积相比可忽略不计;

(2) 分子之间无作用力;

(3) 分子之间的互相碰撞以及分子与容器壁的碰撞都是弹性碰撞。

实验证明,当气体的压力不太高,温度不太低时,气体分子间的作用力及分子本身的体积皆可忽略,气体的性质就比较接近理想气体,气体可作为理想气体处理。例如,在常温下,只要压力不超过 5MPa,工程上常用的 O_2、N_2、H_2、CO 等气体以及主要由这些气体组成的气体混合物,都可以作为理想气体处理,不会产生很大误差。另外,大气或燃气中所含的少量水蒸气,由于其分压力很低,比体积很大,也可作为理想气体处理。但是火力发电厂中所使用的水蒸气,压力比较高,密度比较大,离液态不远,不能作为理想气体看待。

通过大量的实验,人们发现理想气体的三个基本状态参数之间存在着一定的函数关系,这就是物理学中**波义耳-马略特定律**、**盖-吕萨克定律**和**查理定律**所表达的内容,这三条定律可以被综合表达为

$$pv = R_g T \tag{3-1}$$

式(3-1)称为**理想气体状态方程式**,1834 年由**克拉贝龙**(Clapeyron)首先导出,因此也称为**克拉贝龙方程式**。对质量为 m 的理想气体,状态方程式的形式为

$$pV = mR_g T \tag{3-2}$$

式中,p 为气体的绝对压力,Pa;v 为气体的比体积,m^3/kg;V 为质量为 m 的气体的体积,m^3;T 为气体的热力学温度,K;R_g 为气体常数,$J/(kg \cdot K)$,其数值只与气体的种类有关而与气体的状态无关。

在国际单位制中,物质的量以 mol(摩)为单位。1mol 物质的质量称为**摩尔质量**,用 M 表示,单位为 kg/mol。1kmol 物质的质量的数值与气体的相对分子质量的数值相同,例如,氧、氮和空气的摩尔质量分别为 $32.00 \times 10^{-3} kg/mol$、$28.02 \times 10^{-3} kg/mol$ 和 $28.96 \times 10^{-3} kg/mol$。1mol 物质的体积称为**摩尔体积**,用 V_m 表示,$V_m = M \cdot v$。

对于理想气体,由式(3-1)可得

$$pV_m = MR_g T \tag{3-3}$$

根据阿伏伽德罗定律,在同温、同压下,任何气体的摩尔体积 V_m 都相等。由式(3-3)可见,MR_g 是既与状态无关,也与气体性质无关的普适恒量,称为**摩尔气体常数**,以 R 表示。R 的数值可由气体在任意状态下的参数确定,如在标准状态下($p_0 = 101325Pa$,$T_0 = 273.15K$),任何气体的摩尔体积均为 $22.4141 \times 10^{-3} m^3/mol$,故有

$$R = \frac{p_0 V_{m0}}{T_0} = \frac{101325Pa \times 22.4141 m^3}{273.15K \times 1000mol} = 8.314 J/(mol \cdot K)$$

只要知道气体的摩尔质量(或相对分子质量),任何一种气体的气体常数 R_g 就可按下式确定:

$$R_g = \frac{R}{M} \tag{3-4}$$

利用摩尔气体常数,质量为 m 的理想气体的状态方程式(3-2)还可以写成

$$pV = nRT \tag{3-5}$$

式中,$n = \frac{m}{M}$,n 为**物质的量**。

3.1.2　理想气体的比热容

计算分析气体在某个热力过程中与外界交换的热量时,常常涉及气体的比热容。而且,气体的热力学能、焓和熵的计算分析也与比热容密切相关。因此,气体的比热容是气体的重要热力性质之一。

物体温度升高 1K 所需要的热量称为该物体的**热容量**,简称**热容**,用 C 表示,单位为 J/K。如果工质在一个微元过程中吸收热量 δQ,温度升高 dT,则该工质的热容量可表示为

$$C = \frac{\delta Q}{\mathrm{d}T} \tag{3-6}$$

1kg 物质温度升高 1K 所需的热量称为比热容(质量热容),用 c 表示,单位为 J/(kg·K),其定义式为

$$c = \frac{\delta q}{\mathrm{d}T}, \tag{3-7}$$

1mol 物质的热容量称为**摩尔热容**,以 C_m 表示,单位为 J/(mol·K)。摩尔热容与比热容之间的关系为

$$C_m = M \cdot c \tag{3-8}$$

热量是与过程性质有关的量,如果工质初、终态相同而过程不同,吸入或放出的热量就不同,工质的比热容也就不同,所以工质的比热容与过程性质有关。在热工计算中常涉及定容过程和定压过程,所以**定容比热容** c_V 和**定压比热容** c_p 是两种常用的比热容。

据热力学第一定律,对微元可逆过程,有

$$\delta q = \mathrm{d}u + p\,\mathrm{d}v$$

热力学能是状态参数,$u = u(T, v)$,其全微分为

$$\mathrm{d}u = \left(\frac{\partial u}{\partial T}\right)_v \mathrm{d}T + \left(\frac{\partial u}{\partial v}\right)_T \mathrm{d}v$$

对定容过程,$\mathrm{d}v = 0$,故有

$$c_V = \left(\frac{\delta q}{\mathrm{d}T}\right)_v = \left(\frac{\mathrm{d}u + p\,\mathrm{d}v}{\mathrm{d}T}\right)_v = \left(\frac{\mathrm{d}u}{\mathrm{d}T}\right)_v = \left(\frac{\partial u}{\partial T}\right)_v \tag{3-9}$$

由此可见,定容比热容是在体积不变的情况下比热力学能对温度的偏导数,其数值等于在体积不变的情况下物质温度变化 1K 时比热力学能的变化量。

同理有

$$c_p = \left(\frac{\delta q}{\mathrm{d}T}\right)_p = \left(\frac{\mathrm{d}h - v\,\mathrm{d}p}{\mathrm{d}T}\right)_p = \left(\frac{\partial h}{\partial T}\right)_p \tag{3-10}$$

因此,定压比热容是在压力不变的情况下比焓对温度的偏导数,其数值等于在压力不变的情况下物质温度变化 1K 时比焓的变化量。

以上两式是由比热容定义式推导获得,故适用于一切气体。通过上述分析还可以得到:气体的比热容是与热力过程相关的参数,而气体的定容比热容和定压比热容是与状态有关的状态参数。

理想气体分子间不存在相互作用力,因此理想气体的热力学能仅包含与温度有关的分子动能,也就是说,理想气体的热力学能只是温度的单值函数。于是,由式(3-9)可得理想气体的定容比热容为

$$c_V = \frac{\mathrm{d}u}{\mathrm{d}T} \tag{3-11}$$

对于理想气体,根据焓的定义

$$h = u + pv = u + R_g T$$

由上式可见,理想气体的焓也是温度的单值函数,于是由式(3-10)可将理想气体的定压比热容表示为

$$c_p = \frac{\mathrm{d}h}{\mathrm{d}T} \tag{3-12}$$

根据焓的定义和理想气体状态方程式,可以进一步推得理想气体的 c_p 与 c_V 之间的关系:

$$c_p = \frac{\mathrm{d}h}{\mathrm{d}T} = \frac{\mathrm{d}(u+pv)}{\mathrm{d}T} = \frac{\mathrm{d}u}{\mathrm{d}T} + \frac{\mathrm{d}(R_g T)}{\mathrm{d}T} = c_V + R_g$$

即

$$c_p - c_V = R_g \tag{3-13}$$

将上式两边乘以摩尔质量 M,可得

$$C_{p,\mathrm{m}} - C_{V,\mathrm{m}} = R \tag{3-14}$$

$C_{p,\mathrm{m}}$,$C_{V,\mathrm{m}}$ 分别为**摩尔定压热容**和**摩尔定容热容**。式(3-13)和式(3-14)称为**迈耶公式**,表示定容热容和定压热容之间的关系。

c_p 与 c_V 的比值称为**比热容比**,用符号 γ 表示,即

$$\gamma = c_p / c_V \tag{3-15}$$

由式(3-13)与式(3-15)可得

$$c_p = \frac{\gamma}{\gamma - 1} R_g \tag{3-16}$$

$$c_V = \frac{1}{\gamma - 1} R_g \tag{3-17}$$

1. 真实比热容

由于理想气体的热力学能和焓是温度的单值函数,所以由式(3-13)和式(3-14)可知,理想气体的定容比热容和定压比热容也是温度的单值函数。一般来说,温度越高,比热容越大,这是因为温度增高,双原子和多原子分子内部的原子振动动能增大。这种函数关系通常近似表示成多项式的形式,例如

$$c_p = a_0 + a_1 T + a_2 T^2 + a_3 T^3 \tag{3-18}$$

$$c_V = a_0' + a_1 T + a_2 T^2 + a_3 T^3 \tag{3-19}$$

式中,a_0、a_0'、a_1、a_2 和 a_3 为常数,且 $a_0 - a_0' = R_g$。对于不同的气体,各常数有不同的数值,可由实验确定。因为这种由多项式定义的比热容能比较真实地反映比热容与温度的关系,所以称为**真实比热容**。

2. 平均比热容

为工程计算方便,引入**平均比热容**的概念。每千克气体从温度 t_1 升高到 t_2 所需要的热量 q_{1-2} 除以温度变化 $(t_2 - t_1)$ 所得的商,称为该气体在 t_1 到 t_2 的温度范围内的平均比热容,用 $c \big|_{t_1}^{t_2}$ 表示,即

$$c \big|_{t_1}^{t_2} = \frac{q_{1-2}}{t_2 - t_1} = \frac{\int_{t_1}^{t_2} c \,\mathrm{d}t}{t_2 - t_1} \tag{3-20}$$

由于气体从 t_1 加热到 t_2 所需要的热量 q_{1-2} 等于从 0℃ 加热到 t_2 所需要的热量 q_{0-2} 与从 0℃ 加热到 t_1 所需要的热量 q_{0-1} 之差,即

$$q_{1-2} = q_{0-2} - q_{0-1} = \int_0^{t_2} c \, dt - \int_0^{t_1} c \, dt = c \Big|_0^{t_2} \cdot t_2 - c \Big|_0^{t_1} \cdot t_1 \tag{3-21}$$

因此,气体的平均比热容可以表示为

$$c \Big|_{t_1}^{t_2} = \frac{q_{1-2}}{t_2 - t_1} = \frac{c \Big|_0^{t_2} \cdot t_2 - c \Big|_0^{t_1} \cdot t_1}{t_2 - t_1} \tag{3-22}$$

3. 定值摩尔热容

在对计算要求不需十分精确的情况下,可以不考虑温度对比热容的影响,将比热容看成常数。根据气体分子运动论及能量按自由度均分的原则,原子数目相同的气体具有相同的摩尔热容。表 3-1 列举了单原子气体(如 He、Ar)、双原子气体(如 O_2、N_2、H_2、CO)及多原子气体(如 CO_2、H_2O、NH_3、CH_4)的摩尔热容,也称为定值摩尔热容,其中,多原子气体给出的是实验值。

表 3-1 理想气体定值摩尔热容

	单原子气体	双原子气体	多原子气体
$C_{V,m}$	$\dfrac{3}{2}R$	$\dfrac{5}{2}R$	$\dfrac{7}{2}R$
$C_{p,m}$	$\dfrac{5}{2}R$	$\dfrac{7}{2}R$	$\dfrac{9}{2}R$
γ	1.67	1.40	1.29

3.1.3 理想气体的热力学能、焓和熵

1. 理想气体的热力学能和焓

理想气体的热力学能和焓仅仅是温度的单值函数。对于理想气体的平衡态,其温度一旦被确定,热力学能和焓就有确定值。在热力过程的能量分析计算中,并不需要求得热力学能和焓的绝对值,只需计算热力过程的热力学能和焓的变化量。确定了理想气体的定容比热容和定压比热容后,由式(3-11)、式(3-12)可得

$$du = c_V \, dT \tag{3-23}$$
$$dh = c_p \, dT \tag{3-24}$$

虽然上述两式中热力学能和焓的变化量计算分别利用了定容比热容和定压比热容,但由于热力学能和焓是状态参数,且定容比热容和定压比热容均仅是状态参数温度的函数,故上述两式不但适用于定容过程和定压过程,而且适用于理想气体的任何过程。

根据式(3-23)和式(3-24),理想气体在任一过程中热力学能和焓的变化 Δu 和 Δh 可以分别由以下积分式求得

$$\Delta u = \int_1^2 c_V \, dT \tag{3-25}$$

$$\Delta h = \int_1^2 c_p \, dT \tag{3-26}$$

工程上,根据计算精度的要求,可以选用真实比热容或平均比热容进行计算,还可以直接查取热力学能-温度表和焓-温度表,或者查相关的物性数据库软件。

2. 理想气体的熵

在热力学第二定律的分析中,熵的计算有着特别重要的意义。与热力学能和焓一样,在热力过程的分析计算中所需的是熵的变化量。

根据熵的定义式和热力学第一定律表达式,可得

$$ds = \frac{\delta q}{T} = \frac{du + p\,dv}{T} = \frac{du}{T} + \frac{P}{T}dv, \qquad ds = \frac{\delta q}{T} = \frac{dh - v\,dp}{T} = \frac{dh}{T} - \frac{v}{T}dp$$

对于理想气体,$du = c_V dT$,$dh = c_p dT$,$pv = R_g T$,分别代入上面两式,可得

$$ds = c_V \frac{dT}{T} + R_g \frac{dv}{v} \tag{3-27}$$

$$ds = c_p \frac{dT}{T} - R_g \frac{dp}{p} \tag{3-28}$$

将上述两式两边积分,可得单位质量理想气体任一热力过程熵变量的计算公式

$$\Delta s = \int_1^2 c_V \frac{dT}{T} + R_g \ln \frac{v_2}{v_1} \tag{3-29}$$

$$\Delta s = \int_1^2 c_p \frac{dT}{T} - R_g \ln \frac{p_2}{p_1} \tag{3-30}$$

当采用定值比热容时,上述两式为

$$\Delta s = c_V \ln \frac{T_2}{T_1} + R_g \ln \frac{v_2}{v_1} \tag{3-31}$$

$$\Delta s = c_p \ln \frac{T_2}{T_1} - R_g \ln \frac{p_2}{p_1} \tag{3-32}$$

若以状态方程式 $pv = R_g T$ 的微分形式 $\frac{dp}{p} + \frac{dv}{v} = \frac{dT}{T}$ 和迈耶公式 $c_p - c_V = R_g$ 代入式(3-28),可得

$$ds = c_V \frac{dp}{p} + c_p \frac{dv}{v} \tag{3-33}$$

当比热容为定值时,将上式积分,可得

$$\Delta s = c_V \ln \frac{p_2}{p_1} + c_p \ln \frac{v_2}{v_1} \tag{3-34}$$

由于 c_p 和 c_V 都只是温度的函数,与过程的特性无关,因此理想气体的熵变完全取决于初态和终态,而与过程所经历的途径无关。也就是说,理想气体的熵是一个状态函数。因此以上各熵变计算式对于理想气体的任何过程都是适用的。

3.1.4　理想混合气体

工程上常用的气态物质,往往不是单纯一种气体,而是由多种气体组成的混合气体。例如,空气就是一种混合气体,主要成分是 O_2 和 N_2,还有少量 H_2O、CO_2 及 Ar 等气体;燃烧烟

气一般也是由 CO_2、N_2、O_2、H_2O 等气体组成的混合气体。组成混合气体的各单一气体称为组分或组元。当各组分都具有理想气体的性质时,则整个混合气体也具有理想气体的性质,其 p、v、T 之间的关系也符合理想气体状态方程式,这样的混合气体称为**理想混合气体**。

1. 分压力与分压力定律

因为理想混合气体中每一种组元的分子都会撞击容器壁,从而产生各自的压力。通常,将某一组元单独占有与混合气体相同的体积 V 并处于理想混合气体温度 T 时所呈现的压力,称为该组元的**分压力**,用 p_i 表示,如图 3-1 所示。

实验证明,理想混合气体的总压力 p 等于各组元分压力 p_i 之和,称为**道尔顿分压定律**,即

$$p = \sum_{i=1}^{k} p_i \tag{3-35}$$

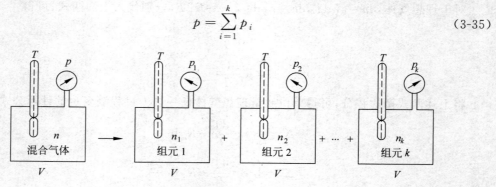

图 3-1　分压力定律示意图

值得注意的是,道尔顿定律仅适用于理想混合气体,因为实际混合气体中,各组元气体之间存在着相互作用与影响。

2. 分体积与分体积定律

混合气体中第 i 种组元处于与理想混合气体相同压力 p 和相同温度 T 时所单独占据的体积,称为该组元的**分体积**,用 V_i 表示,如图 3-2 所示。

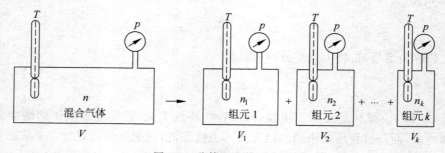

图 3-2　分体积定律示意图

同样由实验得到,理想混合气体的总体积等于各组元的分体积之和,这一规律称为**亚美格分体积定律**,即

$$V = \sum_{i=1}^{k} V_i \tag{3-36}$$

3. 理想混合气体的成分

理想混合气体的性质取决于各组元的热力性质和成分。各组元在混合气体中所占的数量份额称为混合气体的成分。按所用数量单位的不同,成分的表示方法分为三种:**质量分数** w_i、**摩尔分数** x_i 与**体积分数** φ_i。

如果混合气体由 k 种气体组成,其中,第 i 种组元的质量 m_i 与混合气体总质量 m 的比值称为该组元的**质量分数**,用 w_i 表示,即

$$w_i = \frac{m_i}{m} \tag{3-37}$$

混合气体中,第 i 种组元的物质的量 n_i 与混合气体的物质的量 n 的比值,称为该组元的**摩尔分数**,用 x_i 表示,即

$$x_i = \frac{n_i}{n} \tag{3-38}$$

混合气体中,第 i 种组元的分体积 V_i 与混合气体总体积 V 的比值,称为该组元的**体积分数**,用 φ_i 表示,即

$$\varphi_i = \frac{V_i}{V} \tag{3-39}$$

由于各组元物量之和等于混合气体的总物量,所以混合气体各种成分之和等于 1,即

$$\sum_{i=1}^{k} w_i = 1 \tag{3-40}$$

$$\sum_{i=1}^{k} x_i = 1 \tag{3-41}$$

$$\sum_{i=1}^{k} \varphi_i = 1 \tag{3-42}$$

各种成分之间存在下列换算关系,这些换算关系方便了工程计算分析。

$$\varphi_i = x_i \tag{3-43}$$

$$w_i = \frac{m_i}{m} = \frac{n_i M_i}{\sum\limits_{i=1}^{k} n_i M_i} = \frac{\dfrac{n_i}{n} M_i}{\sum\limits_{i=1}^{k} \dfrac{n_i}{n} M_i} = \frac{x_i M_i}{\sum\limits_{i=1}^{k} x_i M_i} \tag{3-44}$$

$$x_i = \frac{n_i}{n} = \frac{n_i}{\sum\limits_{i=1}^{k} n_i} = \frac{m_i / M_i}{\sum\limits_{k=1}^{k} m_i / M_i} = \frac{m_i / (m \cdot M_i)}{\sum\limits_{i=1}^{k} m_i / (m \cdot M_i)} = \frac{w_i / M_i}{\sum\limits_{i=1}^{k} w_i / M_i} \tag{3-45}$$

式中,M_i 为各组元的摩尔质量。

4. 理想混合气体的平均摩尔质量和平均气体常数

理想混合气体的平均摩尔质量是为了计算方便而引入的一个假想物理量。若混合气体的总质量为 m,总物质的量为 n,则混合气体的平均摩尔质量为

$$M = \frac{m}{n}$$

如果混合气体的质量分数 w_i 已知,则根据混合气体的总物质的量等于各组成气体物质的量之和,即

$$n = n_1 + n_2 + \cdots + n_k$$

亦即

$$\frac{m}{M} = \frac{m_1}{M_1} + \frac{m_2}{M_2} + \cdots + \frac{m_k}{M_k}$$

于是

$$M = \cfrac{1}{\cfrac{m_1}{mM_1} + \cfrac{m_2}{mM_2} + \cdots + \cfrac{m_k}{mM_k}} = \cfrac{1}{\displaystyle\sum_{i=1}^{k} \frac{w_i}{M_i}} \tag{3-46}$$

可见,只要知道各组元的种类及其质量分数,就可根据式(3-46)方便地计算出平均摩尔质量 M。

如果已知混合气体的摩尔分数 x_i(或体积分数 φ_i),则根据

$$m = m_1 + m_2 + \cdots + m_k$$

即

$$nM = n_1 M_1 + n_2 M_2 + \cdots + n_k M_k$$

可得混合气体的平均摩尔质量为

$$M = \sum_{i=1}^{k} x_i M_i = \sum_{i=1}^{k} \varphi_i M_i \tag{3-47}$$

当各组元的种类及摩尔分数(或体积分数)已知时,用式(3-47)计算 M 更为方便。

在求得混合气体平均摩尔质量的基础上,平均气体常数 R_g 即可由下式求得:

$$R_g = \frac{R}{M} = R \sum_{i=1}^{k} \frac{w_i}{M_i} = \frac{R}{\displaystyle\sum_{i=1}^{k} x_i M_i} = \frac{R}{\displaystyle\sum_{i=1}^{k} \varphi_i M_i} \tag{3-48}$$

3.1.5　理想气体的基本热力过程

尽管工程上应用的许多工质可以作为理想气体处理,但热力过程还是很复杂。首先在于实际过程的不可逆性;其次是实际热力过程中气体的热力状态参数都在变化,难以找出变化规律。为了分析方便和突出能量转换的主要矛盾,在理论研究中通常采用抽象、概括的方法,将复杂的实际不可逆过程简化为可逆过程。在实际应用中,根据可逆过程的分析结果,借助某些经验系数进行修正,使之与实际过程尽可能接近。

通过对实际热力过程的观察和分析发现,许多热力过程虽然诸多参数在变化,但某些参数相比其他参数变化很小,可以忽略不计。例如,某些换热器中流体的压力和温度都在变化,但温度变化是主要的,压力变化一般很小,可以认为是在压力不变条件下进行的热力过程;燃气轮机中燃气的热力过程,由于燃气流速很快,与外界交换的热量很少,可以视为绝热过程。这种保持一个状态参数不变的热力过程称为**基本热力过程**,如定容、定压、定温、定熵过程等。

根据过程进行的条件,确定过程中工质状态参数的变化规律并分析过程中的能量转换

关系,是研究热力过程的基本任务。热力学第一定律的表达式、理想气体参数关系式以及可逆过程的特征关系式,是分析理想气体热力过程的基本依据。

研究和分析理想气体热力过程的步骤如下:

(1) 列出过程方程式,确定过程中状态参数的变化规律。

(2) 根据已知参数及过程方程式,确定未知参数以及过程中热力学能和焓的变化。

(3) 将过程中状态参数的变化规律表示在 p-v 图和 T-s 图上。

(4) 根据可逆过程的特征计算膨胀功 w 和技术功 w_t,用热力学第一定律表达式或用比热容计算过程中的热量。

下面讨论理想气体四种基本热力过程(定容、定压、定温和定熵过程)。

1. 定容过程

气体比体积保持不变的过程称为定容过程。例如,在刚性密闭容器中气体的加热或冷却过程。

1) 过程方程式及初、终状态参数关系式

定容过程方程式为

$$v_2 = v_1 = 定值 \tag{3-49}$$

根据过程方程式和理想气体状态方程式,定容过程初、终态基本状态参数间的关系为

$$\frac{p_2}{p_1} = \frac{T_2}{T_1} \tag{3-50}$$

理想气体的热力学能和焓都是温度的单值函数,对理想气体所经历的任何过程,热力学能和焓的变化均可按下面两式分别计算:

$$\Delta u = \int_1^2 c_V \mathrm{d}T$$

$$\Delta h = \int_1^2 c_p \mathrm{d}T$$

2) 定容过程在 p-v 图与 T-s 图上的表示

由于 v=常数,定容过程在 p-v 图上为一条垂直于 v 轴的直线(图 3-3(a))。

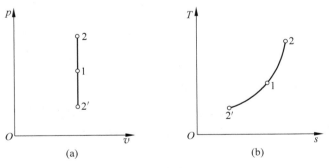

(a)　　　　　　　　　　(b)

图 3-3　定容过程

在 T-s 图上,定容过程的过程曲线的形状可由理想气体比熵的表达式分析得出,即

$$\mathrm{d}s = c_V \frac{\mathrm{d}T}{T} + R_g \frac{\mathrm{d}v}{v}$$

定容过程 $\mathrm{d}v=0$,则有

$$\mathrm{d}s=c_V\frac{\mathrm{d}T}{T}$$

如果比热容取为定值,将上式积分,可得

$$T=T_0\mathrm{e}^{\frac{s-s_0}{c_V}}\tag{3-51}$$

由上式可见,定容过程线在 T-s 图上为一指数函数曲线,其斜率为

$$\left(\frac{\partial T}{\partial s}\right)_V=\frac{T}{c_V}$$

由于 T 与 c_V 都不会是负值,所以定容过程在 T-s 图上是一条斜率为正值的指数曲线,如图 3-3(b)所示。

3) 功量和热量

因为 $v=$ 常数,$\mathrm{d}v=0$,所以定容过程中气体的膨胀功为零,即

$$w=\int_1^2 p\mathrm{d}v=0$$

定容过程的技术功为

$$w_t=-\int_1^2 v\mathrm{d}p=v(p_1-p_2)\tag{3-52}$$

上式说明,对于定容流动过程,技术功等于流体在进、出口处流动功之差。

根据比热容的定义,当比热容取定值时,定容过程吸收或放出的热量为

$$q=\int_1^2 c_V\mathrm{d}T=c_V\Delta T$$

如图 3-3 所示,$1\rightarrow 2$ 为定容升温升压的吸热过程,$1\rightarrow 2'$ 为定容降温降压的放热过程。

2. 定压过程

气体压力保持不变的过程称为定压过程。

1) 过程方程式及初、终状态参数关系式

定压过程方程式为

$$p_2=p_1=定值\tag{3-53}$$

根据过程方程式及理想气体状态方程式,定压过程初、终态基本状态参数间的关系为

$$\frac{v_2}{v_1}=\frac{T_2}{T_1}\tag{3-54}$$

2) 定压过程在 p-v 图与 T-s 图上的表示

由于 $p=$ 常数,所以定压过程线在 p-v 图上为一平行于 v 轴的直线(图 3-4(a))。

在 T-s 图上,定压过程的过程曲线形状可参照定容过程的方法确定:

$$T=T_0\mathrm{e}^{\frac{s-s_0}{c_p}}\tag{3-55}$$

由上式可见,定压过程线在 T-s 图上也是一指数函数曲线,其斜率为

$$\left(\frac{\partial T}{\partial s}\right)_p=\frac{T}{c_p}$$

由此可见,在 T-s 图上定压线也是一条斜率大于零的指数曲线,如图 3-4(b)所示。由

于在相同的温度下，$c_p > c_V$，因此定容线的斜率必大于定压线的斜率，即定压线比定容线平坦。分析可知，图中 1→2 为定压升温的膨胀吸热过程，1→2′ 为定压降温的压缩放热过程。

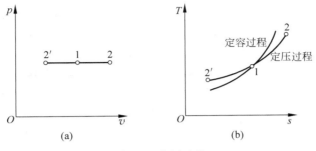

图 3-4 定压过程

3）功量和热量

由于 $p =$ 常数，所以定压过程对外做的膨胀功为

$$w = \int_1^2 p\,\mathrm{d}v = p(v_2 - v_1) = R_g(T_2 - T_1) \tag{3-56}$$

因为 $p =$ 常数，$\mathrm{d}p = 0$，所以定压过程的技术功为

$$w_t = -\int_1^2 v\,\mathrm{d}p = 0$$

当比热容取定值时，气体在定压过程中吸收或放出的热量为

$$q = \int_1^2 c_p\,\mathrm{d}T = c_p \Delta T \tag{3-57}$$

3. 定温过程

气体温度保持不变的过程称为定温过程。

1）过程方程式及初、终状态参数关系式

定温过程的过程方程式为

$$T_2 = T_1 = \text{定值} \tag{3-58}$$

根据理想气体状态方程式，定温过程的过程方程式也可表示为

$$pv = \text{定值}$$

定温过程中初、终态基本状态参数间的关系为

$$\frac{p_2}{p_1} = \frac{v_1}{v_2} \tag{3-59}$$

2）定温过程在 p-v 图与 T-s 图上的表示

由于 $pv =$ 常数，在 p-v 图上定温过程线为一等边双曲线；在 T-s 图上定温过程为一水平线，如图 3-5 所示，其中，1→2 代表定温膨胀降压的吸热过程，1→2′ 代表定温压缩升压的放热过程。

3）功量和热量

定温过程的膨胀功为

$$w = \int_1^2 p\,\mathrm{d}v = \int_1^2 \frac{R_g T}{v}\,\mathrm{d}v = R_g T \ln \frac{v_2}{v_1} = R_g T \ln \frac{p_1}{p_2} \tag{3-60}$$

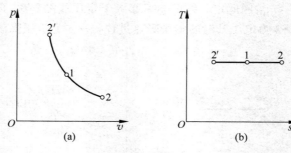

图 3-5　定温过程

定温过程的技术功为

$$w_t = -\int_1^2 v\,\mathrm{d}p = -\int_1^2 \frac{R_g T}{p}\,\mathrm{d}p = R_g T \ln\frac{p_1}{p_2} \tag{3-61}$$

可见,定温过程中,膨胀功与技术功在数值上相等。

对于理想气体定温过程,$\Delta u = \Delta h = 0$,所以根据热力学第一定律表达式,定温过程中的热量分别为

$$q = \Delta u + w = w$$
$$q = \Delta h + w_t = w_t$$

因此在理想气体的定温过程中,膨胀功、技术功和热量三者相等。理想气体定温膨胀时,加入的热量等于对外所做的功量;定温压缩时,对气体所做的功量等于气体向外放出的热量。

此外,定温过程的热量也可以由熵的变化进行计算:

$$q = \int_1^2 T\,\mathrm{d}s = T(s_2 - s_1) \tag{3-62}$$

4. 定熵过程

气体与外界没有热量交换的过程称为绝热过程。

1) 过程方程式及初、终状态参数关系式

绝热过程的特征为 $\delta q = 0$,$q = 0$。对于可逆绝热过程

$$\mathrm{d}s = \frac{\delta q}{T} = 0 \tag{3-63}$$

因此,可逆绝热过程也称为**定熵过程**。根据理想气体熵的微分式

$$\mathrm{d}s = c_V \frac{\mathrm{d}p}{p} + c_p \frac{\mathrm{d}v}{v}$$

可得

$$\frac{\mathrm{d}p}{p} + \gamma \frac{\mathrm{d}v}{v} = 0$$

当取热容比 γ 为定值时,上式积分可得

$$\ln p + \gamma \ln v = 定值$$

即

$$pv^\gamma = 定值 \tag{3-64}$$

式(3-64)为理想气体定熵过程的过程方程式。其中,理想气体的比热容比也称为绝热指数,通常用 κ 表示,因此上式又可表示为

$$pv^{\kappa} = 定值 \tag{3-65}$$

根据理想气体的定值比热容表(表 3-1),单原子、双原子和多原子气体的绝热指数 κ 分别为 1.67、1.40 和 1.29。

根据过程方程式以及理想气体状态方程式,可得定熵过程初、终状态基本状态参数间的关系为

$$\frac{p_2}{p_1} = \left(\frac{v_1}{v_2}\right)^{\kappa} \tag{3-66}$$

结合状态方程可得

$$\frac{T_2}{T_1} = \left(\frac{v_1}{v_2}\right)^{\kappa-1} \tag{3-67}$$

$$\frac{T_2}{T_1} = \left(\frac{p_2}{p_1}\right)^{\frac{\kappa-1}{\kappa}} \tag{3-68}$$

2) 定熵过程在 $p\text{-}v$ 图与 $T\text{-}s$ 图上的表示

从过程方程式 $pv^{\kappa} =$ 常数可以看出,定熵过程线在 $p\text{-}v$ 图上是一条幂指数为负的幂函数曲线(又称高次双曲线)。根据过程方程式可推导得定熵过程曲线的斜率为

$$\left(\frac{\partial p}{\partial v}\right)_s = -\kappa \frac{p}{v} \tag{3-69}$$

由上式可知,过程线斜率为负。而定温过程线在 $p\text{-}v$ 图上的斜率为

$$\left(\frac{\partial p}{\partial v}\right)_T = -\frac{p}{v} \tag{3-70}$$

由于 κ 总是大于 1,因此,在 $p\text{-}v$ 图上定熵线斜率的绝对值大于定温线斜率的绝对值,如图 3-6(a)所示。

在 $T\text{-}s$ 图上,定熵过程线是一垂直于横坐标的直线,如图 3-6(b)所示。分析可知,1→2 是降压降温的膨胀过程,1→2′是升压升温的压缩过程。

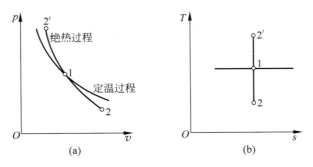

图 3-6　定熵过程

3) 功量和热量

对于绝热过程,$q = 0$。根据热力学第一定律,过程的膨胀功为

$$w = -\Delta u = u_1 - u_2 \tag{3-71}$$

即工质经绝热过程所做的膨胀功等于热力学能的减少,这一结论适用于任何工质的可逆或不可逆定熵过程。

对于比热容为定值的理想气体,式(3-71)可进一步表示为

$$w = c_V(T_1 - T_2) = \frac{R_g}{\kappa - 1}(T_1 - T_2)$$

$$= \frac{1}{\kappa - 1}(p_1 v_1 - p_2 v_2) = \frac{R_g T_1}{\kappa - 1}\left[1 - \left(\frac{p_2}{p_1}\right)^{\frac{\kappa-1}{\kappa}}\right] \tag{3-72}$$

根据热力学第一定律,绝热过程的技术功为

$$w_t = -\Delta h = h_1 - h_2$$

即流动工质经绝热过程所做的技术功等于焓的减少。此结论同样适用于任何流动工质的可逆与不可逆绝热过程。

对于比热容为定值的理想气体,上式可进一步表示为

$$w_t = c_p(T_1 - T_2) = \frac{\kappa}{\kappa - 1}R_g(T_1 - T_2)$$

$$= \frac{\kappa}{\kappa - 1}(p_1 v_1 - p_2 v_2) = \frac{\kappa R_g T_1}{\kappa - 1}\left[1 - \left(\frac{p_2}{p_1}\right)^{\frac{\kappa-1}{\kappa}}\right] \tag{3-73}$$

定熵过程的技术功是膨胀功的 κ 倍。

3.1.6　理想气体的多变过程

1. 多变过程的定义及过程方程式

上述四种典型热力过程的共同特点是:在热力过程中某一状态参数的值保持不变。然而在许多实际热力过程中工质的各种状态参数往往都在发生变化。例如,压气机中气体在压缩的同时被冷却,气体在压缩过程中压力、比体积和温度都在变化。但实际过程中气体状态参数的变化往往遵循一定的规律。通过研究发现,许多过程可以近似地用下面的关系式描述:

$$pv^n = 定值 \tag{3-74}$$

满足这一规律的过程称为**多变过程**,式中的指数 n 称为**多变指数**。式(3-74)即为多变过程的过程方程式。在某一多变过程中,n 为定值,但在不同的多变过程中 n 值不相同,理论上 n 可以是 $-\infty$ 到 $+\infty$ 之间的任何一个实数。对于一些复杂的实际过程,可以将其分成几段具有不同 n 值的多变过程来加以分析。

当多变指数为某些特定的值时,多变过程便表现为相应的典型热力过程,如:

当 $n=0$ 时,$p = 常数$,为定压过程;

当 $n=1$ 时,$pv = 常数$,为定温过程;

当 $n=\kappa$ 时,$pv^\kappa = 常数$,为定熵过程;

当 $n=\pm\infty$ 时,$v = 常数$,为定容过程。这是因为过程方程可写为 $p^{1/n}v = 定值$,$n \to \pm\infty$,$1/n \to 0$,从而有 $v = 定值$。

2. 多变过程中状态参数的变化规律

比较多变过程的过程方程式与定熵过程的过程方程式可以发现,两方程的形式相同,只是指数值不同。因此,参照定熵过程,只要将绝热指数 κ 换成多变指数 n,可得多变过程的

初、终状态关系式为

$$\frac{p_2}{p_1} = \left(\frac{v_1}{v_2}\right)^n \tag{3-75}$$

$$\frac{T_2}{T_1} = \left(\frac{v_1}{v_2}\right)^{n-1} \tag{3-76}$$

$$\frac{T_2}{T_1} = \left(\frac{p_2}{p_1}\right)^{\frac{n-1}{n}} \tag{3-77}$$

3. 多变过程在 *p-v* 图与 *T-s* 图上的表示

为了在 *p-v* 图与 *T-s* 图上对多变过程的状态参数和能量转换规律进行定性分析,需掌握多变过程线在 *p-v* 图与 *T-s* 图上随多变指数 *n* 变化的分布规律。为此,首先在 *p-v* 图与 *T-s* 图上从同一初态出发,画出四种基本热力过程的过程线,如图 3-7 所示。

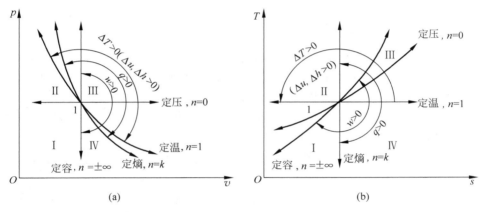

图 3-7 理想气体的多变过程

由图 3-7(a)可以看出,定容线和定压线将 *p-v* 图分成Ⅰ、Ⅱ、Ⅲ和Ⅳ四个区域。在Ⅱ和Ⅳ区域,多变过程线的 *n* 值由定压线 $n=0$ 开始按顺时针方向递增,直到定容线 $n=\infty$。实际工程中,$n<0$ 的热力过程极少存在,故可以不予讨论。在 *T-s* 图上,多变过程线的分布规律也是从定压线开始,多变指数 *n* 按顺时针方向递增。这样,当已知过程的多变指数的数值时,就可以定性地在 *p-v* 图与 *T-s* 图上画出该过程线,例如:对于双原子气体,当 $n=1.2$ 时,其过程线应该在定温线和定熵线之间。

4. 过程中的功量和热量

参照定熵过程,可得多变过程单位质量的膨胀功的表达式,即

$$w = \frac{1}{n-1}(p_1 v_1 - p_2 v_2) = \frac{1}{n-1} R_g(T_1 - T_2)$$
$$= \frac{R_g T_1}{n-1}\left[1 - \left(\frac{p_2}{p_1}\right)^{\frac{n-1}{n}}\right] \tag{3-78}$$

对于可逆过程,技术功为

$$w_t = -\int_1^2 v \, dp$$

将过程方程式微分，可得，$v \, dp = -np \, dv$，当 $n \neq \infty$ 时，代入上式得

$$w_t = n\int_1^2 p \, dv = n \cdot w \tag{3-79}$$

多变过程单位质量的热量为

$$q = \Delta u + w = c_V(T_2 - T_1) + \frac{1}{n-1}R_g(T_1 - T_2)$$

$$= \left(c_V - \frac{R_g}{n-1}\right)(T_2 - T_1)$$

将 $c_V = \dfrac{R_g}{\kappa - 1}$ 代入上式，得

$$q = \frac{n-\kappa}{n-1}c_V(T_2 - T_1) = c_n(T_2 - T_1) \tag{3-80}$$

式中，$c_n = \dfrac{n-\kappa}{n-1}c_V$，称为**多变比热容**。

为了分析多变过程的能量转换与交换，还需确定过程中 Δu、Δh、w、w_t 和 q 的正负。这些可根据多变过程与四条基本过程线的相对位置来判断（图 3-7），判断方法如下：

由于理想气体的比热力学能和比焓仅是温度的单值函数，故 ΔT 的正负决定 Δu 和 Δh 的正负。ΔT 的正负是以定温线为分界。在 $T\text{-}s$ 图上，由同一初态出发的多变过程线若位于定温线上方，则过程的 $\Delta T > 0$，Δu 和 Δh 均为正；反之为负。

膨胀功 w 的正负是以过初态的定容线为分界线。在 $p\text{-}v$ 图上，由同一初态出发的多变过程线若位于定容线的右方，则过程的比体积增大，$w > 0$；反之 $w < 0$。

技术功 w_t 的正负是以过初态的定压线为分界线。在 $p\text{-}v$ 图上，由同一初态出发的多变过程线若位于定压线的下方，则过程的压力降低，$w_t > 0$；反之 $w_t < 0$。

热量 q 的正负是以过初态的定熵线为分界线。在 $T\text{-}s$ 图上，由同一初态出发的多变过程线若位于定熵线的右方，则过程的比熵增加，$q > 0$；反之 $q < 0$。

以上分别讨论了四种典型的基本热力过程和多变过程，为了使读者更好地掌握理想气体可逆热力过程的计算分析，将四种典型热力过程和多变过程的公式汇总在表 3-2 中。

表 3-2   理想气体可逆过程计算公式

过程	过程方程式	初、终状态参数间的关系	功量交换 J/kg		热量交换 J/kg
			膨胀功 w	技术功 w_t	q
定容	$v=$定值	$v_2 = v_1$；$\dfrac{T_2}{T_1} = \dfrac{p_2}{p_1}$	0	$v(p_2 - p_1)$	$c_V(T_2 - T_1)$
定压	$p=$定值	$p_2 = p_1$；$\dfrac{T_2}{T_1} = \dfrac{v_2}{v_1}$	$p(v_2 - v_1)$ 或 $R(T_2 - T_1)$	0	$c_p(T_2 - T_1)$
定温	$pv=$定值	$T_2 = T_1$；$\dfrac{p_2}{p_1} = \dfrac{v_1}{v_2}$	$p_1 v_1 \ln\dfrac{v_2}{v_1}$	w	w

续表

过程	过程方程式	初、终状态参数间的关系	功量交换 J/kg		热量交换 J/kg
			膨胀功 w	技术功 w_t	q
定熵	$pv^\kappa=$ 定值	$\dfrac{p_2}{p_1}=\left(\dfrac{v_1}{v_2}\right)^\kappa$ $\dfrac{T_2}{T_1}=\left(\dfrac{v_1}{v_2}\right)^{\kappa-1}$ $\dfrac{T_2}{T_1}=\left(\dfrac{p_2}{p_1}\right)^{\frac{\kappa-1}{\kappa}}$	$\dfrac{p_1v_1-p_2v_2}{\kappa-1}$ 或 $\dfrac{R}{\kappa-1}(T_1-T_2)$	κw	0
多变	$pv^n=$ 定值	$\dfrac{P_2}{P_1}=\left(\dfrac{v_1}{v_2}\right)^n$ $\dfrac{T_2}{T_1}=\left(\dfrac{v_1}{v_2}\right)^{n-1}$ $\dfrac{T_2}{T_1}=\left(\dfrac{p_2}{p_1}\right)^{\frac{n-1}{n}}$	$\dfrac{p_1v_1-p_2v_2}{\kappa-1}$ 或 $\dfrac{R}{n-1}(T_1-T_2)$	nw	$c_n(T_2-T_1)=\left(c_V-\dfrac{R}{n-1}\right)\times(T_2-T_1)$

3.2　气体压缩与膨胀

通过耗功将气体从低压侧输送至高压侧的设备称为压气机,其压气过程是通过在低压处吸气并在高压处排气实现的。压气机,依其产生压缩气体的压力范围不同,习惯上的名称也有所不同,0.01MPa(表压)以下一般称为通风机;0.01~0.3MPa(表压)之间一般称为鼓风机;而 0.3MPa 以上(表压)一般直接称为压气机。按构造和工作原理,压气机可分为速度型和容积型两大类。速度型压气机使气体在高速旋转的叶轮作用下,提高流速,获得动能,然后通过扩压器降低速度,使动能转变为压力能,从而提高气体压力。速度型压气机包括轴流式和离心式。容积型压气机借助气缸内做往复运动或旋转运动的活塞,使气体的体积缩小,压力升高。容积型压气机包括回转式和往复式。

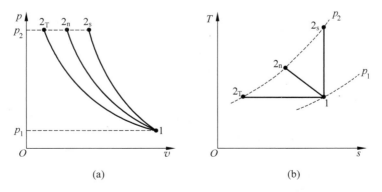

图 3-8　不同压缩过程的功耗和温升对比示意图

(1-2$_T$ 为定温压缩过程;1-2$_n$ 为多变压缩过程;1-2$_s$ 为绝热压缩过程)

从热力学能量转换角度来看,各种压气机的压气过程本质上是相同的。压气机工作时,压力较低的气体进入进气口,在压气机中被压缩,压力较高的气体经排气口输出。通常,压气机在单位时间内的输气量是稳定的,其压气过程可作为稳定流动过程来进行热力学分析。忽略压气机的进气和排气的动能及位能,基于稳定流动能量方程式,可以得到压气机中能量转换的关系为

$$q = (h_2 - h_1) + w_t \tag{3-81}$$

式中,w_t 为压气机的轴功;h_1 为压缩前气体的焓;h_2 为压缩后气体的焓。假设气体压缩过程是可逆的,轴功的表达式为

$$w_t = \int_1^2 p \, \mathrm{d}v + (p_1 v_1 - p_2 v_2) = -\int_1^2 v \, \mathrm{d}p \tag{3-82}$$

式(3-82)表明,压气机压气过程的轴功等于压缩过程的容积变化功和进气、排气流动功的代数和。如图 3-8 所示,在 $p\text{-}v$ 图上,压气机压气过程的轴功可用压缩过程曲线左侧的面积表示。当气体从相同的初始状态经不同路径使气体升压至相同终了压力时,各种压缩路径消耗的轴功是不同的。对于未采取冷却措施的绝热压缩,其压缩路径如图 3-8 中曲线 $1\text{-}2_s$ 所示。对于采取了冷却措施的多变压缩,压缩过程中气体向外放热,过程中的气体温度及排气温度均低于绝热过程,其压缩路径如图 3-8 中曲线 $1\text{-}2_n$ 所示。在冷却措施极度理想的情况下,气体压缩过程产生的热量可以立即释放给环境,则压缩过程为定温压缩,其压缩路径如图 3-8 中曲线 $1\text{-}2_T$ 所示。由图 3-8(a)可以看出,绝热压缩时曲线 $1\text{-}2_s$ 左侧的面积最大,压气机压气过程功耗最大;而定温压缩曲线 $1\text{-}2_T$ 左侧的面积最小,压气过程功耗最小。由图 3-8(b)可以看出,绝热压缩时被压缩工质的温升最大,而压缩过程冷却的越好,越接近定温压缩过程,被压缩工质的温升就越小。

压气机是耗功机械,工程中常常需要计算其功耗。在实际过程中,压气机中的气体既向外散热,温度也有所升高,气体经历一个多变压缩过程。对于理想气体的单级多变压缩过程,压气机单级压缩消耗的技术功为

$$w_{t,n} = \frac{n}{n-1} R_g T_1 (1 - \pi^{\frac{n-1}{n}}) = \frac{n}{n-1} p_1 v_1 (1 - \pi^{\frac{n-1}{n}}) \tag{3-83}$$

式中,n 为多变过程指数;π 为压气机的单级增压比。

压气机单级压缩的排气温度为

$$T_2 = T_1 \pi^{\frac{n-1}{n}} \tag{3-84}$$

式(3-84)表明排气温度 T_2 由进气温度 T_1、增压比 π 和过程指数 n 共同决定,其中,进气温度和过程指数往往是固定的,而排气温度反过来会限制单级压缩的增压比。对于需要润滑的往复式压气机,排气温度必须低于润滑油的闪点,故增压比受到润滑油闪点的限制。实际应用中,润滑油的闪点一般不低于 200~240℃,压气机理论排气温度一般不应高于 160~180℃,达到这一温度的增压比称为温度极限增压比。单级压气机的温度极限增压比一般为 5 左右,而压气机尺寸较小的情况下可达 7~8。

根据气体定容比热容 c_V,还可求出单位质量气体在多变压缩过程中所释放的热量:

$$q = \frac{n-\kappa}{n-1} c_V (T_1 - T_2) \tag{3-85}$$

压缩过程的多变指数 n 的取值可参考:单级或第一级 $n = 0.93\kappa \sim 0.98\kappa$,第二级 $n =$

$0.95\kappa \sim 1.00\kappa$，更高级次 $n=\kappa$；膨胀过程的多变指数 n 按表 3-3 中的参考值选取，这些参考值已考虑了热传递与泄漏的影响。

表 3-3　按定熵指数 κ 确定膨胀过程的多变指数 n

进气压力/bar	任意 κ 值	$\kappa=1.40$
1.5	$n=1+0.5(\kappa-1)$	1.20
1.5~4.0	$n=1+0.62(\kappa-1)$	1.25
4.0~10	$n=1+0.75(\kappa-1)$	1.30
10~30	$n=1+0.88(\kappa-1)$	1.35
>30	$n=\kappa$	1.40

对于多组分气体混合物的定熵指数，按式(3-86)进行计算，即

$$\frac{1}{\kappa_b-1}=\sum\frac{z_i}{\kappa_i-1} \tag{3-86}$$

式中，κ_b 为气体混合物的定熵指数；κ_i 为任一组分气体的定熵指数；z_i 为体积分数，$z_i=\frac{v_i}{v}$，v 为气体的总体积；v_i 为任一组分气体的体积。

压气机在实际压气过程中总是存在摩擦、扰动等一些不可逆因素。特别是离心式和轴流式等速度型压气机，气流速度较高，不可逆程度较大。不可逆因素总是造成功的损失，因此压气机在实际压气过程中的功耗要大于理想的可逆压气过程的功耗。通常用压气机绝热效率来说明实际压气机中不可逆因素的影响，以衡量其工作的优劣。

接下来讨论压气机绝热效率的表达式。图 3-9 展示了气体压缩过程的 h-s 图，其中，进入压气机的工质状态和出口压力是固定的。忽略压气机与环境的热交换，并且忽略工质进出口动能和势能的变化，则压气机输送单位质量工质的功耗为

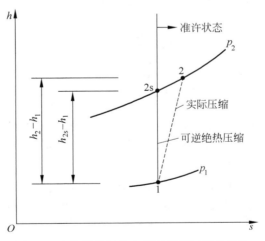

图 3-9　定熵压缩过程和实际压缩过程的对比

$$-\frac{W_{t,n}}{m}=h_2-h_1 \tag{3-87}$$

式中，$W_{t,n}$ 是多变压缩过程的总功耗；m 是工质的质量流量。由于状态 1 是固定的，因此

比焓 h_1 是已知的。因此,功耗的大小取决于出口处的比焓 h_2。式(3-87)表明,功耗的大小随 h_2 的减小而减小。最小功耗对应于压气机出口处的最小允许比焓。从特定入口状态到特定出口压力的定熵压缩过程中,可获得出口状态下的最小允许焓。因此,最小功耗为

$$-\frac{W_{t,s}}{m} = h_{2s} - h_1 \tag{3-88}$$

式中,$W_{t,s}$ 是定熵压缩过程的总功耗。在实际压缩中,$h_2 > h_{2s}$,压气机的实际功耗要大于其定熵压缩功耗。可以通过定义压气机**绝热效率**来衡量该差异:

$$\eta_c = -\frac{-\dfrac{W_{t,s}}{m}}{-\dfrac{W_{t,n}}{m}} = \frac{h_{2s} - h_1}{h_2 - h_1} \tag{3-89}$$

对于实际压气机,其绝热效率 η_c 的取值范围一般为 $75\% \sim 85\%$。

3.3　往复式压气机工作原理及热力性能

往复式压气机是一种古老但应用十分广泛的压气机,其结构如图 3-10 所示。当曲轴被驱动机带动旋转时,通过连杆的传动使得活塞在气缸内做往复运动,并在吸、排气阀的配合下实现对气体的压缩和输送。

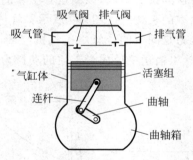

图 3-10　单缸往复式压气机示意图

往复式压气机气缸内的一个循环的工作过程通常有吸气、压缩、排气和膨胀四个过程,如图 3-11 所示,一般只有压缩过程和膨胀过程按热力过程进行分析。压缩过程是所有容积式压气机中最基本的过程。膨胀过程主要在往复式压气机中存在,原因是往复式压气机存在余隙容积。往复式压气机的排气过程中,为避免活塞与气缸盖或进、排气阀发生碰撞而损坏机器,在排气终了时活塞与气缸盖之间须保留一定空隙,该空隙称为**余隙容积**。它能起到气垫和减震作用,使压气机运转平稳。具体而言,余隙容积主要包括气阀阀片至工作腔的通道,活塞端面至汽缸盖端面的间隙,活塞与工作腔内壁之间第一道活塞环前的间隙,第一道填料前缸座与活塞杆的间隙。

吸气过程:吸气过程用于从进气口吸入气体。活塞从外止点向下运动至吸气点时,吸气阀打开,低压气体被吸入气缸内,直到活塞到达内止点。该过程称为吸气过程。完成吸气过程后,活塞又从内止点向外止点运动,开始压缩过程。活塞从吸气点移动到内止点的过程

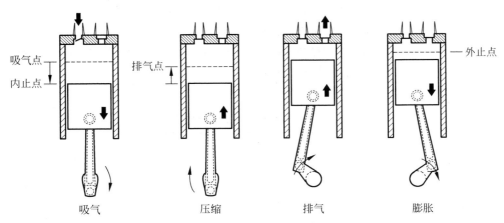

图 3-11　往复式压气机的工作过程

称为吸气过程。

压缩过程：压缩过程用于提高气体压力。当吸气过程结束时,活塞处于内止点,气缸内充满了从进气口吸入的低压气体;活塞在往复运动机构的带动下开始向外止点移动,此时吸气阀关闭,气缸工作容积逐渐减小,气缸中的气体被压缩,压力和温度升高。活塞移动至排气点时,气缸中的气体压力升高到略高于排气压力,排气阀打开,开始排气。活塞从内止点移动到排气点的过程称为压缩过程。

排气过程：排气过程用于将高压气体从排气口排出。活塞继续向外止点移动,气缸中气体压力不再升高,气体不断排出,直到活塞运动到外止点时排气过程结束。活塞从排气点移动到外止点的过程称为排气过程。

膨胀过程：排气过程结束时,在余隙容积中的气体为高压气体。活塞开始向内止点移动时,排气阀关闭,此时余隙容积内的高压气体因容积增加而压力下降,直至活塞移动至吸气点时,气缸内气体的压力降至略低于吸气腔内气体的压力,吸气阀打开,吸气开始。活塞从外止点移动到吸气点的过程称为膨胀过程。

压气机的实际循环输气量小于理论循环输气量。实际循环输气量 V_{ds} 与理论循环输气量 V_s 的比值称为**容积效率**,用 η_v 表示：

$$\eta_v = \frac{V_{ds}}{V_s} = \lambda_v \lambda_p \lambda_T \lambda_l \tag{3-90}$$

式中, λ_v 为容积系数; λ_p 为压力系数; λ_T 为温度系数; λ_l 为泄漏系数。

1. 容积系数 λ_v

余隙容积中高压气体的膨胀降低了气缸容积的利用率,对压气机的实际输气量产生不利影响。在往复式压气机中,余隙容积对容积效率的影响较大,尤其是增压比较高时。容积系数用于体现余隙容积对容积效率的影响。对于理想气体,容积系数表达式如下：

$$\lambda_v = 1 - c\left(\pi^{\frac{1}{n}} - 1\right) \tag{3-91}$$

式中, c 为相对余隙容积,其取值范围可参考表 3-4; n 为膨胀过程的多变指数,取值参照见表 3-3。

在理论上,因余隙容积中的气体在膨胀过程中对外所做的功和压缩过程中所消耗的功相等,余隙容积的存在并不会影响压气机的功耗。但实际过程中必然有摩阻损失,因此实际压气机的余隙容积中的气体在压缩过程中所需功耗必然大于它在膨胀过程中对外做的功,实际过程中余隙容积的存在增加了压气机的功耗。所以,应设法减小往复式压气机的余隙容积。

表 3-4　相对余隙容积 c 的取值范围

一般情况	低压级	0.07～0.12
	中压级	0.09～0.14
	高压级	0.11～0.18
特殊情况	单作用低压级气阀布置气缸盖上	0.04～0.07
	高转速短行程空气压气机第二级	0.15～0.18
	小型压气机高压级	0.18～0.20
	超高压压气机	0.20～0.25

2. 压力系数 λ_p

压力系数反映了吸气终了时气缸压力降(即名义吸气压力和吸气终了时气缸内实际气体压力的差值)对容积效率的影响。对于设计优良的第一级和第二级,压力系数的取值范围为 $0.95\sim0.98$,更高的级次取值范围为 $0.98\sim1.0$。

3. 温度系数 λ_T

温度系数反映了吸气过程中的气体温升对容积效率的影响。温度系数的影响因素较多,但决定性的影响因素为工作腔四周壁面的温度。该温度主要取决于增压比及冷却状况。温度系数取值可参考图 3-12,图中 A 区范围适用于双原子气体。其中,气缸冷却条件良好的,或进气压损较小的,大气量或高速压气机可取较高值;而气冷式、小气量或低速度压气机取较低值。对于定熵指数较小的多原子气体,由于排气温度较低,故可参考 A 区而取较高的温度系数值。B 区适用于气缸不冷却的制冷压缩机,对于进气阀布置在活塞顶上的直流式压气机应取较大值,一般形式取较小值。C 区适用于进气温度低于 $-25℃$ 的制冷压缩机。

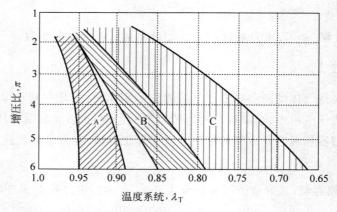

图 3-12　温度系数与增压比的关系

4. 泄漏系数 λ_1

泄漏系数用于衡量气体泄漏对容积效率的影响程度。压气机的泄漏系数取值范围一般为 $0.90\sim0.96$,其中,低压级泄漏系数应取较小值,高压级泄漏系数应取较大值。

3.4　叶轮式压气机工作原理

往复式压气机的特点是单级压缩产生的气体压力高,但缺点是单位时间输气量小,原因是转速不高、间歇性吸排气且容积效率低。相比之下,叶轮式压气机避免了这些缺点,其转速比往复式压气机高,能够连续地吸气和排气,不存在余隙容积,所以叶轮式压气机机体紧凑且输气量大。叶轮式压气机的缺点是单级增压比较小,如果要得到较高的增压比,所需要的级数较多。此外,叶轮制造对设计与加工技术水平的要求较高。

叶轮式压气机包括离心式(径流式)与轴流式两种形式。其中,离心式适用于中、小型输气量,其转速高但效率略低;轴流式结构更加紧凑,适宜安排较多的级数,且效率较高,适应于大输气量场合。

图 3-13 为离心式压气机的工作示意图。气流沿轴向进入叶轮,受高速旋转的叶轮推动,依靠离心力的作用而加速,气流流经叶轮时速度不断提高,压力也有所提高。气体出叶轮后进入扩压器,流速降低压力提高,最后气体经蜗壳汇集后排出。气流流经蜗壳型流道时,气流的余速亦有一部分被利用而进一步提高气流压力。

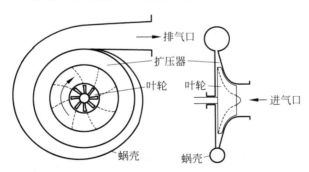

图 3-13　离心式压气机的工作示意图

图 3-14 为轴流式压气机的工作示意图。气体从进口流入压气机,经收缩器时气流速度得到初步提高。转子在原动机驱动下高速转动,固装其上的动叶片(工作叶片)推动气流,使气流获得很高的流速,具体能量转换过程为:气流通过动叶片叶栅流道时,流速增大,气体获得动能,同时动能有一部分在叶栅流道中转化为压力能,气流速度和压力都得到了提高。然后,高速气流进入固装在机壳上的定叶片(导向叶片)间的叶栅流道,使气流的动能降低而压力提高,相邻导向叶片间的叶栅流道相当于一个扩压管,具体能量转换过程为:气流通过定叶片叶栅流道时,流速降低,动能又有一部分在叶栅流道中转化为压力能,气流压力得到提高。由此,气流每经过一级(由一排动叶片和一排定叶片所构成)时连续进行类似的过程,使气体的压力逐级提高,最后经扩压器从出口排出。流经扩压器时,气流的余速亦有一部分

被利用而提高气流压力。

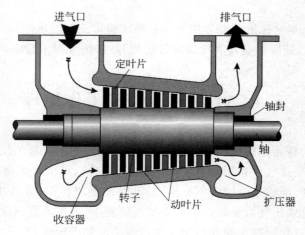

图 3-14　轴流式压气机的工作示意图

叶轮式压气机的工作原理虽然不同于往复式压气机,但从热力学观点分析气体的状态变化过程,则完全与往复式压气机无异,因此其工作过程的热力学分析和往复式压气机相同。

3.5　多级压缩与中间冷却

减少压气机的功耗可以通过带中间冷却的多级压缩来实现。压气机的压缩过程越接近于定温过程,就越省功,所以工程上为了降低压气机耗功量和排气温度,应设法在压缩过程中冷却气体、尽量减小多变指数,使多变压缩过程接近定温过程。图 3-15 所示的 p-v 图展示了从状态 1 到状态 2 的两个可选压缩路径。路径 1-2' 为绝热压缩,而路径 1-2 为具有对外散热的压缩。假设压气机在稳态下工作,压缩过程是可逆的,并且忽略从入口到出口的动能和势能的变化,则每条曲线左侧的面积等于相应过程的比功耗大小。过程 1-2 左侧的区域较小表示该过程的功小于从 1 到 2' 的绝热压缩,表明在压缩过程中冷却气体对减少功耗是有利的。

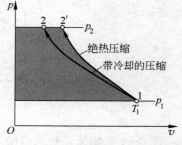

图 3-15　可逆压缩过程的 p-v 图

尽管在压缩过程中冷却气体会减少功耗,但实践中对压缩过程的气体进行有效冷却是困难的,实际设备有限的传热速率使得压缩过程中冷却一般不能显著地减少功耗。一个可行的替代方法是采用多级压缩,使气体在级间的热交换器(称为中间冷却器)中进行有效冷却。换言之,带级间冷却的多级压缩将气体从低压到高压依次在几个气缸中压缩,从前一个气缸排出的压缩气体首先引入中间冷却器冷却,然后再引入下一级气缸继续压缩。图 3-16 是带中间冷却的两级压缩压气机示意图。

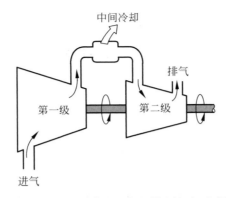

图 3-16 带中间冷却的两级压缩压气机示意图

图 3-17 所示的 $p\text{-}v$ 图展示了压缩过程中的气体状态变化,其中:

过程 1-c 是气体从状态 1 到压力为 p_i 的绝热压缩过程;

过程 c-d 是气体在 p_i 压力下从温度 T_c 到 T_d 的定压冷却过程(中间冷却过程);

进程 d-2 是从状态 d 到状态 2 的绝热压缩过程。

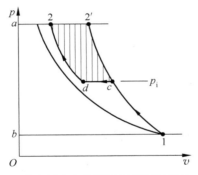

图 3-17 带中间冷却的两级压缩压气机的 $p\text{-}v$ 图

单位质量气体的压缩功耗在 $p\text{-}v$ 图上用阴影区域 1-c-d-2-a-b-1 表示。如果没用中间冷却,则气体将经历从状态 1 到状态 2' 的单级绝热压缩,其功耗由封闭区域 1-2'-a-b-1 表示。$p\text{-}v$ 图中带剖面线的阴影区域表示中间冷却所减少的功耗。

基于上述分析,如果将两级压缩中的任一级压缩过程继续一分为二必定会进一步减少整个压缩过程的功耗。由此可以推论,压缩级数越多,压缩过程就越接近定温压缩过程,压缩功耗越接近定温压缩功耗。多级压缩之所以省功,是由于中间冷却器的作用,使前一级压缩出口气体体积在进入后一级压缩时体积减小所致,因此,无中间冷却的分级压缩是不能省功的。

对于往复式压气机,采用多级压缩另一个考虑是降低单级压缩增压比,提高容积效率;另外,从压气机排气温度方面考虑,单级往复式压气机的增压比还受润滑油闪点温度限制。因此,往复式压气机一般将整个压缩过程分为几级完成。

从图 3-17 的 $p\text{-}v$ 图可以看出,两级压缩较单级压缩的功耗节省为面积 $c2'2dc$,并且当中间压力 p_i 改变时会使该面积的大小发生变化。因此,存在一个最佳的中间压力使此面积最大,也即压缩功耗最小。对于采用带中间冷却的多级压缩压气机,确定级数和中间冷却器的运行条件的优化设计是工程中需要解决的问题。设各级压缩过程的过程指数相等,且气体在中间冷却器中均被冷却至压缩前的温度。用 p_i、T_i、v_i 表示第二级压缩的进气状态参数,已知 $T_i = T_1$,$p_1 v_1 = m R_g T_1$,$p_i v_i = m R_g T_i$,因此 $p_1 v_1 = p_i v_i$,由此两级压缩的功耗之和为

$$W_{t,n} = \frac{n p_1 v_1}{n-1} \left[2 - \left(\frac{p_i}{p_1} \right)^{\frac{n-1}{n}} - \left(\frac{p_2}{p_i} \right)^{\frac{n-1}{n}} \right] = \frac{n m R_g T_1}{n-1} \left[2 - \left(\frac{p_i}{p_1} \right)^{\frac{n-1}{n}} - \left(\frac{p_2}{p_i} \right)^{\frac{n-1}{n}} \right]$$

(3-92)

$$\frac{\partial \left(\frac{W_{t,n}}{m} \right)}{\partial p_i} = c_p T_1 \left(\frac{n-1}{n} \right) \frac{1}{p_i} \left[\left(\frac{p_i}{p_1} \right)^{\frac{(n-1)}{n}} - \left(\frac{p_2}{p_i} \right)^{\frac{(n-1)}{n}} \right]$$

(3-93)

令 $\dfrac{\partial \left(\dfrac{W_{t,n}}{m} \right)}{\partial p_i} = 0$,得

$$p_i = \sqrt{p_1 p_2} \quad \text{或} \quad \frac{p_i}{p_1} = \frac{p_2}{p_i}$$

由此可知,当两级压缩的增压比相等时,压气机功耗最少,这个相等的增压比称为**最佳增压比**,用 π 表示总增压比,π_1、π_2 分别表示第一、二级的最佳增压比,则有:

$$\pi = \frac{p_2}{p_1} = \frac{p_i}{p_1} \cdot \frac{p_2}{p_i} = \pi_1 \cdot \pi_2 = \pi_1^2 = \pi_2^2$$

(3-94)

或

$$\pi_1 = \pi_2 = \sqrt{\pi}$$

(3-95)

在最佳增压比下,两级压缩时所消耗的压缩功为

$$W_{t,n} = \frac{2n}{n-1} p_1 v_1 \left[1 - \left(\frac{p_2}{p_1} \right)^{\frac{n-1}{2n}} \right]$$

(3-96)

据此类推,级数为 N 的压气机,各级的增压比与总增压比具有下列关系:

$$\pi_1 = \pi_2 = \cdots = \pi_N = \sqrt[N]{\pi}$$

(3-97)

当 N 级压缩的增压比按最佳增压比布置时,压气机的功耗为

$$W_{t,n} = N \frac{n p_1 v_1}{n-1} \left[1 - \left(\frac{p_2}{p_1} \right)^{\frac{n-1}{Nn}} \right] = N \frac{n m R_g T_1}{n-1} \left[1 - \left(\frac{p_2}{p_1} \right)^{\frac{n-1}{Nn}} \right]$$

(3-98)

多级压缩时,前一级排出的气体经中间冷却器冷却后温度降低而体积减小,因此下一级所吸入的气体体积流量较前一级排出的少,故多级压缩的气缸工作容积是逐级减小的。

多级压缩的优点:比单级压缩省功,经济性好;可使各级增压比低于温度极限增压比,从而在排气压力较高时,排气温度仍在安全许可范围内;对于往复式压气机,将增压比分散在各级可提高压气机的容积效率,故多级压缩的输气量较单级压缩大。然而,多级压缩级数越多,结构就越复杂,造价也越高,因此实际应用中压气机的级数一般不超过 3～4 级。

3.6　膨　胀　机

　　膨胀机是一种用于产生动力的装置,气体进入并流经膨胀机,进行一系列能量转换过程,进而推动连接到轴上的活塞或叶片对外做功,同时气体膨胀到较低的压力。

　　和压气机类似,膨胀机在实际工作过程中不可避免地具有不可逆损失。因此,工程中常使用绝热效率衡量膨胀机性能的优劣。绝热效率体现了膨胀机的实际性能与在理想情况下针对相同的入口状态和相同的出口压力所能达到的性能之间的差异。

　　图 3-18 展示了膨胀机的实际膨胀过程和定熵膨胀过程的 h-s 图对比。假设进入膨胀机的工质状态和出口压力是固定的,忽略膨胀机与环境之间的热传递以及动能和势能变化。基于上述假设,在稳态时,工质流过膨胀机的对外做功为

$$W_e = m(h_1 - h_2) \tag{3-99}$$

　　由于状态 1 是固定的,比焓 h_1 已知。因此,做功大小仅取决于比焓 h_2,并且随着 h_2 的减小而增加。膨胀机做功的最大值对应于膨胀机出口处的最小允许焓。根据热力学第二定律,由于忽略传热,因此出口状态受下列方程式约束:

$$\sigma_e = m(s_2 - s_1) \geqslant 0 \tag{3-100}$$

　　由于熵产 σ_e 不能为负,因此定熵膨胀后 s_2 不可能小于 s_1,实际上定熵膨胀所能达到的状态是 $s_2 > s_1$。换言之,在膨胀过程没有不可逆性的极限条件下,膨胀过程才能达到图 3-18 上标记为"2s"的状态,这对应于膨胀机的定熵膨胀。膨胀机出口压力固定时,比焓 h_2 随着比熵 s_2 的减小而减小。因此,h_2 的最小允许值对应于状态 2s,而膨胀机对外做功的最大值 $W_{e,s}$ 为

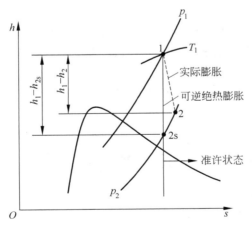

图 3-18　膨胀机中的实际膨胀过程和定熵膨胀过程

$$\frac{W_{e,s}}{m} = h_1 - h_{2s} \tag{3-101}$$

　　在膨胀机的实际膨胀过程中,$h_2 > h_{2s}$,因此膨胀机实际做功要小于其最大做功值。因而,可以通过定义膨胀机的**绝热效率** η_t 来衡量该差异:

$$\eta_t = \frac{\dfrac{W_e}{m}}{\dfrac{W_{e,s}}{m}} = \frac{h_1 - h_2}{h_1 - h_{2s}} \qquad\qquad (3\text{-}102)$$

膨胀机按结构分类有两种形式,即往复式膨胀机与透平式膨胀机。透平式膨胀机相对于往复式膨胀机具有以下优势:流通部分的流动损失小;流通部分没有机械摩擦部件,因此无须润滑;流通部分内的气体可以充分膨胀到给定的背压,因此效率很高,良好设计的透平式膨胀机的绝热效率通常大于85%,甚至高达90%;透平式膨胀机结构简单,制造和维修工作量较小。

本 章 小 结

1. 理想气体的热力学能、焓和熵

理想气体的热力学能、焓和熵变完全取决于初态和终态,而与过程所经历的途径无关,均是状态函数。

2. 理想气体的基本热力过程和多变过程

保持一个状态参数不变的热力过程称为基本热力过程,如定容、定压、定温、定熵过程等。但实际过程中气体状态参数的变化往往遵循一定的规律,可用关系式描述:$pv^n = $ 定值,满足这一规律的过程称为多变过程。

3. 压气机的绝热效率

压气机的实际功耗和定熵压缩功耗的比值定义为绝热效率,压气机绝热效率的取值范围一般为75%~85%。

4. 容积型压气机的容积效率

容积型压气机的实际循环输气量与理论循环输气量的比值称为容积效率。容积效率可表示为若干系数的乘积,包括容积系数、压力系数、温度系数和泄漏系数等。

5. 膨胀机的绝热效率

膨胀机的实际做功和定熵膨胀做功的比值定义为绝热效率,膨胀机的绝热效率通常大于85%,甚至高达90%。

思 考 题

1. 绝热压气机压缩后的空气温度会升高吗?为什么?

2. 有人提出采用以下方法在夏天为汽车降温:将车外环境空气压缩,并使其冷却至环境温度,然后使其通过膨胀机膨胀,再将膨胀机排出的冷空气送入车内。从热力学角度思考,该方法是否可行?

3. 如果由于应用气缸冷却水套以及其他冷却方法,气体在压气机气缸中已经能够按定温过程进行压缩,这时是否还需要采用多级压缩?为什么?

4. 压气机按定温压缩时气体对外放出热量,而按绝热压缩时不向外放热,为什么定温

压缩反而比绝热压缩更具经济性?

5. 定义压气机和膨胀机的绝热效率。

习　　题

3-1　理想的往复式压气机吸入压力和温度分别为 0.1MPa 和 35℃的空气 100m³/min,排气压力为 0.7MPa,已知压缩过程指数为 1.24,求理想压气机消耗的功率。

3-2　叶轮压气机每小时吸入压力和温度分别为 0.1MPa 和 35℃的空气 3000m³,绝热压缩至 0.7MPa,压气机的绝热效率为 0.78,求压气机消耗的功率和排气温度。

3-3　一台单级往复式压气机每小时吸入空气 1440m³,吸入空气的压力和温度分别为 0.1MPa 和 35℃,排气压力为 0.7MPa。请按下列三种情况计算压气机消耗的理论功率:(1)定温过程;(2)绝热压缩(过程指数 1.44);(3)多变压缩(过程指数 1.22)。

3-4　某科研实验室需要压力为 7.0MPa 的压缩空气,有两人提出下列两个方案:A 方案采用绝热效率为 0.89 的叶轮式压气机;B 方案采用二级压缩中间冷却的往复式压气机,压缩过程多变指数均为 1.22。假设吸气压力和温度分别为 0.1MPa 和 35℃,请对比上述两个方案的优劣。

3-5　一台空气压气机的入口温度为 27℃,如果可以定熵压缩,出口温度为 302℃,但实际出口温度为 602℃,求该压气机的绝热效率,并在 T-s 图上画出上述工作过程。

第4章

气体能量转换与喷管

4.1 一维稳定流动基本方程

在工况稳定时,能量转换设备流道中各位置上的气体参数(包括热力参数和力学参数)始终保持稳定而不随时间变化。为简化分析,假设流道中气体的状态及流速只沿流动方向发生变化,而在与流动方向垂直的截面上各种参数都是均匀的。基于此假设,流道中的气流可视为一维稳定流动。实际上,在垂直于流动方向的同一截面上各点的参数并不完全相同,可近似地取截面平均值进行计算。此外,假设流动中能量转换过程是可逆的。一维稳定流动基本方程包括连续性方程、稳定流动能量方程、动量方程及状态方程。

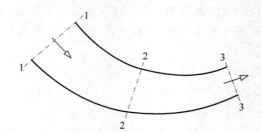

图 4-1　能量转换设备的流道示意图

1. 连续性方程

在稳定流动过程中,流道中气体应满足质量守恒定律,即流道内任意截面上气体的质量流量等于同一常量。如图 4-1 所示流道,对于任一截面,气流的流量 q_m 为

$$q_m = \frac{Ac_f}{v} = 常数 \tag{4-1}$$

式中,A 为截面面积;c_f 为气流流速。

对式(4-1)微分,并整理得

$$\frac{\mathrm{d}A}{A} + \frac{\mathrm{d}c_f}{c_f} - \frac{\mathrm{d}v}{v} = 0 \tag{4-2}$$

式(4-2)称为稳定流动的连续性方程。它描述了气体在流道内流动时流速与比体积(或密度)及流道截面之间的制约关系。连续性方程普遍适用于稳定流动过程,而不论流体的性质如何以及过程是否可逆。

2. 稳定流动能量方程

在流道内作稳定流动的气体,服从开口系统的稳定流动能量方程。一般情况下,流道的位置变化不大,气体密度较小,因此气流的位能改变可以忽略不计。假设在流动中的气体来不及与外界进行热传递,又不对外做功,则稳定流动能量方程可简化为

$$h + \frac{1}{2}c_f^2 = 常数 \tag{4-3}$$

对于微元过程,式(4-3)可写为

$$dh + c_f dc_f = 0 \tag{4-4}$$

上式表明,流道内气体在绝热不做外功的稳定流动过程中,任一截面上的焓与其动能之和保持定值,因而气体动能的增加等于气流的焓降。

3. 动量方程

按照牛顿第二定律,气流流动时流速变化和受力的关系为

$$\delta m \, dc_f = dF d\tau \tag{4-5}$$

或

$$q_m dc_f = dF \tag{4-6}$$

在稳定流动情况下,设流动过程为可逆过程,气流内部无摩擦作用,故 $dF = -A dp$,结合式(4-1)和式(4-6)可得到动量方程

$$c_f dc_f = -v dp \tag{4-7}$$

4. 过程方程

如若流道内气体来不及与外界进行热传递,此外,流道内表面光滑,且流道形状设计合理可避免旋涡发生,则流动过程为可逆绝热过程。由于稳定流动中任一截面上的参数均不随时间而变化,所以任意两个截面上气体的压力和比体积的关系满足可逆绝热过程方程,当气体为理想气体且比热容为常量时,则有:

$$pv^\kappa = 常数 \tag{4-8}$$

对式(4-8)微分可得

$$\frac{dp}{p} + \kappa \frac{dv}{v} = 0 \tag{4-9}$$

式(4-9)原则上仅适用于理想气体定比热容可逆绝热流动过程,若比热容随过程变化,则 κ 取过程范围内的平均值。对水蒸气一类的实际气体,也可近似套用上式,但此时 κ 是纯经验取值。

上述四个方程描述了稳定流动情况下气体流动时在质量守恒、能量转换、运动状态变化和热力状态变化等四个方面所需遵循的基本规律。

4.2　气体在喷管中的定熵流动

喷管是使流体压力降低而流速增加的特殊形状的管道,是一种在工程上有着广泛应用的能量转换装置。例如,在汽轮机和燃气轮机中,高温高压的工质首先流经喷管获得高速,

然后高速气流推动叶轮转动而对外做功。另外,喷气式发动机、火箭发动机、喷射泵、引射器、抽气器等也都用到喷管。

一般而言,气体流经喷管,只要喷管进出口截面上有足够的压差,不管流动过程是否可逆,气体流速总会增大。但是,在给定的进口状态和出口压力下,喷管应设计成使其流道截面面积的变化能与气体体积变化相配合,以便尽可能地获得更多动能。喷管中的实际流动过程是稳定的或接近稳定的。喷管的长度较短而气流的速度较高,故气流经过喷管所需的时间很短,气体和管壁的热交换可以忽略不计。如若喷管的流道形状符合流动过程的规律而可以不产生任何能量损失,则气体在喷管中可实现可逆绝热流动,也即定熵流动。

对于喷管定熵稳定流动过程,结合动量方程(4-7)和过程方程(4-9)可得

$$c_f \mathrm{d}c_f = \kappa p v \frac{\mathrm{d}v}{v} \tag{4-10}$$

式(4-10)可改写成

$$\frac{c_f^2}{\kappa p v} \frac{\mathrm{d}c_f}{c_f} = \frac{\mathrm{d}v}{v} \tag{4-11}$$

由物理学知识可知,气体中的声速(即声音在气体中的传播速度)为

$$c = \sqrt{\left(\frac{\partial p}{\partial \rho}\right)_s} = \sqrt{-v^2 \left(\frac{\partial p}{\partial v}\right)_s} \tag{4-12}$$

对于理想气体,由过程方程式(4-9)可得

$$\left(\frac{\partial p}{\partial v}\right)_s = -\kappa \frac{p}{v} \tag{4-13}$$

综合式(4-12)和式(4-13)可得

$$c = \sqrt{\kappa p v} \tag{4-14}$$

可见,声速与传播介质的热力状态有关,理想气体中的声速只取决于其热力学温度。因此,将介质处于某一状态时的声速称为当地声速。

将式(4-14)代入式(4-11)可得

$$\frac{\mathrm{d}v}{v} = \frac{c_f^2}{c^2} \frac{\mathrm{d}c_f}{c_f} \tag{4-15}$$

若令 $Ma = \frac{c_f}{c}$(Ma 称为**马赫数**),将式(4-15)代入连续性方程(4-2),可得

$$\frac{\mathrm{d}A}{A} = (Ma^2 - 1) \frac{\mathrm{d}c_f}{c_f} \tag{4-16}$$

由式(4-16)可见,喷管截面面积与气流速度之间的变化规律取决于马赫数 Ma,其中:

当 $Ma < 1$ 时,若 $\mathrm{d}c_f > 0$,则 $\mathrm{d}A < 0$,说明亚声速气流若要加速,其流通截面沿流动方向应逐渐收缩,喷管为渐缩形,称为**渐缩喷管**,如图 4-2(a)所示。

当 $Ma = 1$ 时,气流速度等于声速,$\mathrm{d}A = 0$。

当 $Ma > 1$ 时,若 $\mathrm{d}c_f > 0$,则 $\mathrm{d}A > 0$,说明超声速气流若要加速,其截面沿流动方向应逐渐扩大,喷管为渐放形,称为**渐放喷管**,如图 4-2(b)所示。

通过对式(4-16)的分析可知,对于渐缩喷管,气流速度不可能连续增加而使出口速度超

过该处的当地声速,这是渐缩喷管工作能力的限制。欲使气流在喷管中自亚声速连续增加至超声速,应当采用由收缩部分和扩张部分组合成的**缩放喷管**或称**拉伐尔喷管**,如图 4-2(c)所示。其中,收缩部分在亚声速范围内工作,而扩张部分在超声速范围内工作。最小截面处(也称喉部),流速恰好达到当地声速,此处是气流从亚声速变化到超声速的转折点,通常称为**临界截面**。临界截面处的气体参数称为**临界参数**,如临界压力 p_{cr}、临界温度 T_{cr}、临界截面面积 A_{cr}、临界比体积 v_{cr}、临界流速 $c_{f,cr}$ 等。

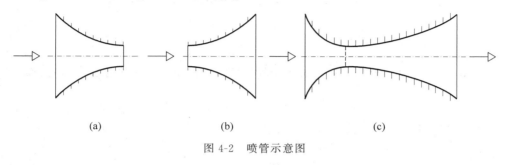

$$(a) \qquad\qquad (b) \qquad\qquad (c)$$

图 4-2　喷管示意图

4.3　喷管计算

1. 喷管中气体的流速

根据式(4-3)列出喷管进出口截面的能量方程:

$$c_{f2}^2 - c_{f1}^2 = 2(h_1 - h_2) \tag{4-17}$$

喷管中气流速度的变化非常大,一般情况下喷管进口流速 c_{f1} 与出口流速 c_{f2} 相比很小,c_{f1} 数值可以忽略。因此,分析时可取喷管进口流速为零,于是出口截面处的气流速度为

$$c_{f2} = \sqrt{2(h_1 - h_2)} \tag{4-18}$$

式(4-18)是直接根据能量方程导出的,因此对于任何工质的绝热流动都可按照上式计算出口流速,而不论过程是否可逆。

假设气体为比热容为定值的理想气体,根据式(4-18)可得定熵流动的出口流速计算公式:

$$c_{f2} = \sqrt{\frac{2\kappa}{\kappa-1} R_g T_1 \left[1 - \frac{T_2}{T_1}\right]} = \sqrt{\frac{2\kappa}{\kappa-1} R_g T_1 \left[1 - \left(\frac{p_2}{p_1}\right)^{\frac{\kappa-1}{\kappa}}\right]} = \sqrt{\frac{2\kappa}{\kappa-1} p_1 v_1 \left[1 - \left(\frac{p_2}{p_1}\right)^{\frac{\kappa-1}{\kappa}}\right]}$$

$$\tag{4-19}$$

由式(4-19)可见,喷管出口处的气流速度取决于工质的性质、进口处工质的状态与进出口处工质的压力比 p_2/p_1。当工质与进口处状态确定时,喷管出口处的气流速度仅取决于压力比 p_2/p_1,并且随 p_2/p_1 的减小而增大。上述各流速公式表明,当喷管进口处的状态一定时,喷管出口处的气流速度取决于出口处气体的状态。压力比 p_2/p_1 越小,即出口处的压力越低,出口处气流速度就越大。当气流速度等于声速时,气流处于由亚声速向超声速过渡的临界状态,故这个流速称为临界流速。

上述分析已指出，$Ma=1$ 的截面称为临界截面，该截面处的压力为临界压力 p_{cr}、流速为临界流速 $c_{f,cr}$（即当地声速）。压力比 p_{cr}/p_1 称为**临界压力比**，用 ν_{cr} 表示。综合式(4-14)和式(4-19)，整理可得临界流速的表达式：

$$c_{f,cr}=c_{cr}=\sqrt{\frac{2\kappa}{\kappa-1}p_1 v_1\left[1-\left(\frac{p_{cr}}{p_1}\right)^{\frac{\kappa-1}{\kappa}}\right]}=\sqrt{\kappa p_{cr} v_{cr}} \tag{4-20}$$

根据过程方程 $p_1 v_1^\kappa = p_{cr} v_{cr}^\kappa$，由式(4-20)可求得临界压力比为

$$\nu_{cr}=\frac{p_{cr}}{p_1}=\left(\frac{2}{\kappa+1}\right)^{\frac{\kappa}{\kappa-1}} \tag{4-21}$$

由于 $\kappa=\dfrac{c_p}{c_V}$，可见临界压力比仅取决于气体的热力性质。当比热容为定值时，部分气体的临界压力比的数值如下。

单原子理想气体：$\kappa=1.67,\nu_{cr}=0.487$；

双原子理想气体：$\kappa=1.40,\nu_{cr}=0.528$；

多原子理想气体：$\kappa=1.30,\nu_{cr}=0.546$；

过热蒸汽：$\kappa=1.30,\nu_{cr}=0.546$；

干饱和蒸汽：$\kappa=1.135,\nu_{cr}=0.577$。

临界压力比是喷管设计计算的一个重要参数，也是选择喷管形状的重要依据。由于渐缩形喷管的出口流速不能大于临界流速，故其出口截面的压力比不能小于临界压力比。在缩放形喷管中，其喉部截面的压力比正好等于临界压力比，而其出口截面的压力比则小于临界压力比。对于定熵流动，可以先按式(4-21)计算临界压力比的数值，然后根据喷管出口截面上气体的压力和喷管进口流速为零时气体的压力之比来选定喷管的形式。当 $p_2/p_1 \geqslant \nu_{cr}$，即 $p_2 \geqslant p_{cr}$ 时，应选择渐缩喷管；当 $p_2/p_1 < \nu_{cr}$，即 $p_2 < p_{cr}$ 时，应选择缩放喷管。

根据式(4-21)和式(4-19)可得定熵流动时临界流速的计算公式为

$$c_{f,cr}=\sqrt{\frac{2\kappa}{\kappa+1}p_1 v_1}=\sqrt{\frac{2\kappa}{\kappa+1}R_g T_1} \tag{4-22}$$

2. 喷管中气体的流量

根据连续性方程(4-1)，可得出口截面处的气体流量为

$$q_m=\frac{A c_f}{v} \tag{4-23}$$

在稳定流动中，因为流过喷管任何截面的**质量**流量都相同，故上式原则上对任一截面均成立，通常选用最小截面。对于理想气体在渐缩喷管中的定熵流动，将过程方程 $p_1 v_1^\kappa = p_2 v_2^\kappa$ 和流速公式(4-19)代入连续性方程(4-1)，整理后可得

$$q_m=A_2\sqrt{\frac{2\kappa}{\kappa-1}\frac{p_1}{v_1}\left[\left(\frac{p_2}{p_1}\right)^{\frac{2}{\kappa}}-\left(\frac{p_2}{p_1}\right)^{\frac{\kappa-1}{\kappa}}\right]} \tag{4-24}$$

式(4-24)还可写成

$$q_m=A_{min}\sqrt{\frac{2\kappa}{\kappa-1}\frac{p_1}{v_1}\left[\left(\frac{p_2}{p_1}\right)^{\frac{2}{\kappa}}-\left(\frac{p_2}{p_1}\right)^{\frac{\kappa-1}{\kappa}}\right]} \tag{4-25}$$

上式表明,在喷管出口截面面积与进口参数 p_1、v_1 一定时,流量 q_m 仅随压力比 p_2/p_1 而变。流量随压力比的变化关系如图 4-3 所示。当 $p_2/p_1 = 1$ 时,$q_m = 0$。p_2/p_1 逐渐减小,流量 q_m 逐渐增加,直到 $p_2/p_1 = \nu_{cr}$ 时,q_m 达到最大值 $q_{m,max}$。尽管可以继续减小喷管出口所在的空间压力(也称为**背压**,用 p_b 表示),但出口截面的压力仍维持临界压力 $p_2 = p_{cr}$ 不变,即压力比保持临界压力比 ν_{cr} 不变,流量保持最大值 $q_{m,max}$ 不变。

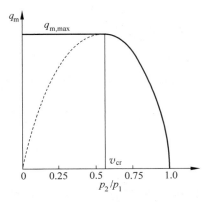

图 4-3　渐缩喷管的流量随压力比的变化

将式(4-21)代入式(4-25),整理可得最大流量的表达式:

$$q_{m,max} = A_{min} \sqrt{\frac{2\kappa}{\kappa+1}\left(\frac{2}{\kappa+1}\right)^{\frac{2}{\kappa-1}} \frac{p_1}{v_1}} \tag{4-26}$$

由于缩放喷管一般都工作在背压 $p_b < p_{cr}$ 的情况下,其喉部截面上的压力总保持为临界压力 p_{cr},其流量总保持最大值 $q_{m,max}$,不随背压 p_b 的降低而增大,所以式(4-26)同样适用于缩放喷管。因为缩放喷管的最小截面面积与渐缩喷管相同,所以在进口参数与背压相同的情况下最大质量流量也相同,只是缩放喷管的出口速度要高于声速。

4.4　喷管内有摩阻的绝热流动

实践中,由于流体存在黏性,在流动过程中总是存在摩擦及扰动等不可逆因素。因此,实际流动过程是不可逆的绝热过程,而不是定熵过程。按照热力学第二定律的基本原理,不可逆绝热过程中不可避免地发生能量耗散,使得气流的熵必然增大。

例如,在图 4-4 所示的 T-s 图上,气流在喷管中从进口状态绝热膨胀而降压到出口压力时,其定熵过程用 1-2 线表示,而不可逆绝热过程的出口截面处的温度 $T_{2'}$ 及熵 $h_{2'}$ 必然高于定熵过程的出口截面处的温度 T_2 及 h_2 的数值,实际不可逆过程无法在图上表示,但可利用进出口状态点用虚线 1-2′示意。

根据式(4-18),可得喷管中定熵流动时的能量转换关系为

$$c_{f2}^2 = 2(h_1 - h_2) \tag{4-27}$$

而对于喷管中不可逆绝热流动,其能量转换关系为

$$c_{f2'}^2 = 2(h_1 - h_{2'}) \tag{4-28}$$

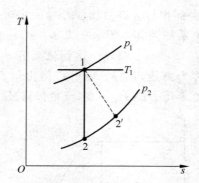

图 4-4　不可逆因素对喷管流动影响的示意图

由于 $h_{2'} > h_2$，则由上两式可知，喷管出口实际流速 $c_{f2'}$ 总是小于理想流速 c_{f2}，两者之比称为**速度系数**，即

$$\varphi = \frac{c_{f2'}}{c_{f2}} \tag{4-29}$$

速度系数依喷管的形式、材料及加工精度等而定，其数值一般在 $0.92 \sim 0.98$ 范围内。渐缩喷管的速度系数可取较大值，而缩放喷管中流速较大，不可逆损失也较大，其速度系数的取值相对小些。

工程上，也常把实际流动喷管出口动能和定熵流动出口动能之比作为衡量喷管中能量转换完善程度的指标，称为**喷管效率**：

$$\eta_N = \frac{c_{f2'}^2}{c_{f2}^2} = \frac{h_1 - h_{2'}}{h_1 - h_2} \tag{4-30}$$

同样，喷管效率也反映了实际流动过程中的不可逆程度。显然，速度系数和喷管效率有以下关系：

$$\eta_N = \varphi^2 \tag{4-31}$$

当喷管效率已知时，便可按定熵流动焓的变化来求实际喷管出口焓的数值，即

$$h_{2'} = h_1 - \eta_N(h_1 - h_2) \tag{4-32}$$

而当出口的焓值确定后，便可确定实际喷管出口的气流速度、温度、流量及压力等参数。从而进行喷管的设计计算。

4.5　扩压管与滞止参数

气体在扩压管中的定熵流动过程正好是喷管中的逆过程。与喷管相反，将高速气流自扩压管一端引入，进入扩压管后流速降低（$dc_f < 0$），压力升高（$dp > 0$），在另一端得到压力较高的气体。扩压管的工况，正好是喷管反过来流动的工况，有关喷管定熵流动的基本关系式，管道截面变化规律的关系式，均适用于扩压管。

由式(4-7)和式(4-17)可知，在扩压管中，随着气流速度的降低，即 $dc_f < 0$，有 $dh > 0$，$dp > 0$，$dv < 0$。又按式(4-16)，当流速小于声速时，扩压管应为渐放形，而当气流速度从大于声速降为小于声速时，扩压管应为缩放形。这种情况相当于喷管的逆过程。

与喷管的要求不同,扩压管的计算通常是在进口热力参数、进口速度 c_{f1} 及出口速度 c_{f2} 已知的情况下求出口压力。扩压管采用出口与进口压力之比 p_2/p_1 表示扩压的程度,称为扩压比。对理想气体,当 c_p 为定值时,由能量方程(4-3)整理可得

$$\frac{T_2}{T_1} = 1 + \frac{c_{f1}^2 - c_{f2}^2}{2c_p T_1} \tag{4-33}$$

按可逆绝热过程的状态方程关系式,可得**扩压比**为

$$\frac{p_2}{p_1} = \left(\frac{T_2}{T_1}\right)^{\frac{\kappa}{\kappa-1}} = \left(1 + \frac{c_{f1}^2 - c_{f2}^2}{2c_p T_1}\right)^{\frac{\kappa}{\kappa-1}} \tag{4-34}$$

由式(4-34)可知,对于扩压管中的理想气体的定熵压缩过程,在进口状态参数一定的情况下,扩压管内动能降低越多,扩压比就越大。

当气流在物体表面掠过时(比如测量高速气流的温度),由于摩擦、撞击等使气体在物体表面受阻,气体相对于物体的速度降低为零,这种现象称为滞止现象。在静止气体中运动的物体附近(例如在大气中高速运动的飞行体),气体也同样发生滞止现象。滞止现象发生时,物体附近气体的温度及压力都要升高,致使物体的温度及受力状况受到发生变化。如果发生滞止时过程中的散热损失可以忽略不计,则可认为过程是绝热的。这时气体的状态称为**绝热滞止状态**,这时的状态参数称为**滞止参数**。

绝热滞止时气体的焓称为绝热滞止焓,根据绝热稳定流动能量方程 $h + \frac{1}{2}c_f^2 = $ 常数,可知,气体的焓值随流速的减小而增大,在滞止状态,焓达到最大值,等于工质未滞止时的焓与动能的总和,即**滞止焓**:

$$h_0 = h + \frac{1}{2}c_f^2 \tag{4-35}$$

对于定比热容的理想气体,式(4-35)可写成 $c_p T_0 = c_p T + \frac{1}{2}c_f^2$,并由此可得**滞止温度**:

$$T_0 = T + \frac{c_f^2}{2c_p} \tag{4-36}$$

由式(4-36)可以发现,滞止温度 T_0 由两项组成,第一项是气流未滞止时的温度 T(称为**静温**);第二项 $c_f^2/2c_p$ 是由动能转化为焓而使气流产生的温升(称为**动温**)。显然,动温与气体的性质和流速有关,流速越大,动温越高。

绝热滞止时气体压力也要发生变化。对于可逆的滞止过程,气流滞止时的压力称为**滞止压力**,用 p_0 表示:

$$p_0 = p\left(\frac{T_0}{T}\right)^{\frac{\kappa}{\kappa-1}} \tag{4-37}$$

式(4-37)表明,气流的总压高于未滞止时的**静压**,且流速越大,二者的差别也越大。

将 $c_p = R_g \kappa/(\kappa-1)$,$c = \sqrt{\kappa R_g T}$ 及 $Ma = c_f/c$ 引入式(4-36),整理可得

$$\frac{T_0}{T} = 1 + \frac{\kappa-1}{2}Ma^2 \tag{4-38}$$

进一步,综合式(4-37)和式(4-38)可得

$$\frac{p_0}{p} = \left(\frac{T_0}{T}\right)^{\frac{\kappa}{(\kappa-1)}} = \left(1 + \frac{\kappa-1}{2}Ma^2\right)^{\frac{\kappa}{(\kappa-1)}} \tag{4-39}$$

通过式(4-39)发现,气体相对于物体运动的速度越高,则定熵滞止压力高于气体压力越多。不可逆绝热滞止时,滞止压力高于气体压力的数值相对小一些。在空气中运动的物体如飞机、火箭及汽车等,在迎风面上会受到一定的反向推力(迎风阻力),实际上就是滞止压力的作用。式(4-39)还表明,物体运动所受迎风阻力随着速度提高呈指数关系增大,当运动速度较高时,相应的阻力可以达到很大的数值。

本 章 小 结

1. 喷管

喷管是使流体压力降低而流速增加的特殊形状的管道,是一种在工程上有着广泛应用的能量转换装置。喷管应设计成使其流道截面面积的变化能与气体体积变化相配合,以便尽可能地获得更多动能,为此,喷管又分渐放喷管、渐缩喷管和缩放喷管(拉伐尔喷管)。

2. 喷管效率

工程上常把实际流动喷管出口动能和定熵流动出口动能之比作为衡量喷管中能量转换完善程度的指标,称为喷管效率。喷管效率反映实际流动过程中的不可逆程度。

3. 滞止状态、绝热滞止状态和滞止参数

当气流在物体表面掠过时,由于摩擦、撞击等使气体在物体表面受阻,气体相对于物体的速度降低为零,这种现象称为滞止现象。在静止气体中运动的物体附近,气体也同样发生滞止现象。滞止现象发生时,物体附近气体的温度及压力都要升高,致使物体的温度及受力状况发生变化。如果发生滞止时过程中的散热损失可以忽略不计,则可认为过程是绝热的。这时气体的状态称为绝热滞止状态,这时的状态参数称为滞止参数。

思 考 题

1. 声速取决于哪些因素? 为什么渐缩喷管中气流速度不可能超过当地声速?

2. 用于液体加速的喷管需要采用缩放形吗?

3. 对于亚声速气流和超声速气流,渐缩形、渐放形和缩放形三种形状管道各可作为喷管还是扩压管?

4. 改变气流速度起主要作用的是通道形状,还是气流本身的状态变化?

5. 对于有摩阻的喷管,其流出速度计算公式似乎与无摩阻时相同,那么,摩阻表现在哪里呢?

习　题

4-1　一股空气以 0.52kg/s 的速度进入某绝热喷管,入口处的状态参数为 0.21MPa 和 $50℃$,出口处压强为 0.12MPa,气流速度为 255m/s,面积为 0.002m^2。假设为理想气体,计算出口处的温度。

4-2　一股空气的流速为 382m/s,温度为 $25℃$,另一股空气的流速为 548m/s,温度为 $755℃$。已知 $755℃$ 和 $25℃$ 时的绝热过程指数分别为 1.32 和 1.41,试求这两股气流各属于亚声速还是超声速,马赫数各为多少?

4-3　假设进入喷管的氮气的压力为 0.42MPa,温度为 $235℃$,而出口背压为 0.12MPa,试选用喷管形状并计算出口截面气体的压力、速度和马赫数。

4-4　某渐缩喷管的工质为空气,进口气流的温度为 $320℃$,出口流速为 352m/s,试求该流速条件下喷管的流量与该喷管最大流量的比值。

4-5　某管道中空气的流速为 170m/s,现用温度计测量气流温度,所得结果为 $56℃$,试求空气的实际温度。

第 5 章

蒸汽动力循环

将热能转化为机械能的装置称为热能动力装置或热机,其工作循环称为动力循环或热机循环,为正向循环($p\text{-}v$ 图、$T\text{-}s$ 图中循环过程为顺时针方向)。蒸汽动力装置是工业上最早使用的动力机,以水蒸气作为工质。蒸汽分子间的距离较小,分子间作用力及分子本身体积不能忽略,因此蒸汽不能作为理想气体处理。在蒸汽动力装置中,液态水在锅炉或其他加热设备中汽化产生蒸汽,高温高压蒸汽经汽轮机膨胀做功后,进入冷凝器凝结成水再返回锅炉,在汽化和凝结时维持温度和压力不变。

本章对水蒸气的产生、状态确定以及相对应的热力学过程进行分析,讨论蒸汽动力循环的能量转换效率以及提高循环效率的方法。

5.1 水蒸气的热力性质与热力过程

在第 1 章已经指出,气态工质可以分为两类,即理想气体和蒸汽。蒸汽是指刚刚脱离液态,或比较接近液态的任何气体物质。它们在被冷却或被压缩时,很容易变回液态,因而不同于理想气体。水蒸气具有容易获得、有适宜的热力性质及无环境污染等优点,至今仍是热力系统中主要应用的工质。在热力系统中用作工质的水蒸气距离液态不远,工作过程中常有集态的变化,故不宜作理想气体处理。

5.1.1 水蒸气定压加热过程

工程上应用的水蒸气,一般在定压下对水加热而产生。在一端封闭的筒状容器中盛有一定量的水,水面上放置一个可移动的活塞,使水承受一定的压力 p,并且和外界介质隔开,如图 5-1 所示。水在一定压力下加热呈现出三个阶段、五种状态的变化。

1. 预热阶段

对水加热时,水的温度开始上升。当达到某个温度时,水开始沸腾,这个温度称为"**饱和温度**",用 t_s 表示。达到饱和温度的水,叫做"**饱和水**"(图 5-1(b))。达到饱和温度之前,叫做"**未饱和水**",亦称为"**过冷水**"(图 5-1(a))。预热阶段热力过程为如图 5-2 中 $a\text{-}b$ 过程。

2. 汽化阶段

在定压下继续加热,水逐渐汽化,这时水和水蒸气温度均保持不变;当容器中所有的水完全变为蒸汽时(图 5-1(d)),水蒸气温度仍然是 t_s,这时的蒸汽叫做"**干饱和蒸汽**"。水还未完全变成饱和蒸汽之前,容器中饱和水与饱和蒸汽共存(图 5-1(c)),把这种混有饱和水的饱和蒸汽叫做"**湿饱和蒸汽**"。汽化阶段热力过程为如图 5-2 中 *b-c-d* 过程。

3. 过热阶段

对干饱和蒸汽再加热,蒸汽的温度开始上升。这时,蒸汽的温度已经超过饱和温度,这种蒸汽叫做"**过热蒸汽**"(图 5-1(e))。过热阶段热力过程如图 5-2 中 *d-e* 过程。从图(d)到(e)为蒸汽的定压过热过程,这一过程吸收的热量称为过热热量。过热蒸汽的温度与同压力下的饱和温度之差称为**过热度**。

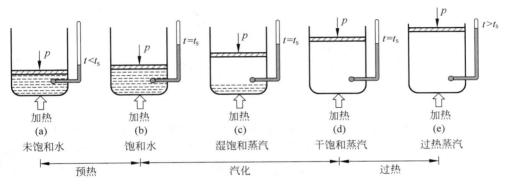

图 5-1　水蒸气定压形成过程示意图

图 5-2 给出了水蒸气定压形成整个过程的 *p-v* 图和 *T-s* 图,图中点 *a* 相应于未饱和水的状态,点 *b* 相应于饱和水的状态,点 *c* 相应于一定比例汽水混合物的湿饱和蒸汽状态,点 *d* 相应于饱和蒸汽的状态,点 *e* 为过热蒸汽的状态。除压力和温度外,饱和水状态参数加上角标"′",干饱和蒸汽状态参数加上角标"″",如 h'、s'、v'、h''、s'' 和 v'' 等,以区别于其他状态。

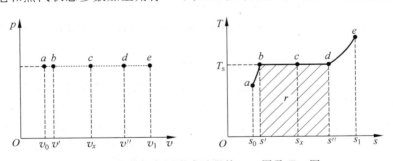

图 5-2　水蒸气定压形成过程的 *p-v* 图及 *T-s* 图

将湿饱和蒸汽中蒸汽的质量分数定义为干度,用字母 *x* 表示。饱和水干度 $x=0$,干饱和蒸汽干度 $x=1$,湿饱和蒸汽干度 $0 < x < 1$。在定压汽化阶段,湿饱和蒸汽的温度维持饱和温度 t_s 不变,比体积随干度的增加而增大,熵也因吸热而增大,为 *p-v* 图和 *T-s* 图中水平段 *b-d*,此阶段的吸热量称为汽化潜热,用 *r* 表示。则有

$$r = h'' - h' \tag{5-1}$$

根据示热图知识,汽化潜热 *r* 可用 *T-s* 图中 *b-d* 线下面积表示。

不同的压力下,水的饱和温度不同。水的饱和温度随压力的升高而上升。只有在标准

大气压下($1.01×10^5$Pa),水的沸点温度才是100℃,在其他压力下,水的饱和温度可查阅附表2。

改变压力,水在其他压力下的蒸汽形成过程同样经历上述五个状态和三个阶段。将不同压力下的水蒸气定压形成过程表示在$p\text{-}v$图与$T\text{-}s$图上,如图5-3所示。

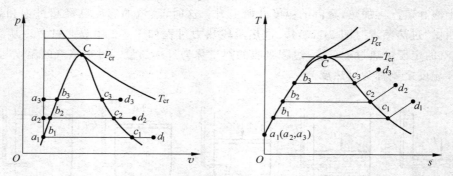

图5-3　不同压力下水蒸气定压产生过程的$p\text{-}v$图及$T\text{-}s$图

从图5-3可以看出,水蒸气的饱和温度随着压力升高而升高,汽化阶段的$(v''-v')$和$(s''-s')$值减少,汽化潜热值随压力升高而减少。当压力升高到22.064MPa时(对应温度$t_s=374℃$),$v''=v'$,$s''=s'$。饱和水与干饱和蒸汽不再有区别,成为同一状态点,此点称为**临界状态点**,如图5-3中C点所示。临界状态的参数称为临界参数,用下标c表示。对于水蒸气,临界状态点的压力、温度和比体积分别为

$$p_c=22.064\text{MPa}$$

$$t_c=374℃$$

$$v_c=0.003106\text{m}^3/\text{kg}$$

在临界压力22.064MPa下对0℃的未饱和水定压加热,当温度升高到饱和温度374℃时,液体将连续地由液态变为气态,汽化在瞬间完成,汽化过程不再存在两相共存的湿饱和蒸汽状态。

在高于临界压力下对水定压加热,汽化过程和临界压力下汽化过程相同,即在温度达到临界温度时,汽化过程瞬间完成。也就是说,只要温度大于临界温度,不论压力多大,水的状态均为气态。也就是说,温度大于临界温度时,不可能采用单纯压缩方法使蒸汽液化。

图5-3中a_1、a_2、a_3、…为不同压力下0℃的未饱和水状态点。由于水的压缩性很小,比体积几乎不随压力变化,在$p\text{-}v$图上为近似垂直于横坐标轴的直线,在$T\text{-}s$图上,这些状态点近似重合。

b_1、b_2、b_3、…为不同压力下饱和水状态点。随压力升高,饱和水的比体积和熵都增加。在$p\text{-}v$图和$T\text{-}s$图上,饱和水的状态点随压力升高向右移动。将不同压力下饱和水状态点连接起来,得到的曲线称为**饱和水线**,又称为下界限线。

c_1、c_2、c_3、…为不同压力下干饱和蒸汽状态点。随压力升高,干饱和蒸汽的比体积和熵逐渐减小。在$p\text{-}v$图和$T\text{-}s$图上,干饱和蒸汽的状态点随压力升高向左移动。将不同压力下干饱和蒸汽状态点连接起来,得到的曲线称为**干饱和蒸汽线**,又称为上界限线。

饱和水线和干饱和蒸汽线合称为饱和线,两线的交点为临界点C。饱和线将水蒸气的$p\text{-}v$图和$T\text{-}s$图分为三个区域:饱和水线左侧为**过冷水区**;干饱和蒸汽线右侧为**过热蒸汽**

区；两线之间区域为**湿饱和蒸汽区**。

综上所述,水的相变过程在水蒸气的 p-v 图和 T-s 图所表示规律可归纳为：一点,为临界点 C；两线,为饱和水线和干饱和蒸汽线；三区,为过冷水区、湿饱和蒸汽区和过热蒸汽区；五态,为过冷水状态、饱和水状态、湿饱和蒸汽状态、干饱和蒸汽状态和过热蒸汽状态。

5.1.2　水蒸气表和焓熵图

与理想气体不同,水蒸气的内能、焓也不再是温度的单值函数,状态参数不符合理想气体状态方程 $pv=RT$。为便于工程计算,通常根据大量实验数据把水蒸气的热力学参数编制成图表,即水蒸气表(附表 1、附表 2 和附表 3)和水蒸气焓熵图。水和水蒸气的热力参数通常通过查阅热力性质图表获得。

在编制水蒸气表和焓熵图时,须规定焓和熵的零点。根据 1963 年国际水蒸气性质大会的规定,水在三相点 $t=0.01℃$、$p=611.2\mathrm{Pa}$ 时焓和熵为 0。

水蒸气表包括饱和水与干饱和蒸汽表、未饱和水与过热蒸汽表。饱和水与干饱和蒸汽表有两种编排方法：一种是按温度顺序排列,依次列出各种温度下的饱和压力 p_s 及 v'、v''、h'、h''、r、s'、s'' 等(附表 1)；另一种是按压力排序,依次列出各种压力下的饱和温度 t_s 及 v'、v''、h'、h''、r、s'、s'' 等(附表 2)。未饱和水与过热蒸汽(附表 3)中给出了不同温度和压力下的比容 v、焓 h 和熵 s,同时列出相同压力下的饱和参数,附表 3 中粗黑线以上为未饱和水参数,粗黑线以下为过热蒸汽参数。

内能 u 未在表中列出,内能可根据 p、v、h 按公式计算。

$$u=h-pv \tag{5-2}$$

$$\Delta(u)=\Delta(h)-\Delta(pv) \tag{5-3}$$

利用饱和蒸汽表计算湿饱和蒸汽区状态参数时,需要两个独立的状态参数。对于湿饱和蒸汽,其压力与温度互为函数关系,两者中只有一个是独立参数。因此,除已知湿饱和蒸汽的压力或温度之外,还必须知道 v、h、s、x 中一个参数才能确定其状态及其他状态参数。

根据干度定义,每千克湿饱和蒸汽是由 $x\mathrm{kg}$ 干饱和蒸汽和 $(1-x)\mathrm{kg}$ 饱和水混合而成的,因此,每千克湿饱和蒸汽的各有关参数就等于 $x\mathrm{kg}$ 干饱和蒸汽的相应参数与 $(1-x)\mathrm{kg}$ 饱和水的相应参数之和,即

$$\begin{cases} v_x=xv''+(1-x)v'=v'+x(v''-v') \\ h_x=xh''+(1-x)h'=h'+x(h''-h') \\ s_x=xs''+(1-x)s'=s'+x(s''-s') \end{cases} \tag{5-4}$$

例题 5-1　根据水蒸气表确定下列各点所处的状态：(1)$t=150℃$,$h=632.28\mathrm{kJ/kg}$；(2)$t=220℃$,$v=0.00119\mathrm{m^3/kg}$；(3)$p=5\mathrm{kPa}$,$s=6.5042\mathrm{kJ/(kg\cdot K)}$；(4)$p=0.5\mathrm{MPa}$,$h=2920\mathrm{kJ/kg}$。

解：

(1) 由 $t=150℃$,查以温度为顺序的饱和蒸汽表(附表 1),则对应于该温度的饱和水焓 $h'=632.28\mathrm{kJ/kg}$,因此,该状态为饱和水。

(2) 由 $t=220℃$,查饱和蒸汽表(附表 1),得 $v''=0.00119\mathrm{m^3/kg}$,因此,该点为干饱和蒸汽。

（3）由 $p=5$kPa 查以压力为顺序的饱和蒸汽表（附表 2），得 $s'=0.4761$kJ/(kg·K)，$s''=8.3930$kJ/(kg·K)。$s'<s<s''$，因此，此状态为湿饱和蒸汽，其干度为

$$x=\frac{s-s'}{s''-s'}=\frac{6.5042-0.4761}{8.3930-0.4761}=0.76$$

（4）由 $p=0.5$MPa 查饱和蒸汽表（附表 2），得 $t_s=151.867$℃，$h''=2748.59$kJ/kg。$h>h''$，因此，该状态为过热蒸汽。由附表 3，通过内插法确定其温度。

查过热蒸汽表，得

220℃时，$h''=2897.3$kJ/kg；

240℃时，$h''=2939.2$kJ/kg。

所以 $h=2920$kJ/kg 时，过热蒸汽的温度为

$$t=220+\frac{2920-2897.3}{2939.2-2897.3}\times20=230.835（℃）$$

过热度 $t-t_s=230.835-151.867=78.068（℃）$。

例题 5-2 已知某冷凝器中蒸汽的压力为 5kPa，比体积 $v=25.38$m³/kg，求此蒸汽的状态及 t、h、s 值。

解：由 $p=5$kPa，查饱和蒸汽表（附表 2），得 $v'=0.0010053$m³/kg，$v''=28.191$m³/kg。$v'<v<v''$，因此，冷凝器中的蒸汽为湿饱和蒸汽。由饱和蒸汽表继续查得

$t_s=32.8793$℃；

$h'=137.72$kJ/kg，$s'=0.4761$kJ/(kg·K)；

$h''=2560.55$kJ/kg，$s''=8.3930$kJ/(kg·K)。

求湿饱和蒸汽的干度：

$$x=\frac{v-v'}{v''-v'}=\frac{25.38-0.0010053}{28.191-0.0010053}=0.90$$

湿饱和蒸汽温度等于饱和温度：

$$t=t_s=32.8793℃$$

根据式（5-4）得

$$h_x=xh''+(1-x)h'=0.90\times2560.55+(1-0.90)\times137.72=2318.3（kJ/kg）$$
$$s_x=xs''+(1-x)s'=0.90\times8.3930+(1-0.90)\times0.4761=7.6013[kJ/(kg·K)]$$

除采用水蒸气表外，工程上还广泛采用热力学图进行计算。由于在热工计算中常常遇到绝热过程以及过程焓差的计算，所以最常见的蒸汽图是焓熵图（h-s 图），也称莫尔里图。h-s 图中画有定压线、定温线、定干度线和定容线，可以根据已知参数由图中直接读出水蒸气其他参数。

焓熵图如图 5-4 所示。图中 C 为临界点，$x=0$ 为下界线（饱和水线），$x=1$ 为上界线（干饱和蒸汽线）。上界线上部为过热蒸汽区，上下界线下部为湿饱和蒸汽区。在 h-s 图上，共有六组曲线。

1. 定压线

定压线是由原点出发、自左下方向右上方延伸的发散状线群，越靠左压力越高。两条定压线之间的距离，在熵增加方向是散开的。根据 $T\mathrm{d}s=\mathrm{d}h-v\mathrm{d}p$，定压线斜率$(\partial h/\partial s)=T$，

T 不变,所以定压线在湿区为倾斜直线。进入过热区后,定压加热时温度将要升高,故斜率逐渐增加。在交界处平滑过渡,直线与曲线相切。

2. 定温线

在湿饱和蒸汽区,饱和压力与饱和温度——对应,因此,定压线就是定温线。在过热蒸汽区,定温线是先弯曲而后趋于平坦的曲线簇,越往上温度越高。当过热度高时,水蒸气的性质趋近于理想气体,其焓值取决于 T,而与 p 的关系减小。当远离饱和区,即过热度增加后,等温线逐渐平坦,最后接近水平。

3. 定干度线

定干度线分布在湿饱和蒸汽区,是与 $x=1$ 线延伸方向大致相同的一簇曲线。干度值越大的干度线越靠上。

4. 定容线

定容线为由左下方向右上方延伸的曲线簇,其延伸方向与定压线相近,但比定压线陡峭。定容线用虚线表示,以区别于定压线。与定压线不同,定容线向左侧移动时比体积减小。

5. 定焓线

定焓线为与横坐标 s 轴平行的直线。

6. 定熵线

定熵线为与纵坐标 h 轴平行的直线。

焓熵图上无定热力学能线,查得 h、p、v 后,热力学能根据式(5-2)和式(5-3)计算。

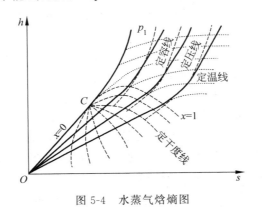

图 5-4　水蒸气焓熵图

5.1.3　水蒸气热力过程

在热工计算中,最为常见的是蒸汽的定压过程、绝热过程和节流过程。因此,这里我们只介绍这三种热力过程。

1. 定压过程

定压过程是蒸汽动力循环中最普遍的过程。锅炉、再热器内的加热过程、回热器内给水的加热过程、凝汽器中的乏汽放热过程均在定压下进行。此时,根据开口系统能量守恒方程(第1章),定压过程吸热量等于装置出口工质焓值与入口工质焓值之差:

$$q = h_2 - h_1 \tag{5-5}$$

2. 绝热过程

蒸汽在汽轮机内膨胀时,并不发生热交换。如果忽略热损失,同时假定没有摩擦损耗,可以认为是一个理想的绝热过程。通常,蒸汽进入汽轮机的压力与温度以及乏汽压力已知,可根据水蒸气表或焓熵图计算进出口蒸汽状态参数。在绝热过程中,熵不变,在焓熵图上为一条垂直线。先由蒸汽压力和温度确定初始状态,然后在焓熵图上作一条垂直线与乏汽压力线相交,交点即为出口蒸汽状态。蒸汽通过汽轮机输出的功等于蒸汽进出口焓差:

$$w_s = h_1 - h_2 \tag{5-6}$$

3. 节流过程

除了定压和绝热过程以外,还经常遇到蒸汽的节流过程,例如通过减压阀降低蒸汽压力,用阀门调节管道内蒸汽的流量,或者调节进入汽轮机的流量。此时,过程前后状态的焓相等,即

$$h_2 = h_1 \tag{5-7}$$

与理想气体不同,蒸汽节流后,温度不再维持不变,而是明显降低。

例题 5-3　水蒸气由初态 $p_1 = 1\text{MPa}$、$t_1 = 300℃$ 可逆绝热膨胀到 $p_2 = 0.05\text{MPa}$,求每千克蒸汽所做出的轴功和膨胀功。

解:首先查水蒸气表(附表2),1MPa所对应的饱和温度 $t_s = 179.916℃$,$t_1 > t_s$,初态为过热蒸汽。查附表3,可得初态参数:

$$h_1 = 3050.4\text{kJ/kg}, \quad v_1 = 0.25793\text{m}^3\text{/kg}, \quad s_1 = 7.216\text{kJ/(kg} \cdot \text{K)}$$

根据式(5-2),得到初态热力学能为

$$u_1 = h_1 - p_1 v_1 = 3050.4 - 1 \times 10^6 \times 0.25793 \times 10^{-3} = 2792.47(\text{kJ/kg})$$

1-2过程为绝热过程,因此

$$s_2 = s_1 = 7.1216\text{kJ/(kg} \cdot \text{K)}$$

根据 p_2 和 s_2 计算终态时水蒸气的状态参数。首先,查附表2,对应于 $p_2 = 0.05\text{MPa}$ 压力下饱和水、干饱和蒸汽的状态参数分别为

$$s' = 1.0912\text{kJ/(kg} \cdot \text{K)}, \quad s'' = 7.5928\text{kJ/(kg} \cdot \text{K)}$$

$$v' = 0.0010299\text{m}^3\text{/kg}, \quad v'' = 3.2409\text{m}^3\text{/kg}$$

$$h' = 340.55\text{kJ/kg}, \quad h'' = 2645.31\text{kJ/kg}$$

因 $s' < s_2 < s''$,故状态2为湿饱和蒸汽。其干度

$$x_2 = \frac{s_2 - s'}{s'' - s'} = \frac{7.1216 - 1.0912}{7.5928 - 1.0912} = 0.9275$$

于是，

$$h_2 = (1-x_2)h' + x_2 h'' = (1-0.9275) \times 340.55 + 0.9275 \times 2645.31 = 2478.21 (\text{kJ/kg})$$

$$v_2 = (1-x_2)v' + x_2 v'' = (1-0.9275) \times 1.0912 + 0.9275 \times 7.5928 = 7.1214 (\text{m}^3/\text{kg})$$

$$u_2 = h_2 - p_2 v_2 = 2478.21 - 0.05 \times 10^6 \text{Pa} \times 7.1214 \times 10^{-3} = 2122.14 (\text{kJ/kg})$$

可得蒸汽对外所做的轴功和膨胀功为

$$w_s = h_1 - h_2 = 3050.4 - 2478.21 = 572.19 (\text{kJ/kg})$$

$$w = u_1 - u_2 = 2792.47 - 2122.14 = 670.33 (\text{kJ/kg})$$

5.2　卡诺循环与卡诺定理

在热力学中，循环包含正向循环和逆向循环两种循环。热量向机械能转换的循环是正向循环，亦称为动力循环，蒸汽动力循环、内燃机动力循环均为正向循环。而消耗机械能将热能从低温向高温"搬运"的循环是逆向循环，亦称为制冷或热泵循环。

若构成循环的过程全部为可逆过程，则这个循环为**可逆循环**；在构成循环的各个过程中，只要包含有不可逆过程，则这个循环就是不可逆循环。

5.2.1　卡诺循环

卡诺循环是工作在恒温的高温热源和低温热源间的理想可逆正循环，它由两个定温可逆过程和两个绝热可逆过程组成，如图 5-5 所示。图中：

1-2 为定温吸热过程，单位质量的工质从高温热源 T_h 吸收热量 q_1。吸热量 $q_1 = T_h(s_2 - s_1)$。

2-3 为绝热膨胀过程，工质温度从 T_h 降到 T_l，并对外输出功 w_1。

3-4 为定温放热过程，工质向低温热源 T_l 放出热量 q_2。放热量 $q_2 = T_l(s_a - s_b)$。

4-1 为绝热压缩过程，工质温度从 T_l 升到 T_h，工质完成一个循环又回到初态，外界对系统做功 w_2。

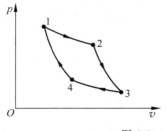
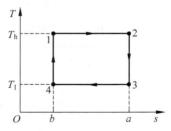

图 5-5　卡诺循环示意图

循环输出净功为

$$w = w_1 - w_2 \tag{5-8}$$

根据能量守恒，有

$$w_1 - w_2 = q_1 - q_2 \qquad (5-9)$$

根据热机循环的热效率定义

$$\eta_t = \frac{w}{q_1} = 1 - \frac{q_2}{q_1} \qquad (5-10)$$

对于卡诺循环,可得循环的热效率为

$$\eta_C = 1 - \frac{T_1(s_b - s_a)}{T_h(s_b - s_a)} = 1 - \frac{T_1}{T_h} \qquad (5-11)$$

由式(5-11)可得出以下结论:

(1) 式(5-11)的导出过程没有限定工质种类,因此,卡诺循环的热效率只取决于高温热源的温度 T_h 与低温热源的温度 T_1,而与工质的性质无关。提高 T_h 或降低 T_1,都可以使卡诺循环的热效率提高。

(2) 卡诺循环的热效率总是小于1,不可能等于1,因为 $T_h \to \infty$ 或 $T_1 = 0K$ 都是不可能的。这说明,通过热机循环不可能将热能全部转变为机械能。

(3) 当 $T_h = T_1$ 时,卡诺循环的热效率等于零。这说明没有温差是不可能连续不断地将热能转变为机械能的,只有一个热源的第二类永动机是不可能的。

5.2.2 卡诺定理

卡诺在对热机效率进行深入研究的基础上提出了著名的卡诺定理,表述如下:

定理一:在相同的高温热源和低温热源间工作的一切可逆热机具有相同的热效率,与工质的性质无关。

下面用反证法对这一定理进行证明。假设在温度为 T_h 的高温热源与温度为 T_1 的低温热源间工作有两个任意的可逆热机 R_1 和 R_2,如图 5-6(a)所示,其热效率分别为 η_{tR1} 和 η_{tR2}。

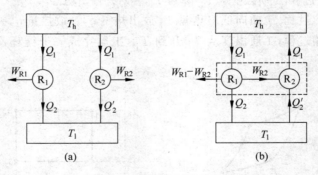

图 5-6 卡诺定量证明示意图

假如 $\eta_{tR1} > \eta_{tR2}$,则当两个热机从高温热源吸取的热量都为 Q_1 时,根据热效率的定义可知,$W_{R1} > W_{R2}$,$Q_2 < Q_2'$。这时可让热机 R_1 按正向循环工作,用输出功 W_{R1} 中的一部分 W_{R2} 带动热机 R_2 逆向循环工作,如图 5-6(b)所示。联合运行的结果是每一循环从低温热源吸收热量 $Q_2' - Q_2$,对外做功 $W_{R1} - W_{R2} = Q_2' - Q_2$,高温热源没有任何变化,相当于一台单一热源的第二类永动机。这显然违背了热力学第二定律,因此 $\eta_{tR1} > \eta_{tR2}$ 是不可能的。

同样可以证明，$\eta_{tR1} < \eta_{tR2}$ 也是不可能的。于是只有一种可能性，即 $\eta_{tR1} = \eta_{tR2}$。由于上述证明没有限定工质的性质，所以结论对使用任何工质的可逆热机都是适用的。

定理二：在相同高温热源和低温热源间工作的任何不可逆热机的热效率，都小于可逆热机的热效率。

定理二可以同样采用反证法证明，思路与定理一的证明相同，本书不再赘述。

卡诺循环与卡诺定理从理论上确定了通过热机循环实现热能转变为机械能的条件，指出了提高热机热效率的方向，是研究热机性能不可缺少的准绳。

5.2.3　蒸汽卡诺循环

卡诺循环由两个可逆定温过程和两个可逆绝热过程组成。理论上讲，以水蒸气作工质的卡诺循环是可能实现的。在饱和水的定压汽化和饱和蒸汽的定压凝结过程中，水蒸气的温度都保持不变，水蒸气的定温加热和定温冷却过程可以在湿饱和蒸汽区进行。图 5-7 所示为饱和蒸汽卡诺循环的 $T\text{-}s$ 图，图中 1-2、2-3、3-4、4-1 四个过程分别为定熵膨胀、定温放热、定熵压缩和定温吸热过程。

从组成循环的四个过程来看，与理想的卡诺循环完全一致。但由于以下原因，卡诺循环在蒸汽动力装置中难以被应用。

（1）卡诺循环只可以应用于饱和蒸汽区域，因此可利用温差不大，导致循环热效率不高。饱和蒸汽的最高温度是临界温度，因此卡诺循环的上限温度 T_1 受水蒸气临界温度（374℃）限制，否则不能实现定温吸热过程。而锅炉炉膛燃烧温度可达到 1000℃ 以上，金属材料耐热温度也在 600℃ 以上，远高于水的临界温度。若按卡诺循环工作，燃气的高品位热将不能被完全利用，循环外部不可逆损失增大。

（2）水蒸气按卡诺循环工作时，在 2-3 定温放热过程中，蒸汽只能部分凝结，图 5-7 中的 3 点处于湿饱和蒸汽区，而湿蒸汽的比体积很大，对其绝热压缩需要尺寸庞大的压缩机，功耗也很高。

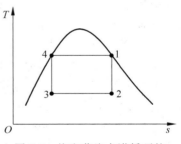

图 5-7　饱和蒸汽卡诺循环的
$T\text{-}s$ 图

（3）水蒸气按卡诺循环工作时，1-2 绝热膨胀时的终态蒸汽湿度很大，对汽轮机末级的叶片侵蚀严重，危及汽轮机安全运行。汽轮机一般要求乏汽干度不低于 0.85～0.88。

水蒸气作为工质虽然可以构成卡诺循环，但由于以上原因，实际上并未被采用。

5.3　简单蒸汽动力循环

5.3.1　汽轮机

汽轮机是蒸汽动力循环装置中的热力原动机。汽轮机的主要元件是由喷嘴（也称静叶）与动叶（也称叶片）两个部件组成。如图 5-8 所示，喷嘴固定在机壳或隔板上，动叶固定在轮盘上。按做功原理的不同,可分为冲动式汽轮机和反动式汽轮机两种类型。

图 5-8　冲动式汽轮机

1—轴；2—叶轮；3—动叶片；4—喷嘴

（此图来自网络）

在汽轮机中,蒸汽在喷嘴中发生膨胀,压力降低,速度增加,热能转变为动能。蒸汽通过喷嘴时,压力下降,体积膨胀,形成高速汽流推动叶轮旋转做功。如果蒸汽在叶片中压力不再降低,蒸汽在叶片通道中的流速(相对速度)不变化,仅依靠汽流对叶片的冲击力而推动叶轮转动,这类汽轮机称为**冲动式汽轮机**。在冲动式汽轮机中,蒸汽的热功转换过程在喷管内完成,叶片仅发生动能转化为机械能的过程。

如果蒸汽在叶片中继续膨胀,出口相对速度比进口相对速度要大,汽轮机的做功不仅来自蒸汽对叶片的冲击力,也来自于蒸汽相对速度的变化而产生的反作用力,这类汽轮机称为**反动式汽轮机**。

只有一列喷嘴和一列动叶片组成的汽轮机叫单级汽轮机。高压蒸汽一次降压后汽流速度仍极高,因此采用压力分级法,让蒸汽多次降压,高压蒸汽经多级叶轮后能量得到转换,这种由多个单级汽轮机串联起来叫多级汽轮机。

图 5-9 为三级冲动式汽轮机示意图。汽轮机的蒸汽焓降分别在三个冲动级中得以利用。蒸汽进入蒸汽室后,在第一级喷嘴 2 中发生膨胀,压力由 p_0 降至 p_1,汽流速度由 c_0 增至 c_1,然后进入第一级动叶栅 3 中做功,做功后流出动叶栅的汽流速度降至 c_2,由于蒸汽在动叶栅中不发生膨胀,动叶栅后的压力(即第一级后压力)即等于喷嘴后的压力 p_1,从第一级流出的蒸汽,再依次进入其后的两级并重复上述做功过程,最后从排气管中排出。

多级汽轮机的比焓降比单级汽轮机大很多,采用多级汽轮机可大大提高蒸汽初参数。此外,多级汽轮机在设计工况下每一级都在最佳气流速度比附近工作,这也使它比单级汽轮机的相对内效率高。目前,工业和电站汽轮机多为多级汽轮机。

5.3.2　朗肯循环

由于蒸汽卡诺循环中湿饱和蒸汽压缩困难,我们将图 5-7 中的过程 2-3 继续冷却到饱和水线上,即将做功后的乏汽全部凝结成饱和水。这时压缩对象为单相水,体积小、可压缩

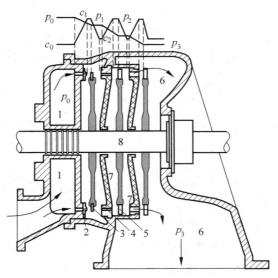

图 5-9　三级冲动式汽轮机示意图

1—蒸汽室；2—第一级喷嘴；3—第一级叶片；4—第二级喷嘴；5—第二级叶片；

6—排气管；7—隔板；8—轴

性小，只需采用结构较小的水泵即可进行绝热压缩，压缩功耗低。

卡诺循环中工质饱和蒸汽温度较低，蒸汽做功后乏汽湿度过大，针对这一问题，将吸热图 5-7 中过程 4-1 沿着定压线延伸到过热蒸汽区，即采用过热蒸汽替代饱和水蒸气，提高蒸汽初温，从而提高循环吸热过程平均吸热温度，提高循环吸热和放热平均温差、增加汽轮机出口乏汽干度。

此种方法构成的切实可行的简单蒸汽动力循环称为**朗肯循环**，主要包括等熵压缩、等压加热、等熵膨胀，以及一个等压冷凝过程。循环示意图如图 5-10 所示，相应的 $p\text{-}v$ 图和 $T\text{-}s$ 图如图 5-11 所示。

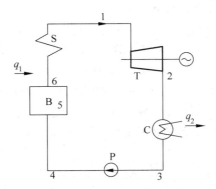

图 5-10　朗肯循环装置示意图

B—锅炉；S—过热器；T—汽轮机；C—凝汽器；P—水泵

经水泵 P 加压后的高压水（状态 4）在锅炉 B 中定压吸热，汽化成饱和蒸汽（状态 6），饱和蒸汽在过热器 S 中定压吸热成过热蒸汽（状态 1），过程 4-5-6-1。高温高压的过热蒸汽在

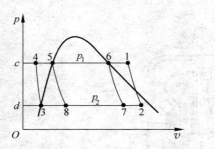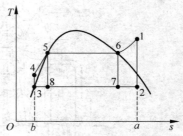

图 5-11　水蒸气朗肯循环 p-v 图和 T-s 图

　　汽轮机 T 内绝热膨胀做功,经历热力过程 1-2。从汽轮机排出的已经做功的乏汽(状态 2)在冷凝器 C 内等压放热,冷凝成饱和水(状态 3),相应的热力过程 2-3,这一过程既是定温也是定压过程。冷凝器内的压力通常很低,一般为 4～5kPa,相应的饱和温度为 28.95～32.88℃,仅略高于环境温度。3-4 为凝结水在给水泵 P 内的绝热压缩过程,压力升高后的未饱和水(状态 4)再次进入锅炉,完成一次循环。

　　朗肯循环 1-2-3-4-5-6-1 与水蒸气的卡诺循环 6-7-8-5-6 主要不同之处在于:

　　(1) 乏汽是完全凝结的,即乏汽完全液化。完全凝结使循环中多了一段水的加热过程 4-5,减小了循环平均温差,对提高热效率不利。但是压缩水比压缩汽水混合物容易得多,因此设备更加简化。

　　(2) 采用了过热蒸汽,蒸汽在过热区的加热是定压加热而不是定温加热。采用过热蒸汽则增加了吸热平均温度,使乏汽的干度提高,这对提高效率有利。

　　现今,各种复杂的蒸汽动力循环都是在朗肯循环的基础上进行改进。

5.3.3　循环热效率

　　根据开口系统稳定流动能量方程,每千克新蒸汽在汽轮机内可逆绝热膨胀所做技术功(对应于图 5-11 中 p-v 图上面积 $c12dc$)为

$$w_1 = h_1 - h_2 \tag{5-12}$$

乏汽在冷凝器中向冷却水放热(对应于图 5-11 中 T-s 图上面积 $b32ab$)为

$$q_2 = h_1 - h_3 \tag{5-13}$$

凝结水流经水泵,水泵耗功(对应于 p-v 图上面积 $c43dc$)为

$$w_2 = h_4 - h_1 \tag{5-14}$$

新蒸汽从热源吸热量(对应于 T-s 图上面积 $b4561ab$)为

$$q_1 = h_1 - h_4 \tag{5-15}$$

循环净功(对应于 p-v 图或 T-s 图上面积 1234561)为

$$w_{\text{net}} = w_1 - w_2 \tag{5-16}$$

　　因此,循环热效率

$$\eta_t = \frac{w_{\text{net}}}{q_1} = \frac{(h_1 - h_2) - (h_4 - h_3)}{h_1 - h_4} \tag{5-17}$$

式中,h_1 是新蒸汽焓;h_2 是乏汽焓;h_3 和 h_4 分别是压力为 p_2 的饱和水和压力为 p_1 的过

冷水焓。水蒸气状态参数可根据水蒸气热力性质查图或查表确定。

由于水的压缩性很小,水压缩后的温度和比容可认为不变,所以 $\Delta u = u_4 - u_3 \approx 0$, $u_4 \approx u_3$。饱和水的比容 v_3 为 $10^{-3}\,\mathrm{m^3/kg}$ 量级,除非水泵的出口压力 p_4 很高,一般情况下 $v_3(p_4 - p_3)$ 数值很小,可以忽略不计。这样,$h_4 \approx h_3$,即过程 3-4 水泵消耗的功 w_s 可以忽略。因此,循环净功近似为

$$w_{\mathrm{net}} = h_1 - h_2 \tag{5-18}$$

每千克新蒸汽从热源吸热量为

$$q_1 = h_1 - h_3 \tag{5-19}$$

h_3 是在压力 p_2 下饱和水的焓,习惯上用 h_2' 表示。式(5-17)可写为

$$\eta_{\mathrm{t}} = \frac{h_1 - h_2}{h_1 - h_2'} \tag{5-20}$$

由此可见,朗肯循环的热效率 η_{t} 取决于新蒸汽的焓 h_1、膨胀终了时的焓 h_2' 以及乏汽压力 p_2(在数值上,h_2' 等于乏汽压力 p_2 下的饱和温度乘 $4.19\,\mathrm{kJ/(kg \cdot K)}$)。

蒸汽动力装置每输出 $1\,\mathrm{kW \cdot h}(3600\,\mathrm{kJ})$ 功量所消耗的蒸汽量称为**汽耗率**,用符号 d 表示,单位为 $\mathrm{kg/(kW \cdot h)}$。即

$$d = \frac{3600}{w_{\mathrm{net}}} \tag{5-21}$$

汽耗率的大小直接影响蒸汽动力装置中各设备尺寸。

例题 5-4　某蒸汽动力装置按朗肯循环运行,已知汽轮机入口蒸汽压力 $p_1 = 3\mathrm{MPa}$、温度 $t_1 = 435℃$,汽轮机乏汽压力 $p_2 = 0.005\mathrm{MPa}$,求每千克蒸汽在此循环中所做的净功、循环热效率及此动力装置的汽耗率。

解：查附表 3,由 $p_1 = 3\mathrm{MPa}$、$t_1 = 435℃$,利用插值法得到 1 点状态参数。

$$h_1 = 3331.8\mathrm{kJ/kg}, \quad s_1 = 7.01845\mathrm{kJ/(kg \cdot K)}$$

$s_2 = s_1 = 7.01845\mathrm{kJ/(kg \cdot K)}$。查附表 2,对应于 $p_2 = 0.005\mathrm{MPa}$ 压力下饱和水和干饱和蒸汽的状态参数分别为

$$s' = 0.4761\mathrm{kJ/(kg \cdot K)}, \quad s'' = 8.3930\mathrm{kJ/(kg \cdot K)};$$
$$h' = 137.72\mathrm{kJ/kg}, \quad h'' = 2560.55\mathrm{kJ/kg}.$$

因 $s' < s_2 < s''$,故状态 2 为湿饱和蒸汽状态。其干度

$$x_2 = \frac{s_2 - s'}{s'' - s'} = 0.826$$

于是,可求出

$$h_2 = (1 - x_2)h' + x_2 h'' = 2139.0\mathrm{kJ/kg}$$

根据 $p_2 = 0.005\mathrm{MPa}$,由饱和水与饱和水蒸气表(附表 2)查得点对应压力下饱和水的焓为 $h_2' = 137.72\mathrm{kJ/kg}$。

忽略泵功,得循环净功为

$$w_{\mathrm{net}} = h_1 - h_2 = 1192.8\mathrm{kJ/kg}$$

循环效率为

$$\eta_{\mathrm{t}} = \frac{h_1 - h_2}{h_1 - h_3} = \frac{1192.8}{3331.8 - 137.72} = 37.3\%$$

汽耗率为

$$d = \frac{3600}{w_{\text{net}}} = \frac{3600}{1192.8} = 3.02 \text{kg/(kW·h)}$$

当然,由于汽轮机内部有摩擦,沿途管路有阻力,各处还有散热损失,所以实际的热效率要低于 37.3%。

5.3.4 蒸汽参数对朗肯循环的影响

进入汽轮机的蒸汽焓值 h_1 取决于蒸汽压力 p_1 和温度 t_1,而离开汽轮机的蒸汽焓值 h_2 除与 p_1、t_1 有关外($s_2 = s_1$),还受离开汽轮机的乏汽压力 p_2 影响。凝汽器内凝结水的温度 t_{s2} 为压力 p_2 的单值函数。因此,朗肯循环热效率取决于蒸汽初压 p_1、初温 t_1 和乏汽压力(亦称背压)p_2。

1. 吸热平均温度

采用 $T\text{-}s$ 图可方便地研究蒸汽参数对循环热效率的影响。在 $T\text{-}s$ 图上,可将朗肯循环折合成熵变相等、吸(放)热量相同的卡诺循环,如图 5-12 所示。其中,$\overline{T_1}$ 为吸热平均温度。

$$\overline{T_1} = \frac{q_1}{s_a - s_b} \tag{5-22}$$

式中,$s_a - s_b$ 为工质吸收热量 q_1 引起的熵变。

循环放热过程 2-3 温度不发生变化,压力 p_2 对应的饱和温度为 T_2。于是朗肯循环的热效率可采用等效卡诺循环的热效率表示:

$$\eta_t = \frac{h_1 - h_2}{h_1 - h_3} = 1 - \frac{T_2}{\overline{T_1}} \tag{5-23}$$

由上式可见,提高吸热平均温度 $\overline{T_1}$ 或降低放热温度 T_2 都可以提高循环的热效率。

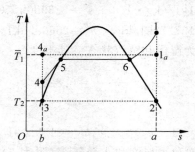

图 5-12 朗肯循环与等效卡诺循环

(1-2-3-4-5-6-1 为朗肯循环;1_a-2-3-4_a-1 为等效卡诺循环)

2. 初温影响

在相同的初压 p_1 及背压 p_2 下,提高进入汽轮机的蒸汽温度(初温 T_1)可增大循环热效率。如图 5-13 所示,初温从 T_1 提高到 T_{1a},循环的高温加热段增加,循环吸热平均温度

$\overline{T_1}$ 增大,热效率提高。此外,提高初温 T_1 还可以使离开汽轮机(终态 2)的蒸汽干度从 x_2 增加到 x_{2a},对提高汽轮机相对内效率和延长汽轮机的使用寿命有利。

但是,提高蒸汽的初温受到材料耐热性能的限制。蒸汽的初温越高,对锅炉的过热器及汽轮机的高压部分所使用金属的耐热及强度要求也越高。在目前的火力发电厂中,最高蒸汽初温一般不超过 700℃。

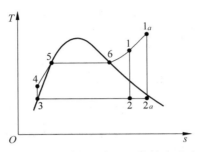

图 5-13　初温对朗肯循环热效率影响

(1-2-3-4-5-6-1 为原朗肯循环;1_a-2_a-3-4-5-6-1_a 为初温提高后的朗肯循环)

3. 初压影响

在相同的初温 T_1 和背压 p_2 下,提高初压 p_1 也可使热效率增大。由图 5-14 可见,当初压提高后,新循环为 1_a-2_a-3-4-5_a-6_a-1_a,循环的吸热平均温度 $\overline{T_1}$ 增大,因此,循环的热效率提高。

提高初压也受到设备耐温耐压性能的限制。初压的增加降低了乏汽干度,乏汽中所含水分增加,这会引起汽轮机内部效率降低。此外,若水分超过某一限度,将引起汽轮机末级叶片的侵蚀,影响汽轮机的使用寿命,并可能引起汽轮机的震动。

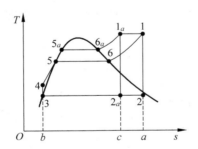

图 5-14　初压对朗肯循环热效率影响

(1-2-3-4-5-6-1 为原朗肯循环;1_a-2_a-3-4-5_a-6_a-1_a 为初压提高后的朗肯循环)

4. 背压影响

在相同的初温 T_1 和初压 p_1 下,将背压由 p_2 降低到 p_{2a},如图 5-15 所示,循环净功 w_{net} 增加,增加量对应于循环所围成面积 $2344_a3_a2_a2$,而吸热量 q_1 增加很少(仅增加 4_a-4 过程吸热量,对应面积 4_a4bc4_a),因此,循环的热效率提高。

但是,p_2 的降低意味着冷凝器内饱和温度 T_2 降低,而 T_2 最低只能降低到环境温度,故背压的降低是有限度的。目前汽轮机背压已经降低到 4kPa 左右（对应于饱和温度 28.95℃）。此外，仅降低 p_2 而不提高 T_1，会引起乏汽干度的降低，也会引起汽轮机内部效率降低甚至汽轮机末级叶片的侵蚀。

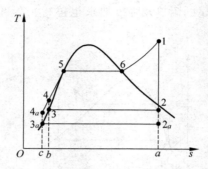

图 5-15　背压对朗肯循环热效率影响

（1-2-3-4-5-6-1 为原朗肯循环；1-2$_a$-3$_a$-4$_a$-5-6-1 为背压降低后的朗肯循环）

5.4　提高蒸汽动力循环效率其他途径

5.4.1　再热循环

由 5.4.3 节分析可知，提高蒸汽初压 p_1 可提高朗肯循环热效率，但如果不相应提高初温 t_1，将引起乏汽干度 x_2 的减小，产生不利影响。为此，对朗肯循环做以下改进：新蒸汽膨胀到某一中间压力后从汽轮机中抽出，导入锅炉中的再热器，使之再加热，然后再进入汽轮机继续膨胀到背压 p_2。这样的循环即**再热循环**。一次再热循环装置示意图及其对应的 T-s 图如图 5-16 所示。

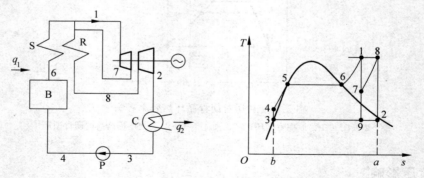

图 5-16　再热循环装置示意图与 T-s 图

B—锅炉；S—过热器；C—凝汽器；P—水泵；R—再热器

从图 5-16 的 T-s 图可以看出，相对于无再热的朗肯循环 1-9-3-4-5-6-1，再热循环 1-7-8-2-3-4-5-6-1 汽轮机乏汽干度增加。若再热循环的中间再热压力 p_7 选择适当（一般为初压 p_1 的 0.2～0.3 倍），再热后的蒸汽循环吸热平均温度可以得到提高，使循环热效率得到提高。因此,现代大型电站的蒸汽动力循环几乎无一例外均采用了再热循环。

在一次再热循环中,工质吸收总热量为

$$q_1 = (h_1 - h_4) + (h_8 - h_7) \tag{5-24}$$

对外放热量为

$$q_2 = h_2 - h_3 \tag{5-25}$$

忽略压缩机压缩功,$h_4 = h_3$,也等于乏汽压力所对应的饱和水焓值 h_2'。因此,一次再热循环的热效率为

$$\eta_t = \frac{q_1 - q_2}{q_1} = \frac{(h_1 - h_2') + (h_8 - h_7) - (h_2 - h_2')}{(h_1 - h_2') + (h_8 - h_7)} \tag{5-26}$$

5.4.2　回热循环

朗肯循环热效率不高的另一原因是:定压加热过程中,锅炉给水温度低,与炉壁传热温差大,即传热不可逆损失大。在图 5-17 中,锅炉给水的预热过程 4-5 温度太低,使得加热过程 4-5-6-1 的吸热平均温度不高。利用做功后蒸汽的潜热加热锅炉给水,减少定压加热过程从锅炉的吸热量,提高进入锅炉前的给水温度,进而提高循环吸热平均温度,这样的循环称为回热循环。

由于乏汽温度等于锅炉给水温度,乏汽无法加热锅炉给水。目前所采用的一种方案是从汽轮机中抽出部分已做功但压力尚不太低的蒸汽加热进入锅炉之前的未饱和水,这种方法称为抽汽回热。图 5-17 是采用一级抽汽回热的蒸汽动力装置示意图。单位质量的新蒸汽进入汽轮机膨胀做功到某一压力 p_0 时,抽出部分蒸汽(a kg)引入到回热器 R,对来自冷凝器的给水(状态 4)进行加热,蒸汽放出潜热并与冷凝器给水混合成状态 7,然后送入锅炉。

从图 5-17 所示的回热循环 T-s 图不难看出,由于采用了回热,使工质在锅炉中的吸热过程从 4-5-6-1 变成了 8-5-6-1,提高了循环的吸热平均温度,从而提高了循环的热效率。

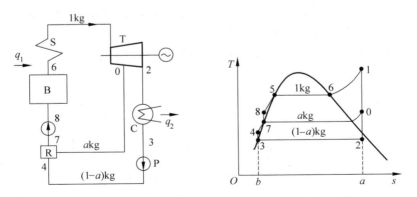

图 5-17　一级抽汽回热的蒸汽动力装置示意图及 T-s 图

B—锅炉;S—过热器;T—汽轮机;C—凝汽器;P—水泵;R—回热器

抽汽量大小(a kg)根据质量守恒和能量守恒原则确定。a kg 抽汽在回热器中所放出的热量恰好使($1-a$)kg 的凝结水从 T_4 加热到抽汽压力下的饱和水温度 T_7。根据热力学第一定律,回热加热器中的能量平衡式为

$$\alpha(h_0-h_7)=(1-\alpha)(h_7-h_4) \tag{5-27}$$

则

$$\alpha=\frac{h_7-h_4}{h_0-h_4} \tag{5-28}$$

如果忽略泵功，$h_4=h_3$，也等于乏汽压力所对应的饱和水焓值 h_2'，所以

$$\alpha=\frac{h_7-h_3}{h_0-h_3}=\frac{h_7-h_2'}{h_0-h_2'} \tag{5-29}$$

循环热效率为

$$\eta_t=1-\frac{q_2}{q_1}=1-\frac{(1-\alpha)(h_2-h_2')}{h_1-h_7} \tag{5-30}$$

对于一次抽汽回热（也称一级回热），给水回热温度选定新蒸汽饱和温度与乏汽饱和温度的平均值较好，并由此确定抽汽压力。从理论上讲，回热级数越多，热效率提高越多。但考虑到设备、管路的复杂性，投资费用会相应增加，小型火力发电厂回热级数一般为 1～3 级，中大型火力发电厂回热级数一般为 4～8 级。

5.4.3 热电联供循环

蒸汽动力装置即使采用了高参数蒸汽和回热、再热等措施后，热效率仍低于 50%，即燃料中所发出的热量有 50% 以上没有得到利用。其中，绝大部分热是乏汽在冷凝器中排出的，通常由冷却水带入电厂附近水体或通过冷却塔排向大气。乏汽冷凝器放出的热量数量虽大，但因温度接近于环境温度，无法转化为机械能。与此同时，厂矿企业生产、建筑物采暖及生活用热常需要一些温度不太高的蒸汽或热水。为充分利用热能，将做功后的蒸汽余热用于这些热用户，这种做法称为**热电联供**。既发电又供热的电厂习惯上称为热电厂。

热电联供循环分为两种类型：一种是采用背压式汽轮机的热电联供循环；另一种是采用抽汽式汽轮机的热电联供循环。图 5-18(a) 为**背压式汽轮机**热电联供循环的示意图，其中汽轮机排汽不通过冷凝器，而是直接供给热用户 A。蒸汽动力循环中汽轮机乏汽压力常低到 0.004MPa，对应饱和温度仅为 29℃ 左右。为满足热用户温度要求，热电联供循环中汽轮机背压需一定程度增加，通常大于 0.1MPa。

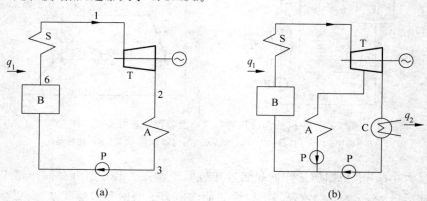

图 5-18 热电联供循环类型

B—锅炉；S—过热器；T—汽轮机；A—热用户；C—冷凝器；P—水泵

与蒸汽动力循环相比较,热电联供循环的放热温度升高,热效率低,从热能转变成机械功的角度分析是不利的。但因为热电循环除了输出机械功 w_{net},同时提供可利用的热量 q_2,故衡量其经济性除了发电热效率 η_t 外,还有热量利用系数 ξ。热量利用系数 ξ 定义为

$$\xi = \frac{\text{已利用的热量}}{\text{工质从热源所吸收的热量}}$$

理想情况下,ξ 可达到 1,实际上由于各种损失和热电负荷之间的不协调,一般 ξ 在 0.85 左右。热电循环中热效率 η_t 仍是一个重要指标,η_t 中未考虑低温热能的利用,而 ξ 未区分电能和热能间的能质差异,二者各有侧重又各有其片面性。

采用背压式汽轮机组的热电厂,其电能生产随热用户热需求的变动而改变,热效率也较低。为避免这一缺点,热电厂多采用**抽汽式汽轮机组**,如图 5-18(b)所示。在这样的装置中,热用户负荷 A 的变动对电能生产量的变动影响较小,且发电热效率较背压式汽轮机组热电循环要高。

本 章 小 结

通过本章学习:

(1) 理解卡诺循环、卡诺定理及其意义。

(2) 掌握水蒸气基本热力性质与热力过程计算方法。

(3) 掌握水蒸气热力学图表的使用。

(4) 了解汽轮机工作原理。

(5) 掌握朗肯循环的热效率计算和热效率影响因素分析。

(6) 了解再热、回热以及采用热电联供方式对蒸汽动力循环热效率的影响。

1. 水蒸气的热力性质与热力过程

水在一定压力下加热呈现出**三个阶段**(预热阶段、汽化阶段和过热阶段),**五种状态**(未饱和水、饱和水、湿饱和蒸汽、干饱和蒸汽和过热蒸汽)的变化。

水的相变过程在水蒸气的 $p\text{-}v$ 图和 $T\text{-}s$ 图所表示规律:一点,临界点 C;两线,饱和水线和干饱和蒸汽线;三区,过冷水区、湿饱和蒸汽区和过热蒸汽区。

水蒸气**临界压力** $p_c = 22.064\text{MPa}$,**临界温度** $t_c = 374\text{℃}$。

水蒸气热力过程计算:

定压过程,$q = h_2 - h_1$

绝热过程,$w_s = h_1 - h_2$

节流过程,$h_2 = h_1$

2. 卡诺循环与卡诺定理

可逆循环:构成循环的过程全部为可逆过程的循环。构成循环的各个过程中,只要包含有不可逆过程,则这个循环就是不可逆循环。

卡诺循环是工作在恒温的高温热源和低温热源间的理想可逆正循环,它由两个定温可逆过程和两个绝热可逆过程组成。

卡诺循环热效率：

$$\eta_C = 1 - \frac{T_1}{T_h}$$

卡诺定理：

在相同的高温热源和低温热源间工作的一切可逆热机具有相同的热效率，与工质的性质无关。

在相同高温热源和低温热源间工作的任何不可逆热机的热效率，都小于可逆热机的热效率。

3. 简单蒸汽动力循环

朗肯循环是指以水蒸气作为工质的一种简单动力循环，主要包括等熵压缩、等压加热、等熵膨胀、以及一个等压冷凝过程。

朗肯循环 $T\text{-}s$ 图如图 5-19 所示。

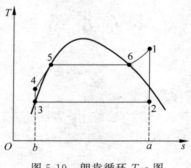

图 5-19　朗肯循环 $T\text{-}s$ 图

朗肯循环热效率

$$\eta_t = \frac{h_1 - h_2}{h_1 - h_2'}$$

朗肯循环热效率取决于进入汽轮机的蒸汽**初压**、**初温**和离开汽轮机的**乏汽压力**。在相同的初压及背压下，提高蒸汽初温可增大循环热效率；在相同的初温和背压下，提高初压也可使热效率增大；在相同的初温和初压下，降低乏汽压力，循环热效率增加。

4. 提高蒸汽动力循环效率的其他途径

再热和回热是提高蒸汽动力循环热效率的重要方法。若**再热循环**的中间再热压力选择适当，再热后的蒸汽循环吸热平均温度可以得到提高，循环热效率提高。**回热循环**提高了循环的吸热平均温度，从而提高了循环的热效率。

与蒸汽动力循环相比较，热电联供循环的放热温度升高，热效率低，从热能转变成机械功的角度分析是不利的。但热电联供循环热量利用系数 ξ 更大，理论上可达到 1。

$$\xi = \frac{\text{已利用的热量}}{\text{工质从热源所吸收的热量}}$$

思　考　题

1. 饱和液体汽化为干饱和蒸汽为什么需要汽化潜热？为什么压力越高汽化潜热越小，在临界压力下汽化潜热为多少？

2. 在 $p\text{-}v$ 图上，为何饱和水线是正斜率，而干饱和蒸汽线为负斜率？

3. 水蒸气的定熵膨胀是否满足 pv^k＝常数关系式？为什么。

4. 水在定压汽化过程中，温度维持不变。因此，根据 $q＝\Delta u＋w$，定压汽化过程中吸收的热量等于膨胀功，即 $q＝w$，这一说法是否正确？为什么？

5. 卡诺循环是相同温度范围的循环效率最高的循环，为什么蒸汽动力循环不采用卡诺循环？

6. 同一蒸汽动力机组装置，冬季运行时热效率比夏季运行时更高，为什么？

7. 有人认为蒸汽动力循环效率不高的主要原因是大量热量从冷凝器散失，那么可否取消冷凝器，直接将乏汽送往锅炉加热，提高循环效率？

习　　题

5-1　确定下列参数下水和蒸汽所处的状态：

(1) $p＝101.3\text{kPa}$ 和 $T＝280\text{K}$；

(2) $p＝350\text{kPa}$ 和 $v＝0.37\text{m}^3/\text{kg}$；

(3) $T＝300\text{K}$ 和 $v＝40\text{m}^3/\text{kg}$；

(4) $p＝500\text{kPa}$ 和 $v＝0.45\text{m}^3/\text{kg}$。

5-2　在压力 $p＝20\text{MPa}$ 下，求 0℃、120℃、250℃、300℃和饱和温度 t_s 时水的 v、h 及 s；求该压力下由饱和水变为干饱和蒸汽时的吸热量及比容、内能、焓、熵的变化。

5-3　1kg 蒸汽，$p_1＝2.0\text{MPa}$，$x_1＝0.95$，绝热膨胀至 $p_2＝0.1\text{MPa}$，求终态 v、h、s 及该过程对外所做的膨胀功。

5-4　将 210℃给水送入锅炉，在 10MPa 下定压加热为 550℃过热蒸汽。求：蒸汽过热度，1kg 水吸收总热量。

5-5　将 1kg 压力 7bar、温度 260℃的蒸汽定压冷却至干饱和蒸汽，然后再定熵压缩至初态温度 260℃，求该过程蒸汽与外界交换的功量和热量。

5-6　对一股压力 18MPa、温度 560℃、流量 950t/h 的蒸汽，采用注水法将其冷却至压力 16MPa、温度 550℃，注水温度为 160℃，压力为 24MPa，求所需注水流量。

5-7　某锅炉每小时生产 4t 水蒸气。蒸汽出口的表压 12MPa，温度 350℃，锅炉给水温度 40℃，锅炉热效率 0.85，煤的热值为 29700kJ/kg，试问锅炉每小时耗煤量多少。

5-8　抽汽回热循环蒸汽的初参数 $p_1＝13.5\text{MPa}$，$T_1＝535℃$，抽汽压力 $p_0＝0.5\text{MPa}$，乏汽压力 $p_2＝0.005\text{MPa}$，若汽轮机功率 250MW，求循环的热效率和抽汽量各为多少？

5-9　某电厂按一级再热循环工作，蒸汽初参数 $p_1＝16\text{MPa}$，$T_1＝550℃$，再热压力

$p_a=3.5\mathrm{MPa}$，再热温度 $T_b=550℃$，乏汽压力 $p_2=0.006\mathrm{MPa}$。试计算再热循环的乏汽干度和热效率。若不采用再热，同参数朗肯循环的乏汽干度和热效率各为多少？

5-10　某蒸汽动力装置，蒸汽流量为 40t/h，汽轮机进口压力表读数为 9.0MPa，进口比焓为 3440kJ/kg，出口真空表读数为 95.06kPa，比焓为 2240kJ/kg，当地大气压力为 98.66kPa，汽轮机向环境放热 $6.3×10^3$ kJ/h。试求：

（1）汽轮机进出口蒸汽的绝对压力各为多少？

（2）单位质量蒸汽经汽轮机对外输出功为多少？

（3）汽轮机的功率为多大？

第6章

气体动力循环

根据工质的不同,动力循环可分为蒸汽动力循环和气体动力循环。气体动力装置直接以燃烧后产生的燃气作为工质,主要包括活塞式内燃机和燃气轮机装置两类。实际的动力循环过程都十分复杂,且是不可逆的,在进行循环分析时,首先对实际过程作简化处理,用简单、典型的可逆过程和可逆循环进行热力学分析和计算;然后,确定各参数间的关系,研究热机利用热能的经济性,即循环热效率,分析参数变化对热效率的影响,并研究提高循环热效率的途径。

本章主要介绍活塞式内燃机、燃气轮机的热力循环及它们的工作原理,并对它们的循环进行经济性分析。

6.1 活塞式内燃机循环及装置

6.1.1 内燃机装置

内燃机一般都是活塞式,亦称往复式,燃料直接在气缸内燃烧,以燃烧产物作为工质推动活塞做功,带动连杆曲轴机构转动,如图 6-1 所示。工质的整个热力循环都在气缸内完成,因此内燃机自身就是一完整的动力装置。内燃机具有结构紧凑、操作方便、启动迅速的特点,是一种轻便的热能动力装置,广泛用于各类汽车、拖拉机、地质钻探机械、土建施工机械、船舶以及铁路机车等方面。

能够直接在内燃机内使用的只能是液体或气体燃料。如果燃料为固体(煤),需要采用煤气发生炉,先将固体燃料制成煤气。液体燃料中,主要采用汽油和柴油两类(石油精炼过程中,在 200℃ 以下最先蒸发出来的气体凝结得到石油中最容易挥发的"汽油",其次在 200~250℃ 分馏出来的是"煤油",再其次是轻柴油和重柴油。汽油和柴油的燃烧发热量约为 46MJ/kg 和 42.6MJ/kg)。气体燃料除天然气外,也可以采用发生炉煤气或工业副产煤气。根据燃料性质的不同,内燃机分为汽油机、柴油机和煤气机,它们采用不同的燃料燃烧方法、不同的燃料供给系统。

内燃机的转速从每分钟几百转到 2000 转,燃料在气缸内停留时间只有千分之几秒甚至更短。要使燃料在短时间内完全燃烧,必须保证燃料和空气在燃烧前均匀混合。汽油喷散到空气中,由于其高挥发性,油雾中的小油滴很快气化,并与空气混合形成可燃混合气。燃料和空气均匀混合后,一旦被点火,燃烧极其迅速,在气缸内表现为爆炸性的升压作用,汽油机利用这种压力推动活塞对外做功。这类内燃机的基本构造如图 6-1(a)所示,在气缸头部装有火花塞和化油器,火花塞专为点火用,而化油器则是使液体燃料汽化,并与空气混合。

这类内燃机的特点是燃料和空气先在气缸外部混合,再送入气缸内被点火引燃,因此有"**气缸外部混合式**"或"**点燃式**"之称。

柴油的挥发性很差,通常都采用强制混合的办法。先把空气吸入气缸,压缩到 3～5MPa 的压力,这时空气的温度升高到 500℃ 以上,远超柴油的"自燃温度"(3MPa 压力下柴油自燃温度约为 205℃)。然后用高压油泵把柴油通过孔径很小的精细喷油嘴雾化并喷入气缸,和高温空气相遇后立即自燃,而且随喷随燃。这种工作方式的特点是燃料在气缸内部和空气混合,也不需要点火引燃,而是先把空气压缩到远超燃料的自燃温度使燃料自燃,因此有"**气缸内部混合式**"或"**压燃式**"之称。柴油机不需要图 6-1(a)中汽油机的化油器和火花塞,但需在气缸头部安装喷油器,采用高压油泵使得柴油在 8～150MPa 的压力下通过喷油器微细小孔,以大约 150～400m/s 的喷射速度喷入气缸,在气缸内雾化成极细雾滴,柴油雾滴在高温空气中着火燃烧,燃烧气体膨胀推动活塞做功。

点燃式和压燃式两种不同的工作方式是由汽油和柴油自身性质不同决定的。柴油机工作时缸内温度可达到 500～800℃,由于柴油的燃点是 220℃,因此向缸内喷入柴油,即可与空气混合后自燃。而汽油机的缸内温度只有 300～400℃,汽油的燃点是 427℃,即便喷入汽油,汽油也不会发生自燃。因此,汽油是无法实现压燃的,必须使用火花塞点火引燃。

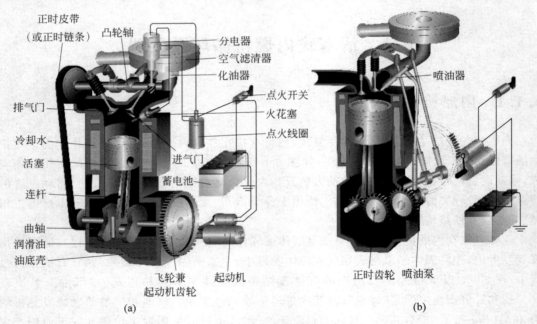

图 6-1　单缸汽油机和柴油机的构造
(a) 汽油机;(b) 柴油机
(此图来自网络)

6.1.2　四冲程内燃机热力循环

对燃气动力循环作热力分析时常采用"空气标准"假设:假定工作流体是理想气体,且具有与空气相同的热力性质。实际燃气动力循环中工质主要是燃气,在循环不同时刻其成分稍有不同；但由于燃气和空气的热物性相近，所以作近似理论分析时假定工质全部由空气构成并忽略成分变化，通常不会造成很大的误差。当然，这样的假定仅可适用于气体循环，在分析蒸汽循环时不可采用。

1. 压燃式内燃机热力循环

压燃式内燃机(如柴油机)每执行一次工作循环机轴回转两周，活塞往返运动两次，经历吸气、压缩、动力、排气四个冲程(亦称为"四冲程内燃机")，如图 6-2 所示。图 6-3 表示压燃式四冲程内燃机各冲程所对应的热力循环。

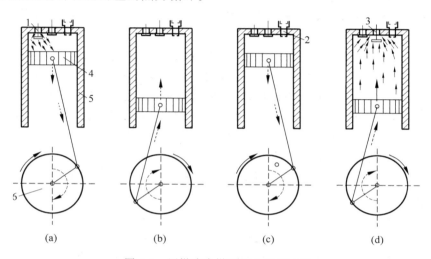

图 6-2　压燃式内燃机四个工作冲程

(a) 吸气冲程；(b) 压缩冲程；(c) 动力冲程；(d) 排气冲程

1—进气阀；2—火花塞；3—排气阀；4—活塞；5—缸体；6—飞轮连杆机构

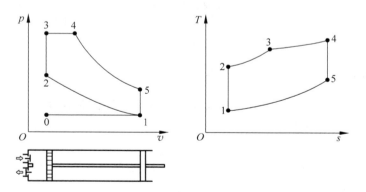

图 6-3　压燃式内燃机热力过程

(0-1 为定压吸气过程；1-0 为定压排气过程；1-2 为绝热压缩过程；2-3 为定容吸热过程；3-4 为定压吸热过程；4-5 为绝热膨胀过程；5-1 为定容放热过程)

压燃式内燃机四个工作冲程如下。

1）吸气冲程

活塞从汽缸上止点下行，进气阀开启，吸入空气。图 6-3 的过程线 0-1 是指在不考虑进气阀的节流作用时将纯空气吸入气缸的吸气冲程。

2）压缩冲程

活塞到达下止点时，进气阀关闭，活塞上行，压缩空气。过程线 1-2 代表压气冲程，即空气绝热压缩的过程。柴油机气缸内所压缩的是纯空气，空气压缩后温度需要升高到足以引起柴油自燃的温度，所以压缩比一般要达到 12～20。

3）动力冲程

当压气冲程即将终了时，把柴油喷入气缸。刚进入气缸的柴油先和空气混合，这个燃料着火准备阶段叫做"迟燃期"，迟燃期通常只有 10^{-3} s 左右。机器转速越高，迟燃期内机轴转过的角度也越大。为了使燃料实际着火的时刻刚好在活塞到达上止点时刻，就必须提前将燃料喷入气缸。

一旦油滴开始自燃，就会立即引燃周围的油滴，放出的热量使气体压力突然上升，活塞还来不及运动，气缸体积几乎不变化。将燃烧过程用从高温热源的吸热过程取代，如图 6-3 中定容吸热过程 2-3 所示。柴油自燃后，继续向气缸喷油，此时气缸内已经形成火焰，随喷随烧。活塞已离开上止点，气缸容积不断扩大，气缸里的压力可维持不变，如图 6-3 中的定压吸热过程 3-4 所示。喷油结束后，气体将继续绝热膨胀，如图 6-3 中过程线 4-5 所示。过程 3-4-5 构成压燃式内燃机的动力冲程。

压燃式内燃机燃烧过程由定容和定压两个阶段组成，所以称为"**混合加热循环**"，亦称"**萨巴德循环**"。

4）排气冲程

打开排气阀，燃烧后的气体排出气缸，压力迅速降低到排气压力。活塞向上运动到上止点，将气缸中剩余的气体排出。为便于分析，将排气冲程视为由向低温热源的定容放热过程（图 6-3 中过程 5-1）和定压排气过程（图 6-3 中过程 1-0）组成。此时，内燃机完成一个循环过程。

进、排气都是在大气压力下进行的，进气过程（0-1）中工质对活塞做的功与排气过程（1-0）中活塞对工质做的功互相抵消。因此，压燃式内燃机循环过程由 1-2-3-4-5-1 组成，循环对外做功可由 1-2-3-4-5-1 所围成面积表示。

2. 点燃式内燃机热力循环

点燃式内燃机（如汽油机）工作过程同样包含吸气、压缩、动力、排气四个冲程（图 6-4），相应的热力过程如图 6-5 所示。

1）吸气冲程

在进气阀打开的情况下，活塞自上止点向下运动把可燃混合气体定压地吸入气缸，图 6-5 中过程 0-1 代表吸气冲程。

2）压缩冲程

当活塞到达下止点时，进气阀关闭，曲轴受飞轮惯性作用而继续转动，活塞自下而上地运动；此时，气缸内气体和外界隔绝，忽略气体和气缸壁以及活塞之间传热，认为此过程是绝热压缩过程，用图 6-5 中的过程线 1-2 表示。活塞到达上止点时，可燃混合气压力和温度都显著升高，其容积已减至原有的 1/9～1/5。

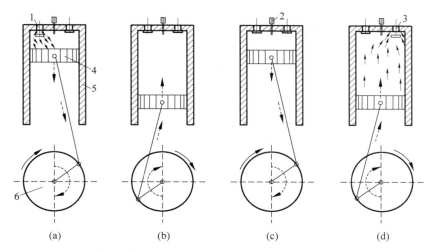

图 6-4 点燃式内燃机四个工作冲程

（a）吸气冲程；（b）压缩冲程；（c）动力冲程；（d）排气冲程

1—进气阀；2—火花塞；3—排气阀；4—活塞；5—缸体；6—飞轮连杆机构

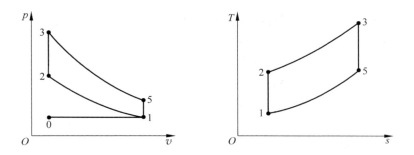

图 6-5 点燃式内燃机热力过程

（0-1 为定压吸气过程；1-0 为定压排气过程；1-2 为绝热压缩过程；2-3 为定容吸热过程；

3-5 为绝热膨胀过程；5-1 为定容放热过程）

3）动力冲程

在压缩冲程将近结束时，火花塞引燃可燃混合气体，气缸内气体压力迅速上升，这一燃烧过程时间很短，活塞几乎不发生运动，可视为定容吸热过程，用图 6-5 中的过程线 2-3 表示。高温高压燃气膨胀做功，推动活塞从上止点向下运动；同样，忽略气缸壁和活塞的传热影响，动力冲程可用图 6-5 中的绝热膨胀过程 3-5 表示。

4）排气冲程

活塞运动到下止点时，打开排气阀。由于气体泄出，缸内压力突然降至排气压力，忽略排气阀阻力。曲轴在飞轮惯性作用下继续转动，使活塞再由下向上运动，把气缸内的烟气定压地排出，完成整个工作循环的最后一个过程，即排气冲程。排气冲程用图 6-5 中的定容放热过程 5-1 和定压过程 1-0 表示。

点燃式内燃机的特点是燃烧过程 2-3 在气缸容积基本不变的情况下完成，因此，点燃式内燃机的工作循环称为"**定容加热循环**"，习惯上亦称为"**奥托循环**"。

6.1.3   内燃机循环热力分析

为说明内燃机的工作过程对循环热效率的影响,引入内燃机的下列特征参数:

(1) 压缩比:

$$\varepsilon = v_1 / v_2 \qquad (6\text{-}1)$$

表示压缩过程中工质体积被压缩的程度。

(2) 升压比:

$$\lambda = p_3 / p_2 \qquad (6\text{-}2)$$

表示定容加热过程中工质压力升高的程度。

(3) 预膨胀比:

$$\rho = v_4 / v_3 \qquad (6\text{-}3)$$

表示定压加热时工质体积膨胀的程度。对于点燃式内燃机热力循环,不存在定压加热过程,$v_4 = v_3$,$\rho = 1$。

1. 混合加热循环

对于图 6-3 所示的混合加热循环,如果已知进气状态 1(即初态)以及 ε、λ、ρ 等参数,根据理想气体热力过程计算式,即可确定循环热效率和循环净功。

在混合加热循环中,单位质量工质从高温热源吸收的热量 q_1(过程 2-3-4)以及向低温热源放出的热量 q_2(过程 5-1)分别为

$$q_1 = c_v (T_3 - T_2) + c_p (T_4 - T_3) \qquad (6\text{-}4)$$

$$q_2 = c_v (T_5 - T_1) \qquad (6\text{-}5)$$

根据动力循环热效率定义

$$\eta_t = 1 - \frac{q_2}{q_1} = 1 - \frac{c_v (T_5 - T_1)}{c_v (T_3 - T_2) + c_p (T_4 - T_3)}$$

$$= 1 - \frac{T_5 - T_1}{T_3 - T_2 + \kappa (T_4 - T_3)} \qquad (6\text{-}6)$$

过程 1-2 为绝热过程,有

$$T_2 = T_1 \left(\frac{v_1}{v_2} \right)^{\kappa - 1} = T_1 \varepsilon^{\kappa - 1} \qquad (6\text{-}7)$$

过程 2-3 为定容过程,有

$$T_3 = T_2 \frac{p_3}{p_2} = T_2 \lambda = T_1 \varepsilon^{\kappa - 1} \lambda \qquad (6\text{-}8)$$

过程 3-4 为定压过程,有

$$T_4 = T_3 \frac{v_4}{v_3} = T_3 \rho = T_1 \varepsilon^{\kappa - 1} \lambda \rho \qquad (6\text{-}9)$$

过程 4-5 为绝热过程,有

$$T_5 = T_4 \left(\frac{v_4}{v_5} \right)^{\kappa - 1} = T_4 \left(\frac{\rho v_3}{v_1} \right)^{\kappa - 1} = T_4 \left(\frac{\rho v_2}{v_1} \right)^{\kappa - 1} = T_1 \lambda \rho^{\kappa} \qquad (6\text{-}10)$$

将温度 $T_2 \sim T_5$ 代入式(6-6),得

$$\eta_t = 1 - \frac{T_1(\lambda\rho^\kappa - 1)}{T_1\varepsilon^{\kappa-1}[(\lambda-1)+\kappa\lambda(\rho-1)]}$$

$$= 1 - \frac{\lambda\rho^\kappa - 1}{\varepsilon^{\kappa-1}[(\lambda-1)+\kappa\lambda(\rho-1)]} \tag{6-11}$$

根据式(6-11),混合加热循环的热效率 η_t 与压缩比 ε、升压比 λ 和预膨胀比 ρ 有关。

压缩比 ε 和升压比 λ 增大,混合加热循环的热效率提高。但压缩比 ε 过大,压缩终了时气缸内的压力太高,气缸需要采用粗厚的机件,设备过于笨重,同时摩擦消耗的功率相应地也会增加,导致机械效率降低。而升压比 λ 越大,压力增升越猛烈,柴油机的压缩比本身很大,如果压缩终了时再有急剧的压力增升,对机件的寿命十分有害。

预膨胀比 ρ 增加,循环热效率 η_t 降低。此外,定压燃烧过程中喷入的燃料会发生燃烧不完全和燃气膨胀不充分的情况,实际热效率会进一步下降。但是,ρ 越大(即喷油停止越晚),实际喷入气缸的油量越多,柴油机的功率将增加。ρ 增大,燃料燃烧终了时温度 T_4 会相应地上升(图 6-3)。最高温度 T_4 受到气缸壁和活塞材料,以及保护性冷却措施的限制。

例题 6-1　某内燃机混合加热循环,吸热量为 2000kJ/kg,其中定容过程和定压过程吸热量各占一半,压缩比 $\varepsilon = 14$,压缩过程的初始压力 $p_1 = 0.1$MPa,温度 $T_1 = 300$K,试求:(1)循环的最高压力 p_{max};(2)循环的最高温度 T_{max};(3)循环热效率 η_t;(4)循环净功 w_{net}。(c_v 取 0.716,c_p 取 1.005)

解:(1)混合加热循环热力过程如图 6-3 所示。状态 3 点和状态 4 点压力相同,为循环最高压力。

根据理想气体状态方程,可求得

$$v_1 = R_g T_1/p_1 = 287 \times 300/(0.1 \times 10^6) = 0.861(\text{m}^3/\text{kg})$$

$$v_2 = v_1/\varepsilon = 0.861/14 = 0.0615(\text{m}^3/\text{kg})$$

1-2 过程为定熵过程。因此,

$$T_2 = T_1(v_1/v_2)^{\kappa-1} = 300 \times 14^{1.4-1} = 862.1(\text{K})$$

$$p_2 = p_1(v_1/v_2)^\kappa = 0.1 \times 14^{1.4} = 4.02(\text{MPa})$$

过程 2-3 为定容过程。3 点状态参数可根据 2 点求得

$$q_{2-3} = c_v(T_3 - T_2); \quad \frac{p_3}{p_2} = \frac{T_3}{T_2}$$

$$T_3 = q_{2-3}/c_v + T_2 = \frac{2000/2}{0.716} + 862.1 = 2258.8(\text{K})$$

$$p_3 = p_2\frac{T_3}{T_2} = 4.02 \times \frac{2258.5}{862.1} = 10.54(\text{MPa})$$

$$p_{max} = p_4 = p_3 = 10.54\text{MPa}$$

(2)混合加热循环中状态 4 点温度为最大值。

过程 3-4 为定压过程,有 $q_{3-4} = c_p(T_4 - T_3)$。因此

$$T_{max} = T_4 = \frac{q_{3-4}}{c_p} + T_3 = \frac{2000/2}{1.005} + 2258.8 = 3253.8(\text{K})$$

（3）$v_4/v_3 = T_4/T_3 = 3253.8/2258.8 = 1.44$

$$\frac{v_5}{v_4} = \frac{v_5}{v_3} \cdot \frac{v_3}{v_4} = \frac{v_1}{v_2} \cdot \frac{v_3}{v_4} = \varepsilon \frac{v_3}{v_4}$$

求得，$v_5/v_4 = 9.72$

过程 4-5 为定熵过程。

$$\frac{T_5}{T_4} = \left(\frac{v_4}{v_5}\right)^{\kappa-1}$$

$$T_5 = T_4 \left(\frac{v_4}{v_5}\right)^{\kappa-1} = 3253.8 \times \left(\frac{1}{9.72}\right)^{1.4-1} = 1310.2 \,(\text{K})$$

$$\eta_{\mathrm{t}} = 1 - \frac{q_2}{q_1} = 1 - \frac{c_v(T_5-T_1)}{c_v(T_3-T_2)+c_p(T_4-T_3)}$$

$$= 1 - \frac{T_5-T_1}{(T_3-T_2)+\kappa(T_4-T_3)}$$

$$= 1 - \frac{1310.2-300}{(2258.8-862.1)+1.40\times(3253.8-2258.8)} = 0.638$$

（4）$w_{\mathrm{net}} = \eta_{\mathrm{t}} q_1 = \eta_{\mathrm{t}}(q_{2-3}+q_{3-4})$

$$= 0.638 \times 2000 = 1275 \,(\text{kJ/kg})$$

2. 定容加热循环

在汽油机中，吸气过程吸入的是汽油与空气的混合物，经活塞压缩到上止点时由火花塞点火迅速燃烧，燃烧过程中不喷油，不存在定压加热过程，可视为混合加热循环中定压预膨胀比 $\rho=1$。当 $\rho=1$ 时，图 6-3 中的 4 点与 3 点重合为一点，即为图 6-5 所示的定容加热循环。由式（6-11）可得，定容加热循环的热效率为

$$\eta_{\mathrm{t}} = 1 - \frac{1}{\varepsilon^{\kappa-1}} \tag{6-12}$$

可见，压缩比 ε 越大，定容加热循环的热效率 η_{t} 越高，但热效率 η_{t} 的增加幅度逐步减弱。

实际上，ε 过大，压缩终了时缸内气体的温度会过高，密度亦较大，点火后燃烧会过于猛烈，造成局部应力的增加过快而形成冲击波，以至对气缸和活塞产生有害的冲击力，发生很大的金属打击声和震动，这种现象叫做"爆震"，亦称为"敲缸"。出现爆震，不仅对机件的安全不利，还会使输出功率显著降低。因此，用提高 ε 的办法来改善点燃式内燃机的经济性受到严格的限制。就普通的汽油机而言，ε 允许范围一般为 5～9；而煤气和沼气的 ε 相对较大，可达到 10。但是，由于煤气密度小，每单位容积的煤气发热量低，煤气机与同功率汽油机相比，机体庞大。而且由于煤气的燃烧速度慢，机轴转速不宜很高，煤气机的应用受到较多限制，多数情况只在有大量副产煤气可供使用的冶金、化工等企业部门使用。

对比式（6-11）和式（6-12），虽然汽油机的预膨胀比 ρ 大于柴油机，但由于柴油机的压缩比 ε 远高于汽油机，所以柴油机的热效率 η_{t} 更高。但柴油机比较笨重，机械效率低（75%～80%），而且喷油设备构造复杂，对工艺和材料的要求都比较高。在使用上，柴油机比汽油机难于启动，噪声和震动都比同功率汽油机大。所以一般来说，同样都是四冲程内燃机，柴油机较适合于作为功率较大的固定场合下的发动机，要求轻便和间断操作的场合宜采用汽油机。

3. 定压加热循环

对于同样的迟燃期,柴油机的转速越低,就表示在迟燃期内气缸里所积聚的燃料数量越少。在极限情况下,迟燃期内未积聚燃料,内燃机动力冲程中只存在定压加热过程。对这一类低速柴油机,其工作循环叫做"**定压加热循环**",亦称"**狄塞尔循环**"。定压加热循环热力过程可认为是图 6-3 中 2、3 两点重合($\lambda = 1$),热效率可直接由式(6-11),令 $\lambda = 1$ 得到。

$$\eta_t = 1 - \frac{\rho^\kappa - 1}{\varepsilon^{\kappa-1} \kappa(\rho - 1)} \qquad (6\text{-}13)$$

低速柴油机具有磨损小、维修周期长、可靠性高、适用于劣质燃油的优点,但由于转速低,活塞移动慢,同时还需要附带喷油用的压气机,整个设备从外形到重量都较庞大,现已被混合加热循环工作的柴油机所代替。

4. 内燃机工作循环比较

对于以上三种活塞式内燃机工作循环,我们在相同的条件下对它们的热力学性能进行比较。

1) 进气状态、最高温度和最高压力相同

图 6-6 给出了进气状态、最高温度和最高压力相同时混合加热、定容加热、定压加热三种循环的 T-s 图,图中,1-2-3-4-5-1 为混合加热循环,1-2'-4-5-1 为定容加热循环,1-2''-3-4-5-1 为定压加热循环。在三种循环中,进气状态均为状态点 1,而最高温度和最高压力点均为状态点 4,三种循环进气状态、最高温度和最高压力相同。这种比较条件的实质是:内燃机的使用场合、机械强度和受热强度相同。

混合加热、定容加热、定压加热三种循环的加热过程分别是 2-3-4、2'-4、2''-3-4,吸热量 q_1 对应面积分别是 $b12345a$、$b12'45a$、$b12''345a$。因此,

$$q_{1,v} < q_{1,m} < q_{1,p}$$

式中,下标 m、v、p 分别代表混合加热、定容加热、定压加热循环。

三种循环的放热过程均为 5-1,放热量对应面积 $a51b$。

$$q_{2,v} = q_{2,m} = q_{2,p}$$

根据热效率定义,$\eta_t = 1 - q_2/q_1$,可知

$$\eta_{t,v} < \eta_{t,m} < \eta_{t,p}$$

在进气状态、最高温度和最高压力相同情况下,定压加热循环效率最高,而定容加热循环效率最低。因此,内燃机在热强度、机械强度受限的情况下,采用定压加热循环可以获得更高的热效率。

2) 进气状态、最高压力和吸热量相同

图 6-7 为进气状态、最高压力和吸热量相同时混合加热、定容加热、定压加热三种循环的 T-s 图,图中,1-2-3-4-5-1 为混合加热循环,1-2'-4'-5'-1 为定容加热循环,1-2''-3-4''-5''1 为定压加热循环。在三种循环中,进气状态均为状态点 1,最高压力相同,$p_4 = p_{4'} = p_{4''}$。这种比较条件的实质是:内燃机在相同的地区使用,内燃机所承受的机械强度相同,燃料消耗量也相同。

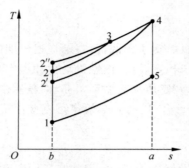

图 6-6 循环热力学性能比较(进气状态、最高温度、最高压力相同)

当吸热量相同($q_{1,v}=q_{1,m}=q_{1,p}$)时,最高温度(状态点 4、4′、4″)关系为,$T_{4'}>T_4>T_{4''}$,如图 6-7 所示。混合加热、定容加热、定压加热三种循环的放热过程分别为 5-1、5′-1、5″-1,放热量对应面积分别为 $a51ba$、$a'51ba'$、$a''51ba''$。

$$q_{2,v}>q_{2,m}>q_{2,p}$$

因此,热效率

$$\eta_{t,v}<\eta_{t,m}<\eta_{t,p}$$

在进气状态、最高压力和吸热量相同的条件下,定压加热循环的热效率最高。定压加热循环的压缩比 ε 也最大(2″点压力大于 2 和 2′点),对装置机械强度的要求也最高。

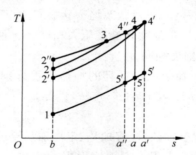

图 6-7 循环热力学性能比较(进气状态、最高压力、吸热量相同)

6.1.4 二冲程内燃机工作循环

在四冲程发动机中,曲轴每旋转两圈,活塞往复移动两次,经历四个冲程完成一个工作循环。四个冲程中只有其中一个冲程(工作冲程)是对外做功的过程,所以转矩不均匀,要在曲轴上装设较大的飞轮,或者用较多的气缸交替地工作。如果设法使吸气和排气的过程也在压缩和工作冲程内完成,使内燃机的工作循环在两个冲程内实现,从而提高内燃机的功率(理论上可提高 1 倍),改善曲轴转动的平稳性。这种内燃机叫做"**二冲程内燃机**"。

图 6-8 为利用曲轴箱增压扫气的二冲程内燃机的基本工作过程。

第一冲程:换气-压缩冲程。活塞由下止点向上止点运动,依次完成排气、换气,压缩及进气。

活塞 4 处于下止点,此时排气口 3 和扫气口 7 处于打开状态,燃烧后的气体由排气口 3 排出。同时,曲轴箱 1 内的气体(充入的空气或可燃混合气)通过换气口 7 进入气缸 6。

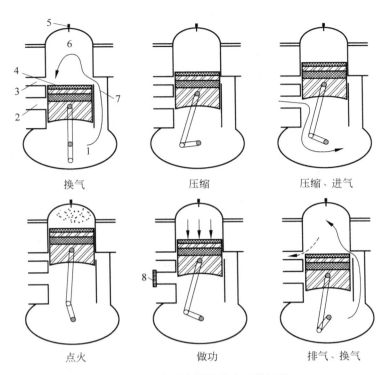

图 6-8　二冲程内燃机基本工作过程

1—曲轴箱；2—进气口；3—排气口；4—活塞；5—火花塞或喷油嘴；6—气缸；7—扫气口；8—单向阀片

活塞 4 继续上行,先将扫气口 7 覆盖,继而将排气口 3 关闭,此时扫气过程结束。活塞 4 上行打开进气口 2,新鲜空气或可燃混合气吸入曲轴箱 1。

活塞 4 再继续上行,将封闭在气缸 6 内的新充入气体和未排净的少量废气压缩到上止点,完成压缩过程。

第二冲程：膨胀-换气冲程。活塞由上止点向下止点运动,完成做功、排气和换气。其中换气贯穿两个冲程。

压缩结束后,气缸 6 内压力和温度增加,活塞 4 接近上止点时点火(或喷油),燃料燃烧,燃气压力和温度急剧升高,在高温高压气体作用下,推动活塞 4 从上向下运动,即为绝热膨胀过程。这时,内燃机对外做功,通过连杆推动曲轴作旋转运动,将机械功输出。当活塞 4 继续下行并打开排气口 3 时,废气因压力较高从排气口自行逸出,气缸 6 内压力随即下降,待活塞打开扫气口时新鲜气体进入气缸并清扫废气,活塞再移至下止点时即完成一个工作循环。

二冲程内燃机的排气时间比较短促,扫气很难彻底,转速比较高时燃烧不完全损失会增加;同时扫气也会消耗一部分机械功。因此,采用二冲程循环会使得油耗率一定程度增加。除此之外,扫气时总不可避免地会有一部分新气夹杂在乏气中同时排出。这对于点燃式内燃机来说,就意味着在扫气过程中还会浪费掉一部分燃料,油耗率更大。所以,从运行经济性的观点出发,二冲程循环不适用于汽油机或煤油机。

二冲程内燃机虽然热效率不如四冲程内燃机,但功率可以比同样气缸尺寸和同样转速的四冲程内燃机大 $60\%\sim80\%$,设备重量和所占空间大大减小。如果要发出相同的功率,采用二冲程内燃机可以减少气缸的数目,节省一部分喷油设备。此外,二冲程内燃机的转矩较四冲程内燃机也均匀得多。所以,对低速的大型柴油机,多采用二冲程工作循环。在一些特殊场合下,也可以看到小型二冲程汽油机,例如摩托车上的小型汽油发动机,此时对发动机的要求主要是结构紧凑、简单,对油耗率的要求比较次要。

对二冲程内燃机扫气的改进是一项重要的工作。二冲程内燃机有横流、回流和直流三种常见的扫气方式,如图 6-9 所示。

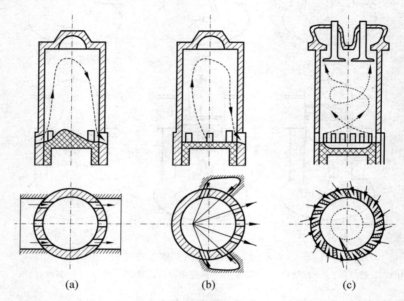

图 6-9　二冲程内燃机扫气方式

(a) 横流扫气;(b) 回流扫气;(c) 直流扫气

(1) 横流扫气:扫、排气口分别布置在气缸下部的两侧,扫气时新充入气体易于横越气缸,径直流向排气口。这种扫气方式存在以下缺点:废气难以清除干净,且有新充入气体漏失,所以扫气质量不高。但这种方式结构简单,小型汽油机尚有采用的。

(2) 回流扫气:扫气口和排气口分别布置在气缸下部的同一侧,扫气充入气缸后先向上流动,然后再折转流向排气口,在气缸内形成扫气回流。这种扫气方式的扫气质量较高,结构也简单,获得广泛应用。

(3) 直流扫气:有气口-气门式和气口-气口式(即对置活塞式)之分。扫气由扫气口进入气缸,沿气缸轴线单向流动,同时绕气轴线旋转,将废气从排气口(排气阀)扫出,新充入气体与废气基本不掺混。相比于横流扫气和回流扫气,直流扫气方式的扫气质量最好,应用广泛,尤其适用于长行程船用柴油机。

二冲程内燃机用扫气泵中,应用最广的是罗茨压缩机和离心压缩机。有的小型内燃机用曲轴箱作为扫气泵。有的大型船用柴油机用活塞底部作为扫气泵,称为活塞底泵。也有少数二冲程内燃机采用螺杆压缩机和滑片压缩机作为扫气泵。

6.2 燃气轮机循环与装置

6.2.1 燃气轮机装置工作过程

往复式内燃机的压缩、燃烧和膨胀都在同一气缸里顺序、重复地进行,气流的不连续以及活塞往复运动时的惯性力对转速的影响都限制发动机的功率。如果让压缩、燃烧和膨胀分别在压气机、燃烧室和功率输出透平(燃气轮机)三种设备里进行,这就构成了另一种内燃动力装置——**燃气轮机装置**。

图 6-10 和图 6-11 分别是燃气轮机装置及其流程示意图。空气首先进入轴流式压气机中,压缩到一定压力后送入燃烧室和燃料混合燃烧,燃气温度通常可高达 1800～2300K,这时二次冷却空气与高温燃气混合,使混合气体降低到适当的温度,而后进入燃气轮机。在燃气轮机中混合气先在由静叶片组成的喷管中膨胀,把热能部分地转变为动能,形成高速气流,然后冲入由固定在转子上的动叶片组成的通道,形成推力推动叶片,使转子转动而输出机械功。燃气轮机做出的功除带动压气机外,剩余部分(净功量)对外输出。从燃气轮机排出的废气排出系统完成循环。

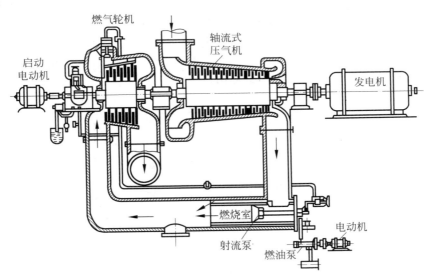

图 6-10 燃气轮机装置
(此图来自网络)

除了工质不同以外,燃气轮机的工作方式和构造与汽轮机相同,也是高速回转的叶轮式热机,转速常在 3000r/min 以上,甚至高达几万 r/min,能在较小的重量和尺寸下产生相当大的功率输出,运转平稳,力矩均匀。和采用汽轮机的蒸汽动力装置相比,燃气轮机装置"内燃"的特点免除了复杂笨重的锅炉设备,使整个动力装置变得紧凑轻巧,管理简便,启动迅速。

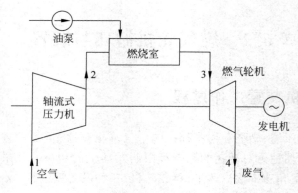

图 6-11　燃气轮机装置流程示意图

6.2.2　燃气轮机简单循环

　　燃气轮机装置实际循环是开式的、不可逆的,在循环中工质的组成、状态都会发生变化。与活塞式内燃机循环一样,为分析方便同样把实际循环加以理想化,假设:①忽略喷入的燃油质量并把燃气看作空气,且作理想气体处理,比热容取定值;②忽略燃烧室内的流动压降,并将之视为可逆定压加热过程,并把燃气轮机排出废气过程近似为定压放热过程;③气体在压气机及燃气轮机内经历可逆绝热压缩和可逆绝热膨胀过程。

　　燃气轮机装置的理想热力循环的 $p\text{-}v$ 图和 $T\text{-}s$ 图如图 6-12 所示,循环包含绝热压缩、等压加热、绝热膨胀和等压放热四个可逆过程。由于其燃料燃烧过程是在定压下进行的,所以称为定压加热燃气轮机循环,亦称**布雷顿循环**。

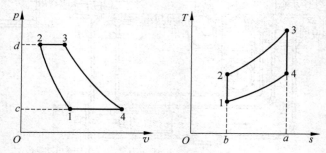

图 6-12　布雷顿循环 $p\text{-}v$ 和 $T\text{-}s$ 图
(1-2 为绝热压缩过程;2-3 为等压加热过程;3-4 为绝热膨胀过程;4-1 为等压放热过程)

循环中工质的吸热量为

$$q_1 = c_p(T_3 - T_2) \tag{6-14}$$

工质放出的热量为

$$q_2 = c_p(T_4 - T_1) \tag{6-15}$$

比热容为定值,循环的热效率为

$$\eta_t = 1 - \frac{q_2}{q_1} = 1 - \frac{c_p(T_4 - T_1)}{c_p(T_3 - T_2)}$$

$$=1-\frac{T_1\left(\dfrac{T_4}{T_1}-1\right)}{T_2\left(\dfrac{T_3}{T_2}-1\right)} \tag{6-16}$$

将循环最高压力与最低压力之比,即循环增压比,用 π 表示,$\pi=p_2/p_1$;循环最高温度与最低温度之比,即循环增温比,用 τ 表示,$\tau=v_2/v_1$。

对于可逆绝热压缩过程 1-2 和可逆绝热膨胀过程 3-4,有

$$\frac{T_2}{T_1}=\left(\frac{v_2}{v_1}\right)^{\frac{1}{k-1}}=\left(\frac{p_2}{p_1}\right)^{\frac{k-1}{k}},\quad \frac{T_3}{T_4}=\left(\frac{v_3}{v_4}\right)^{\frac{1}{k-1}}=\left(\frac{p_3}{p_4}\right)^{\frac{k-1}{k}} \tag{6-17}$$

因为

$$p_2=p_3,\quad p_1=p_4 \tag{6-18}$$

则

$$\frac{T_2}{T_1}=\pi^{\frac{k-1}{k}} \tag{6-19}$$

所以,循环的热效率为

$$\eta_t=1-\frac{1}{\pi^{\frac{k-1}{k}}} \tag{6-20}$$

由式(6-20)可知,简单燃气轮机循环的热效率与增压比和绝热指数有关,而与增温比无关。因为假定工质是空气,比热容为定值,绝热指数 k 也为定值,所以 η_t 只与 π 有关。π 增大,η_t 也随之增大。

对于热动装置,除了要求效率高,还希望单位质量工质在循环中所做的净功 w_{net} 大。对于一些特定场合,例如航空、舰船等,w_{net} 这一指标尤为重要。在定压加热循环中,当循环增温比 τ 一定时,随着循环增压比 π 提高,单位质量工质的输出净功 w_{net} 并不是越来越大,而是存在一个最佳增压比,使输出净功最大。

循环输出净功

$$\begin{aligned}w_{net}&=q_1-q_2=c_p(T_3-T_2)-c_p(T_4-T_1)\\&=c_pT_1\left(\frac{T_3}{T_1}-\frac{T_4}{T_1}-\frac{T_2}{T_1}+1\right)\\&=c_pT_1\left(\frac{T_3}{T_1}-\frac{T_4}{T_3}\frac{T_3}{T_1}-\frac{T_2}{T_1}+1\right)\end{aligned} \tag{6-21}$$

将式(6-17)代入,得

$$w_{net}=c_pT_1\left(\tau-\tau\pi^{\frac{1-\kappa}{\kappa}}-\pi^{\frac{\kappa-1}{\kappa}}+1\right) \tag{6-22}$$

可以看出,循环最高温度与最低温度一定时,循环净功仅是增压比 π 的函数。将循环净功对增压比求导,并令导数为零,可求得最佳增压比为

$$\pi_{w_{net,max}}=\tau^{\frac{\kappa}{2(\kappa-1)}} \tag{6-23}$$

对应于最大循环净功为

$$w_{net,max}=c_pT_1\left(\sqrt{\tau}-1\right)^2 \tag{6-24}$$

随增温比 τ 增加,最佳增压比增加,对应的最大循环净功增大。因此,在材料强度许可

的前提下尽可能提高最高温度,有利于提高燃气轮机装置的功率。

6.2.3　带回热的燃气轮机循环

燃气轮机的乏汽仍具有很高的温度,可以直接用乏汽加热送往燃烧室的空气,利用"回热器"回收乏汽余热。类似蒸汽动力循环,采用"回热"方式可提高燃气轮机循环的热效率。

图 6-13 为具有回热的燃气轮机装置流程的示意图,简化的回热循环的 T-s 图如图 6-14 所示。工质在燃气轮机中膨胀做功后,温度 T_4 还相当高,向冷源放热造成很大的热损失。因此可在装置中增添一个回热器,利用燃气轮机排气的热量加热压缩后的空气。

将压缩后的空气从 T_2 加热到排气温度 T_5,在极限回热情况下,$T_5 = T_4$;同时,燃气轮机的排气从 T_4 冷却到 T_2,$T_6 = T_2$。这样,工质自外热源吸热过程为 5-3,吸热量 $q_1 = h_3 - h_5$,即面积 $53ac5$。与无回热循环的吸热过程 2-5-3 比较,减少的吸热量对应于面积 $25cb2$。循环净功仍对应于面积 12341,循环净功 w_{net} 不变。因此,采用回热后循环热效率提高。

目前中型和大型固定式的燃气轮机装置已设有回热器,以提高装置热效率。回热器是一种气体与气体的换热器,单位换热面积的传热能力较差,所以回热器一般体积庞大,造价也比较昂贵,工程上需在运行经济性和投资成本之间权衡取舍,选取合适的回热器。

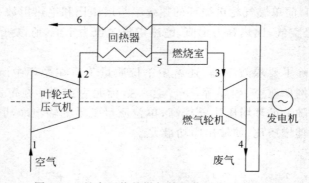

图 6-13　具有回热的燃气轮机装置流程示意图

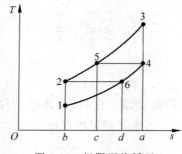

图 6-14　极限回热循环

(1-2 为绝热压缩过程;2-5-3 为定压加热过程;3-4 为绝热膨胀过程;4-6-1 为定压放热过程;
过程 4-6 与 2-5 进行热较换,换热量为 $25cb2$ 或 $46da4$)

6.2.4　喷气式发动机

喷气式发动机是一种利用燃气燃烧膨胀后的动能的动力装置,也属于热机。喷气式发动机动能不会转变为发动机轴上的机械功,而是基于反作用原理来推动某些动力装置,如飞机、火箭等。

现代高速飞机应用的涡轮喷气式发动机如图 6-15 所示,其结构由进气口 10、压气机 2 和 3、燃烧室 8、涡轮机 7、尾喷管等组成。当飞机在空中高速飞行时,高速空气首先从进气口进气。为了产生一定的增压比,空气进入多级轴流式压气机压缩,压气机由燃气轮机带动。压缩空气进入燃烧室,油泵将油喷入燃烧室,两者混合后进行定压燃烧。高温燃气首先在涡轮机中部分膨胀,产生功率用以带动压气机和油泵,然后再进入尾喷管继续膨胀,形成高速气流喷射,所产生的反作用力推进整个飞机。

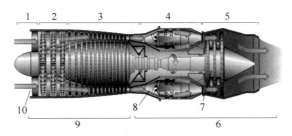

图 6-15　涡轮喷气式发动机示意图

1—进气;2、3—低压和高压压缩;4—燃烧;5—排气;6—热区域;7—涡轮机;

8—燃烧室;9—冷区域;10—进气口

(此图来自网络)

喷气式发动机的热力循环与定压燃烧燃气轮机循环类似,如图 6-16 所示。1-2 为压气机中空气绝热压缩过程。2-3 为燃料燃烧,简化为定压加热过程。3-5 为涡轮机中气体绝热膨胀做功,带动压气机压缩空气,因此,压气机耗功(以面积 $12ca1$ 表示)等于燃气轮机输出的功(以面积 $35bc3$ 表示)。5-4 为尾喷管中膨胀做功以产生推力,工质流经尾喷管绝热膨胀喷出高速气流,其动能即相当于过程 5-4 的技术功(以面积 $54ab5$ 表示)。由于面积 $12ca1$ 等于面积 $35bc3$,因此,推动飞机前进的动力仍可以用图中面积 12341 表示。

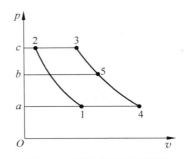

图 6-16　喷气式发动机循环

(1-2 为绝热压缩过程;2-3 为定压加热过程;3-5 为绝热膨胀做功(用于气体压缩);

5-4 为绝热膨胀做功(推动力);4-1 为定压放热)

从产生、输出能量的原理上讲,喷气式发动机和燃气轮机装置是相同的,都经历加压、燃烧和排气过程。因此,喷气式发动机定压加热循环的热力分析与燃气轮机装置定压加热循环基本相同。由燃气轮机循环分析可知,根据式(6-24),随增温比 τ 增加(即气流离开燃烧室的温度 T_3 增加),对应的最大循环净功增大,发动机的推力也就越大。当然,T_3 的增加受到涡轮材料限制,通常只能达到 1650K 左右。

6.3　燃气蒸汽联合循环

分析卡诺循环可知,动力循环的热效率取决于加热时高温热源的温度与排热时低温热源的温度。加热热源温度越高,排热热源温度越低,则热效率越高。目前燃气轮机装置的燃气加热温度已达到 1300℃,但它的排热温度也很高,一般为 400~500℃,远高于环境温度。而蒸汽动力循环排热温度较低,可达 30℃ 左右。由于锅炉过热器、汽轮机材料的耐热及强度限制,蒸汽循环加热时的上限温度在 700℃ 以内,又远低于蒸汽锅炉中燃料的燃烧温度。

若采用两种工质的联合循环,把燃气轮机装置的排热用于蒸汽轮机装置的加热,则联合动力装置的总加热为高温下的燃气加热,总排热为低温下的蒸汽排热。这种联合动力装置扩大了工作温度范围,热效率得到了提高。

以燃气为高温工质、蒸汽为低温工质的联合循环方案之一如图 6-17 所示。它是定压加热燃气轮机循环与朗肯循环的组合,余热锅炉既取代了朗肯循环中的加热锅炉(蒸汽发生器),又取代了燃气轮机循环在大气中的定压排热过程。在理想情况下,燃气轮机装置定压放热量 Q_{41} 可全部由余热锅炉予以利用,产生水蒸气。所以理论上整个联合循环的加热量即为燃气轮机装置的加热量 Q_{23},放热量即为蒸汽轮机装置的放热量 Q_{fa}。因此,联合循环的热效率为

$$\eta_t = 1 - \frac{Q_{fa}}{Q_{23}} \tag{6-25}$$

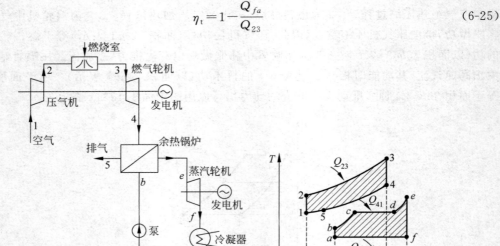

图 6-17　燃气蒸汽联合循环

实际循环中,过程4-5排放的热量得到利用,过程5-1仍向大气放热,故其热效率应为

$$\eta_{t} = 1 - \frac{Q_{fa} + Q_{51}}{Q_{23}} \tag{6-26}$$

在大型热力发电设备中,单独的燃气轮机或蒸汽轮机的热效率一般都在 38%～42% 左右,先进的燃气轮机热效率也只能达到 42%～44%,先进的超临界参数蒸汽轮机热效率也只能达到 45%～49%。采用燃气-蒸汽联合循环后,循环效率可达到 55%～60% 以上。

本 章 小 结

通过本章学习:

(1) 了解点燃式内燃机和压燃式内燃机的工作原理。

(2) 掌握混合加热循环、定容加热循环、定压加热循环的热力学分析、热效率计算。

(3) 了解二冲程内燃机工作原理。

(4) 了解燃气轮机装置、喷气发动机工作原理。

(5) 掌握定压加热燃气轮机循环的热力学分析、热效率计算。

(6) 了解燃气蒸汽联合循环工作过程。

1. 活塞式内燃机循环及装置

内燃机可分为**点燃**和**压燃**式两种工作方式。采用点燃工作方式,燃料和空气先在气缸外部混合,再送入气缸内被点火引燃。采用压燃工作方式,燃料在气缸内部和空气混合,不需要点火引燃,而是先把空气压缩到远超燃料的自燃温度使燃料自燃。

四冲程内燃机:每执行一次工作循环机轴回转两周,活塞往返运动两次,经历**吸气、压缩、动力、排气**四个冲程。

压燃式内燃机燃烧过程由定容和定压两个阶段组成,所以称为“**混合加热循环**”;而点燃式内燃机的特点是燃烧过程在气缸容积基本不变的情况下完成,点燃式内燃机的工作循环称为“**定容加热循环**”。

混合加热循环热效率:

$$\eta_{t} = 1 - \frac{\lambda \rho^{\kappa} - 1}{\varepsilon^{\kappa-1}\left[(\lambda-1) + \kappa\lambda(\rho-1)\right]}$$

定容加热循环热效率:

$$\eta_{t} = 1 - \frac{1}{\varepsilon^{\kappa-1}}$$

定压加热循环效率:

$$\eta_{t} = 1 - \frac{\rho^{\kappa} - 1}{\varepsilon^{\kappa-1}\kappa(\rho-1)}$$

在进气状态、最高温度和最高压力相同情况下,定压加热循环效率最高,而定容加热循环效率最低。在进气状态、最高压力和吸热量相同的条件下,定压加热循环的热效率也最高。

二冲程内燃机:吸气和排气的过程也在压缩和工作冲程内完成,使内燃机的工作循环在两个冲程内实现,从而提高内燃机的功率(理论上可提高1倍),改善曲轴转动的平稳性。

2. 燃气轮机循环与装置

定压加热燃气轮机循环：循环包含绝热压缩、等压加热、绝热膨胀和等压放热四个可逆过程，其中，燃料在定压下进行燃烧。

定压加热燃气轮机循环热效率：

$$\eta_t = 1 - \frac{1}{\pi^{\frac{k-1}{k}}}$$

最佳增压比：

$$\pi_{w_{net,max}} = \tau^{\frac{\kappa}{2(\kappa-1)}}$$

最大循环净功：

$$w_{net,max} = c_p T_1 (\sqrt{\tau} - 1)^2$$

在燃气轮机装置中增添一个回热器，利用燃气轮机排气的热量加热压缩后的空气，这样的循环称为**带回热的燃气轮机循环**。采用"回热"方式可提高燃气轮机循环的热效率。

3. 燃气蒸汽联合循环

燃气蒸汽联合循环是采用两种工质的联合循环，把燃气轮机装置的排热用于蒸汽轮机装置的加热。联合循环的热效率为

$$\eta_t = 1 - \frac{Q_{fa}}{Q_{23}}$$

思 考 题

1. 柴油机在使用过程中喷油嘴保养不好，致使燃油雾化不良，燃烧延迟，此时柴油机的经济性如何？

2. 气体压缩过程均需要耗功，为什么内燃机和燃气轮机装置在燃烧前均需要压缩？

3. 为什么柴油机采用压燃式而汽油机采用点燃式？

4. 在燃气轮机装置中，若压缩过程不是绝热压缩而是定温压缩，可以减少压气机耗功、增加循环功，用 T-s 图分析循环采用定温压缩热效率是提高还是降低？

习 题

6-1 在燃气轮机的定压加热循环中，工质视为空气，进入压气机的温度 $t_1 = 27℃$，压力 $p_1 = 0.1\text{MPa}$，循环增压比 $\pi = 4$。在燃烧室内吸热量 $q_1 = 333\text{kJ/kg}$，经绝热膨胀至 $p_4 = 0.1\text{MPa}$，比热容为定值。

(1) 画出循环的 T-s 图；

(2) 求循环的最高温度；

(3) 求循环的净功量和热效率。

6-2 某一定容加热的活塞式内燃机，吸气温度 $t_1 = 27℃$，吸气压力 $p_1 = 1\text{bar}$，压缩比 $\varepsilon = 8$，循环最高温度为 $1093℃$，比热容为定值，求加热量 q_1，循环功 w_0 及热效率 η_t。

6-3　活塞式内燃机混合加热循环的参数为：$p_1 = 0.1\text{MPa}$，$t_1 = 17\text{℃}$，压缩比 $\varepsilon = 16$，压力升高比 $\lambda = 1.4$，预膨胀比 $\rho = 1.7$，假设工质为空气，比热容为定值，求循环各点状态、循环净功 w 及循环热效率 η_t。

6-4　定压加热燃气轮机循环的参数为：$p_1 = 1\text{bar}$，$t_1 = 27\text{℃}$，增压比 $\varepsilon = 6$，最高温度 $T_3 = 700\text{℃}$。求循环净功 w、吸热量 q_1 及循环热效率 η_t。

6-5　某燃气蒸汽联合循环，燃气轮机循环热效率为 25%，蒸汽轮机循环热效率为 35%，求联合循环的热效率。

第 7 章

制冷循环

动力装置是热能向机械能转换,而制冷和热泵装置是消耗机械能实现将热量从低温向高温的"搬运"。制冷与热泵装置的区别在于:制冷的目的是从低温热源(如冷库、冰箱等)不断取热,以维持低温;而热泵则是向高温物体(如建筑供暖、烘干装置)提供热量,使其保持一定的较高温度。

从热力学上分析,制冷循环和热泵循环均是逆向循环(p-v 图、T-s 图中循环过程为逆时针方向),它们的本质是相同的。本章主要介绍制冷循环,对于热泵循环的分析可参考制冷循环。

7.1 逆向卡诺循环

在制冷循环中,不可逆过程可分为内部不可逆和外部不可逆。制冷工质在流动或状态变化过程中,因摩擦、扰动或内部不平衡引起的损失,属于内部不可逆;而蒸发器、冷凝器等换热装置在温差作用下传热引起的不可逆损失,属于外部不可逆。

有些循环除了一两个不可避免的不可逆过程外,其余均为可逆过程,这样的循环称为**理想循环**。除特别说明外,本章节的循环都假定为理想循环。通过对理想循环的研究,可寻找热力学上最完善的制冷循环,作为实际循环效率高低的评价标准。

工作在恒温的高温热源和低温热源之间,由两个等温过程和两个等熵过程组成的逆向可逆循环,称为**逆卡诺循环**。由于不存在不可逆损失,在相同温度范围内,逆卡诺循环消耗功最小,为热力学效率最高的制冷循环。

图 7-1 为逆卡诺循环的 T-s 图。图中,1-2 为等熵压缩过程,3-4 为等熵膨胀过程,2-3 为等温放热过程,4-1 为等温吸热过程。高温热源(通常为环境)的温度为 T_h,低温热源(通常为被冷却对象)的温度为 T_1,它们分别等于制冷工质放热时的温度和吸热时的温度。

对图中循环 1-2-3-4-1 进行分析。过程 2-3 中,工质向高温热源放热量,在 T-s 图上以面积 23562 表示,为

$$q_1 = T_h(s_b - s_a) \tag{7-1}$$

在过程 4-1 中,制冷工质从被冷却对象所吸取的热量(即制冷量)为

$$q_2 = T_1(s_b - s_a) \tag{7-2}$$

根据能量守恒,循环所消耗的净功 w_{net} 等于放热量与吸热量之差:

$$w_{net} = q_1 - q_2 \tag{7-3}$$

所消耗的功 w_{net} 在 T-s 图上以面积 12341 表示。

从低温物体中吸收的热量与消耗的净功之比,称为制冷系数,用 ε_c 表示:

$$\varepsilon_c = q_2 / w_{net} \tag{7-4}$$

将式(7-2)、式(7-3)代入式(7-4),可得逆卡诺循环的制冷系数为

$$\varepsilon_c = \frac{T_1}{T_h - T_1} = \frac{1}{\dfrac{T_h}{T_1} - 1} \tag{7-5}$$

与卡诺循环相同,逆卡诺循环的制冷系数只与高温和低温热源温度有关,而与制冷工质的性质无关。逆卡诺循环的制冷系数与 $T_h - T_1$ 成反比。当 T_h 接近 T_1,ε_c 的值迅速增大,只需要少量的功就可以把较多的热量从低温热源转移到高温热源。高温温度 T_h 的升高,低温温度 T_1 的降低,均会使得制冷系数降低,但是相比较而言,T_1 降低的影响程度更为明显,要实现较低温度的制冷具有更大的困难。

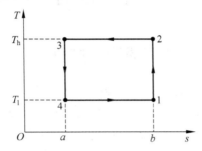

图 7-1 逆卡诺循环在 T-s 图上的表示

对于具有传热温差(外部不可逆)的循环,如图 7-2 所示,图中高温热源温度为 T_h,制冷工质向高温热源放热时的温度为 T_h',低温热源的温度为 T_1,制冷工质向低温热源吸热时的温度为 T_1'。如果 4'-1' 和 2'-3' 为可逆过程,则循环 1'-2'-3'-4'-1' 的制冷系数为

$$\varepsilon = \frac{T_1'}{T_h' - T_1'} \tag{7-6}$$

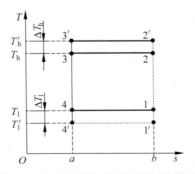

图 7-2 有传热温差的不可逆制冷循环

根据热力学第二定律,任何一个不可逆循环的制冷系数,总是小于相同热源温度时的逆卡诺循环的制冷系数,ε 小于 ε_c。而一切实际的制冷循环都是不可逆循环,因此,一切实际循环的制冷系数总是小于相同热源时的逆卡诺循环的制冷系数。

为描述实际循环与逆卡诺循环的接近程度,我们定义**热力完善度** η 为

$$\eta = \frac{\varepsilon}{\varepsilon_c} \tag{7-7}$$

式中，ε 为实际制冷循环制冷系数；ε_c 为相同热源温度时的逆卡诺循环的制冷系数。当工作温度一定时，热力完善度随制冷系数增加而增高。

制冷系数和热力完善度都是评价循环经济性的指标，但是它们的意义是不同的。从数值上看，制冷系数可以大于 1 也可以小于 1，而热力完善度始终小于 1，这是因为理想的可逆循环实际上不可能达到。制冷系数是随循环的工作温度而变的，因此只能用来评价相同热源温度下循环的经济性；而对于在不同热源温度下工作的制冷循环，需要通过热力完善度的数值大小（接近 1 的程度）来判断循环的经济性。

7.2 气体压缩制冷循环

7.2.1 气体压缩式制冷循环原理及特性

以空气、氮气等气体作为制冷工质时，气体（工质）不发生相变，难以实现定温加热和定温放热，循环过程不能按逆卡诺循环进行。在气体压缩制冷循环中，用两个定压过程来代替逆卡诺循环的两个定温过程，故循环可视为逆向布雷顿循环。气体压缩制冷装置主要由冷库、压气机、冷却器和膨胀机组成，其示意图如图 7-3，循环对应的 $p\text{-}v$ 图和 $T\text{-}s$ 图如图 7-4 所示。

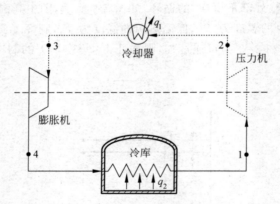

图 7-3 气体压缩制冷循环装置图

图中 T_c 为冷库温度，T_0 为环境温度。从冷库出来的气体（状态 1），$T_1 = T_c$；进入压气机后被绝热压缩到状态 2，此时温度高于 T_0；然后进入冷却器，在定压下被冷却介质冷却到状态 3，$T_3 = T_0$；冷却后的高压气体再进入膨胀机绝热膨胀到状态 4，此时温度已低于 T_c；最后进入冷库，在定压下从冷库吸收热量（即制冷量），回到状态 1，完成一次循环。

过程 2-3 中，工质向高温热源放热量

$$q_1 = h_2 - h_3 \tag{7-8}$$

过程 4-1 中，工质从冷库吸热量

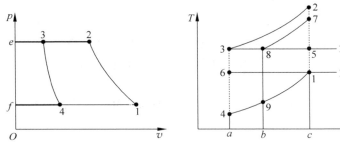

图 7-4　气体压缩制冷循环状态图

(1-2 为绝热压缩过程；2-3 为定压放热过程；3-4 为绝热膨胀过程；4-1 为定压吸热过程；循环 1-2-3-4-1 和
循环 1-7-8-9-1 在相同高温和低温热源下工作，其中循环 1-7-8-9-1 的增压比更低)

$$q_2 = h_1 - h_4 \tag{7-9}$$

根据热力学第一定律，循环净功量 w_{net} 等于放热量、吸热量之差：

$$w_{net} = q_{net} = (h_2 - h_3) - (h_1 - h_4) \tag{7-10}$$

循环的制冷系数

$$\varepsilon = \frac{q_2}{w_{net}} = \frac{h_1 - h_4}{(h_2 - h_3) - (h_1 - h_4)} \tag{7-11}$$

近似取比热容为定值，则

$$\varepsilon = \frac{T_1 - T_4}{(T_2 - T_3) - (T_1 - T_4)} \tag{7-12}$$

过程 1-2 和 3-4 均为定熵过程，因此有

$$\frac{T_2}{T_1} = \frac{T_3}{T_4} = \left(\frac{p_2}{p_1}\right)^{\frac{\kappa-1}{\kappa}} \tag{7-13}$$

将上式代入制冷系数表达式可得

$$\varepsilon = \frac{T_1}{T_2 - T_1} = \frac{1}{\dfrac{T_2}{T_1} - 1} = \frac{1}{\pi^{\frac{\kappa-1}{\kappa}} - 1} \tag{7-14}$$

式中，$\pi = p_2/p_1$，称为循环增压比。

在相同的冷库温度(T_1)和环境温度(T_3)下，逆向卡诺循环 1-5-3-6-1 的制冷系数为

$$\varepsilon_c = \frac{T_1}{T_3 - T_1} \tag{7-15}$$

比较式(7-14)和式(7-15)，由于 $T_2 > T_3$，因此，$\varepsilon < \varepsilon_c$。即逆向卡诺循环制冷系数大于同温度下气体压缩循环的制冷系数。

从式(7-14)中还可以看出，气体压缩制冷循环的制冷系数与循环增压比 π 有关，π 越小，ε 越大。但是，π 减小会导致膨胀温差变小，循环制冷量减小。图 7-4 温熵图中，循环 1-7-8-9-1 的增压比比循环 1-2-3-4-1 的小，循环 1-7-8-9-1 制冷量对应面积为 $19bc1$，而循环 1-2-3-4-1 的制冷量对应面积为 $14ac1$。相比较而言，循环 1-7-8-9-1 的制冷量要少。

与 7.3 节将要介绍的蒸汽压缩制冷循环相比，气体压缩制冷循环有以下优势：制冷工质(如空气、氮气等)对环境友好；气体压缩制冷装置可靠性高，运行过程中工质无相变，适

合低重力、无重力条件下的制冷。

而气体压缩制冷循环的主要缺点是单位质量工质制冷量小。由于气体的比热容小，在吸热过程 4-1 中单位质量工质吸热量（即制冷量）少。要提高制冷能力，需要增加气体流量。在不改变压缩机的情况下，提高增压比可以增大工质流量，但根据式(7-14)，循环制冷系数会降低。

目前常用的方法是在制冷循环中应用回热原理，采用叶轮式压气机和膨胀机增加气体压缩制冷循环制冷量，解决制冷量和制冷系数之间的矛盾。

7.2.2　回热式气体压缩制冷循环

回热式气体压缩制冷装置示意图及理想回热循环的 $T\text{-}s$ 图如图 7-5 所示。自冷库出来的工质，首先进入回热器升温到高温热源温度 T_2，接着进入叶轮式压气机进行压缩，升温、升压到 T_3 和 P_3，再进入冷却器，实现定压放热，降温至 T_4（理论上可达到高温热源温度 T_2），随后进入回热器进一步定压降温至 T_5（即低温热源温度 T_c），再进入叶轮膨胀机进行定熵膨胀，降温、降压至 T_6、p_6，最后进入冷库实现定压吸热，升温到 T_1，完成循环。

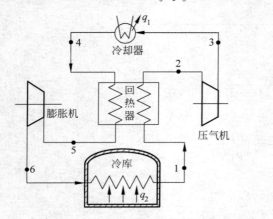
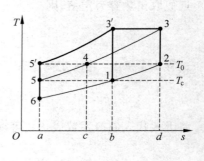

图 7-5　回热式气体压缩制冷循环流程图和 $T\text{-}s$ 图

(1-2-3-4-5-6-1 为带回热的气体压缩制冷循环，其中，6-1-2 为定压吸热过程，2-3 为绝热压缩过程，
3-4-5 为定压放热过程，5-6 为绝热膨胀过程；1-3′-5′-6-1 为无回热的气体压缩制冷循环，其中，
6-1 为定压吸热过程，1-3′ 为绝热压缩过程，3′-5′ 为定压放热过程，5′-6 为绝热膨胀过程)

工质自冷库吸热过程为 6-1，吸热量（制冷量）对应面积为 $61ba6$，有无回热器对循环的吸热过程 6-1 和吸热量不影响。在理想情况下，工质在回热器中放热量（过程 4-5）等于工质在过程 1-2 中的吸热量。有回热器时，向外界环境放热过程为 3-4，放热量 $q_1 = c_p(T_3 - T_4)$，对应面积为 $34cd3$；无回热器时，循环放热过程为 3′-5′，放热量 $q_1' = c_p(T_{3'} - T_{5'})$，对应面积为 $61ba6$。有无回热器时，循环放热量也不发生变化。因此，增加回热器后，循环制冷系数不变。

但是，增加回热后最高压力从 p_3' 降为 p_3，循环增压比 π 从 p_3'/p_1 下降为 p_3/p_1。增压比降低后，回热式气体压缩循环可以使用叶轮式压气机和膨胀机。叶轮式压气机和膨胀机具有大流量的特点，因而适宜于大制冷量的机组。如不采用回热，在压气机中至少要把工质

从 T_c 压缩到 T_0 以上才有可能制冷(工质温度高于环境温度,工质放热给环境大气)。这就需要压气机有较高的 π,叶轮式压气机压头低,很难满足这种要求。此外,由于循环增压比减小,实际压缩过程和膨胀过程的不可逆损失也减少。

7.3　蒸汽压缩制冷循环

气体压缩制冷循环制冷范围宽,在低温尤其在 $-72℃$ 以下时其制冷性能比蒸发式循环系统好。但在多数温区范围内,其效率要低于蒸汽压缩制冷循环。实际工程中较为常用的制冷循环为蒸汽压缩制冷循环。

7.3.1　蒸汽压缩制冷循环工作过程

液体在沸腾过程中都需要吸收热量,液体的沸腾温度(即饱和温度)和吸热量随压力而变化,压力越低,沸腾温度也越低。只要根据所用液体(制冷工质)的热力性质,创造一定的压力条件,就可以在一定温度下吸收热量,获得所要求的低温。

蒸汽压缩制冷装置主要由压缩机、冷凝器、节流机构和蒸发器组成,制冷工质依次经历绝热压缩、定压放热、节流、定压吸热四个过程,完成一个制冷循环,如图 7-6 所示。

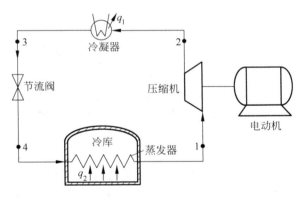

图 7-6　蒸汽压缩制冷循环装置示意图

压缩机的作用是将来自蒸发器中的低压制冷工质蒸汽压缩到冷凝压力。常用的压缩机有活塞式、离心式、螺杆式、涡旋式等。冷凝器是一个换热器,它的作用是将压缩后的高温高压制冷工质蒸汽冷却和冷凝成液体。在这一过程中,制冷工质蒸汽放出热量,故需要其他冷却介质(如水或空气)进行冷却。常用冷凝器有列管、套管和翅片管等形式。制冷工质液体流过节流机构时,压力由冷凝压力降至蒸发压力,一部分液体节流气化转化为蒸汽。常用的节流机构有膨胀阀和毛细管。蒸发器也是一种换热器,它的作用是让节流后的制冷工质液体蒸发成蒸汽,以吸收被冷却物体的热量。蒸发器是一个对外输出冷量的设备,输出的冷量可以冷却载冷剂,也可以直接冷却空气或其他物体。

蒸汽压缩制冷循环对应的热力过程如图 7-7 所示。在蒸汽压缩制冷理想循环中,从蒸发器出来的饱和蒸汽 1 经压缩机绝热压缩成高温高压(高于环境温度)的过热蒸汽 2;过热蒸汽进入冷凝器被冷却水或空气所冷却,定压放热成为饱和液体 3;饱和液体经节流阀后压力下降,温度降低,成为湿蒸汽 4;湿蒸汽经冷藏室的蒸发器定压吸取冷藏室的热量成为饱和蒸汽,然后又进入压缩机,从而完成一个闭合的制冷循环。蒸汽压缩制冷循环中,绝热节流过程 3-4 是不可逆过程,所以用虚线表示。

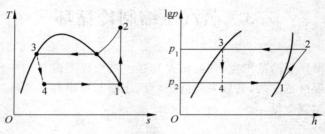

图 7-7 蒸汽压缩制冷循环

蒸汽压缩制冷循环中,冷凝器中向冷却介质(冷却水或环境空气)放出的热量为

$$q_1 = h_2 - h_3 \tag{7-16}$$

蒸汽在蒸发器内所吸收的热量(制冷量)为

$$q_2 = h_1 - h_4 \tag{7-17}$$

蒸汽压缩制冷循环所消耗净功即压缩机耗功量为

$$w_{net} = h_2 - h_1 \tag{7-18}$$

过程 1-2 为绝热节流过程,有

$$h_4 = h_3 \tag{7-19}$$

上式中各状态点的焓值,可根据已知初始状态点的参数及循环各过程特征,查制冷工质热力性质图表得到。

对于蒸汽压缩制冷循环,用以压力为纵坐标、焓为横坐标所绘成的制冷工质的压焓图进行制冷循环热力计算更为方便。通常压焓图的纵坐标采用对数坐标,所以又称 $\lg p\text{-}h$ 图。压焓图中共给出 6 种线簇,即定焓 h 线、定压 p 线、定温 t 线、定容 v 线、定熵 s 线和定干度 x 线。在压焓图上也绘有饱和液体($x=0$)线和干饱和蒸汽($x=1$)线。氨、R22 和 R134a 等常用工质的压焓图如附图 1~附图 6 所示。蒸汽压缩制冷循环 1-2-3-4-1 在压焓图中的表示如图 7-7 所示。制冷量、冷凝放热量以及压缩所需的功都可以用图中线段的长度表示。

7.3.2 蒸汽压缩制冷循环性能指标

对于单级蒸汽压缩制冷理想循环的性能,可采用下列指标进行说明和评价。这些性能指标通过循环各点的状态参数计算。

1. 单位制冷量 q_2

蒸汽压缩制冷循环单位制冷量可按式(7-17)计算。单位制冷量也可以表示成汽化热 r_0 和节流后的干度 x_4 的函数:

$$q_2 = r_0(1 - x_4) \tag{7-20}$$

制冷工质的汽化热越大,节流所形成的蒸汽越少,则循环的单位制冷量就越大。

2. 单位容积制冷量 q_v

$$q_v = \frac{q_2}{v_1} = \frac{h_1 - h_4}{v_1} \tag{7-21}$$

当制冷量一定时,若选用 q_v 大的制冷工质,则压缩机需要提供的输气量就小。

循环的单位容积制冷量不仅随制冷工质的种类而变,而且还随压缩机的吸气状态而变。对某一具体的制冷工质来说,理想循环的蒸汽比体积 v_1 随蒸发温度(或蒸发压力)的降低而增大,若冷凝温度已经确定,则单位容积制冷量 q_v 将随蒸发温度的降低而变小。

3. 单位理论功 w

理想循环中制冷压缩机输送单位质量制冷工质所消耗的功称为单位理论功。制冷工质在节流过程中不做外功,因此,压缩机所消耗的单位理论功即等于循环的单位理论功。对于单级蒸汽压缩制冷机的理想循环来说,单位理论功可用式(7-18)表示。

单级蒸汽压缩制冷机的单位理论功由制冷工质的种类和制冷机循环的工作温度决定。

4. 单位冷凝热 q_1

单位质量制冷工质蒸汽在冷凝器中放出的热量,称为单位冷凝热。单位冷凝热包括显热和潜热两部分。根据式(7-18)和式(7-19),得

$$q_1 = h_2 - h_3 = h_2 - h_4 \tag{7-22}$$

根据能量守恒,单位冷凝热也可以表示为

$$q_1 = q_2 + w \tag{7-23}$$

5. 制冷系数 ε

对于单级蒸汽压缩制冷循环,制冷系数为

$$\varepsilon = \frac{q_2}{w} = \frac{h_1 - h_4}{h_2 - h_1} \tag{7-24}$$

在冷凝温度和蒸发温度给定的情况下,制冷系数越大,表示循环的经济性越好。制冷系数随冷凝温度的升高和蒸发温度的降低而降低。

6. 热力完善度 η

根据热力完善度定义,单级蒸汽压缩制冷循环的热力完善度可表示为

$$\eta = \frac{\varepsilon}{\varepsilon_c} = \frac{h_1 - h_4}{h_2 - h_1} \frac{T_3 - T_1}{T_1} \tag{7-25}$$

式中,ε_c 为在蒸发温度(T_1)和冷凝温度(T_3)之间工作的逆卡诺循环的制冷系数。制冷循环的热力完善度越大,说明该循环越接近可逆循环。

例题 7-1　某压缩制冷设备用氨作制冷工质。已知氨的蒸发温度为 -10℃,冷凝温度为 38℃,压缩机入口是干饱和氨蒸汽,制冷量 10^5 kJ/h,试计算制冷工质流量、压缩机消耗的功率和制冷系数。

解：单级压缩循环的示意图如图 7-7 所示。

根据 $t_1 = -10℃$，$t_3 = 38℃$，由附图 1 氨的 $\lg p\text{-}h$ 图查出各状态点的参数为

$$h_1 = 1430\text{kJ/kg}, \quad p_1 = 0.29\text{MPa}, \quad h_2 = 1670\text{kJ/kg}, \quad p_2 = 1.5\text{MPa}$$

$$h_4 = h_3 = 350\text{kJ/kg}$$

（1）制冷工质流量

$$q_2 = h_1 - h_4 = 1080\text{kJ/kg}$$

氨的质量流量为

$$q_{\mathrm{m}} = \frac{Q}{q_2} = 92.6\text{kg/h}$$

（2）压缩机消耗的功率

压缩机比功

$$w = h_2 - h_1 = 240\text{kJ/kg}$$

压缩机功率

$$P = q_{\mathrm{m}}w = 92.6/3600 \times 240 = 6.17(\text{kW})$$

（3）制冷系数

$$\varepsilon = \frac{q_2}{w} = \frac{1080}{240} = 4.5$$

7.3.3 膨胀阀

膨胀阀安装在蒸发器的入口处，主要有以下两个作用。

（1）节流作用。高压的液态制冷工质经过膨胀阀节流孔节流后，压力降低、温度降低，部分蒸发形成湿饱和蒸汽，湿饱和蒸汽在蒸发器中吸收热量，使被冷却空间维持在较低温度。

（2）控制制冷剂流量。膨胀阀控制制冷剂流量，使得蒸发器出口制冷工质为干饱和蒸汽或过热蒸汽。若流量过大，出口含有液态制冷工质，可能进入压缩机产生液击；若流量过小，制冷工质提前蒸发完毕，造成制冷不足。

膨胀阀的结构形式主要有三种，分别是外平衡式膨胀阀、内平衡式膨胀阀和 H 形膨胀阀。下面以外平衡式膨胀阀为例进行介绍。

外平衡式膨胀阀结构如图 7-8 所示。膨胀阀的上部有一个膜片，膜片上方通过一条细管接一个感温包，感温包安装在蒸发器出口的管路上，内部充满制冷工质气体，蒸发器出口处的温度发生变化时，感温包内的气体体积也会发生变化，进而产生压力变化，这个压力变化作用在膜片上方。膜片下方的腔室内有一根平衡管连通蒸发器出口。阀的中部有一阀门，阀门控制制冷工质流量，阀门下方有一预紧的调整弹簧，弹簧的弹力通过阀杆作用在膜片的下方。膜片共受到三个力作用，即感温包中制冷工质气体向下的压力 F_1、弹簧向上的推力 F_3、蒸发器出口制冷工质向上的压力 F_2。阀的开度取决于这三个力综合作用结果。

当制冷负荷发生变化时，膨胀阀可根据制冷负荷的变化自动调节制冷工质的流量，确保蒸发器出口处的制冷工质全部转化为气体并有一定的过热度。当制冷负荷减小时，蒸发器出口处的温度降低，感温包的温度也会降低，感温包内制冷工质气体压力降低，膨胀阀膜片上方压力减小，阀门在弹簧和膜片下方气体压力作用下向上移动，减少阀门开度，从而减小

制冷工质流量。反之制冷负荷增加时，阀门开度增大，制冷工质流量增加。当制冷负荷与制冷工质的流量相适应时，阀门开度保持不变，维持一定的制冷强度。

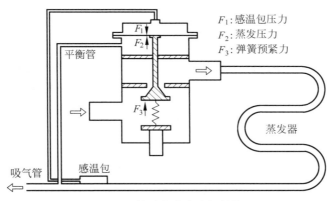

图 7-8　外平衡式膨胀阀结构

（此图来自网络）

7.3.4　液体过冷、吸气过热和回热制冷循环

上述循环是单级蒸汽压缩制冷的基本循环。实际使用过程中，往往需要对循环做一些改进，以便提高循环的热力完善度和运行的稳定性。循环的改进主要有液体过冷、吸气过热以及由此产生的回热制冷循环。

1. 液体过冷

将节流前的制冷工质液体冷却到低于冷凝温度的状态，称为**液体过冷**。带有液体过冷的循环，叫作**液体过冷循环**。

在图 7-9(a) 中，1-2-3-4-1 为无液体过冷制冷循环，1-2-3-3′-4′-1 为液体过冷制冷循环。节流前制冷工质温度冷却到 $T_{3'}$，低于冷凝温度 T_3，温度 $T_{3'}$ 称为制冷工质的过冷温度，而过冷温度与冷凝温度的温差 ΔT_a 称为**过冷度**。液体过冷循环节流后制冷工质状态点从 4 变为 4′，干度降低。无液体过冷制冷循环制冷量 q_2 对应面积为 $41ba4$，液体过冷循环制冷量对应面积为 $4'1bc4'$。液体过冷能增加制冷量，制冷量增加 Δq_2，制冷量增加量对应于面积 $4'4ac4'$。

$$\Delta q_2 = h_4 - h_4' \tag{7-26}$$

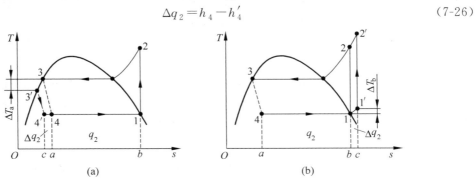

图 7-9　液体过冷

（a）和吸气过热；（b）循环

节流后制冷工质干度随过冷度的增大而降低,制冷量随过冷度的增大而增大。但是,对应制冷工质液体过冷循环,压缩过程 1-2 并没有变化,即并没有增加压缩机的耗功量 w。因此,液体过冷能增加循环的制冷系数。

$$\varepsilon' = \frac{q_2 + \Delta q_2}{w} > \frac{q_2}{w} \tag{7-27}$$

制冷系数的提高量也随过冷度增大而增加。此外,一定的过冷度还可以防止进入节流装置前的制冷工质由于漏热和摩擦产生的气化,使节流机构工作稳定。实际应用中,适当增加冷凝器的传热面积,可使饱和液体制冷工质达到一定的过冷度。

2. 吸气过热

压缩机吸入前的制冷工质蒸汽温度高于吸气压力下制冷工质的饱和温度时,称为**吸气过热**。具有吸气过热的循环称为**吸气过热循环**。

在图 7-9(b)中,1-2-3-4-1 为无吸气过热制冷循环,1-1'-2'-3-4-1 为吸气过热制冷循环。温度 $T_{1'}$ 为压缩机的吸气过热温度,而过热温度与蒸发温度的温差 ΔT_b 称为**吸气过热度**。

从图中可以看出,提高压缩机的吸气过热度能增加制冷量 Δq_2,

$$\Delta q_2 = h_{1'} - h_1 \tag{7-28}$$

但是也增加了压缩机的耗功量 Δw:

$$\Delta w = (h_{2'} - h_{1'}) - (h_2 - h_1) \tag{7-29}$$

采用吸气过热后与未采用吸气过热循环的制冷系数差为

$$\Delta \varepsilon = \frac{q_2 + \Delta q_2}{w + \Delta w} - \frac{q_2}{w} \tag{7-30}$$

吸气过热循环是否能提高制冷系数,取决于 $\Delta q_2 / \Delta w$ 值是否大于理想循环的制冷系数 q_2/w 值。若 $(\Delta q_2 / \Delta w) > (q_2/w)$,则吸气过热循环能提高制冷系数;相反,$(\Delta q_2/\Delta w) < (q_2/w)$,吸气过热将使制冷系数降低。吸气过热制冷量与耗功量增加量之比 $\Delta q_2 / \Delta w$ 仅仅与制冷工质的热物理性质有关。对于 R134a、R600a 等制冷工质,采用吸气过热能提高制冷系数,而对氨、R22 等制冷工质则会降低制冷系数。

应该指出的是,上述分析是指吸气过程所吸收的热量 Δq_2 在蒸发器内或被冷却空间内的吸气管道上产生,这部分增加的冷量为有效制冷量,过热为**有效过热**。如果制冷工质蒸汽是在被冷却空间以外吸收环境空气中的热量而过热,这种吸气过热为**无效过热**,Δq_2 也不能被算作制冷量。无效过热必然带来循环制冷系数的下降。制冷工质蒸汽在吸气管内的过热一般为无效过热。为此,压缩机的吸气管应具有良好的隔热措施,尽量减少制冷工质的无效过热,尤其是在蒸发温度较低时,流出蒸发器的制冷工质蒸汽温度与环境温度温差大,良好的绝热措施更为重要。

对于使用氟利昂制冷工质的低温制冷系统,适当增加吸气过热度能使润滑油较顺利地返回压缩机。一定的过热度还能防止压缩机吸入制冷剂液体在气缸中产生液击现象。因此,对于吸气过热会降低制冷系数的制冷工质,一般也需要有一定的过热度,但过热度应控制在较小范围之内,例如氨制冷工质,一般控制在 3~5℃。

由图 7-9 还可看出,当压缩机吸气过热度增加时,它的排气温度也随之上升,过高的排气温度不但使润滑油的黏度变小,影响摩擦件的润滑,损坏机件,还可能会使润滑油炭化,阀片表面积炭,影响阀片的启闭和压缩机的正常运行。因此,即使对制冷系数有利的制冷工质,吸气过热的过热度应控制在一定范围之内。

3. 回热制冷循环

将冷凝器流出的高温制冷工质饱和液与蒸发器流出的低温饱和蒸汽进行热交换,使液体过冷、蒸汽过热,称为回热。具有回热的制冷循环,称为**回热制冷循环**,回热制冷循环及其在 T-s 图上的表示如图 7-10 所示。未采用回热的制冷循环为 1-2-3-4-1,制冷工质饱和液(状态 3)和饱和蒸汽(状态 1)在回热器内进行热量交换,回热制冷循环为 1-1′-2′-2-3-3′-4′-1。

由于制冷工质的蒸发温度 T_1 远低于冷凝温度 T_2,所以,回热循环的制冷工质过冷度和吸气过热度不受冷却介质和被冷却介质温度的限制,制冷工质可获得较大的过冷度和吸气过热度。所以,回热循环特别适用于增加吸气过热度能够提高循环制冷系数,以及绝热指数较小、绝热压缩后排气温度较低的制冷工质,如 R134a(绝热指数 $k=1.110$);对于氨制冷工质,因为提高吸气过热度后会降低其制冷系数,同时氨的绝热指数也较大($k=1.310$),所以,不宜采用回热循环。

在回热循环的热交换器中,如果忽略制冷工质与外部介质的传热,则制冷工质液体过冷时(过程 3-3′)的放热量等于其吸气过热时(过程 1-1′)的吸热量。由于液体比热总大于其气体的比热,所以液体过冷温度的降低总小于吸气过热温度的增加(过冷度的增加总小于吸气过热度的增加)。

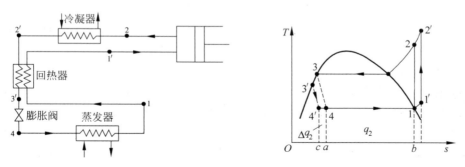

图 7-10 回热制冷循环及其 T-s 图

*7.4 热 泵

逆向循环以耗功作补偿,通过制冷工质的循环把从低温热源中吸收的热量(即制冷量)和耗功量一起在高温热源放出。因此,逆向循环可以用来制冷,也可以用来制热,或者冷热共用。用来制冷的逆向循环装置,称为制冷装置,而用来供热时则称为热泵装置。即热泵也是一种将低温热源的热能转移到高温热源的装置。人们所熟悉的机械设备"泵"可以提高位能,而热泵通常是先从自然界的空气、水或土壤中获取低品位热能,经过电力做功,然后再向人们提供可被利用的高品位热能。

热泵循环和制冷循环的热力学原理相同,但热泵装置与制冷装置的工作温度范围和达成的效果不同。例如,利用热泵对房间进行供暖,则热泵在房间空气温度和大气温度之间工作,效果是室内获得热量,维持房间空气温度不变。制冷循环则是在环境温度和冷库温度之间工作,效果是从冷库移走热量并排入环境,维持冷库温度不变。蒸汽压缩式热泵系统及其T-s图与图7-6相似,差别仅在于工作温度区间的不同。

由于热泵循环的工作原理和制冷循环的相似性,可以使用一套设备完成在夏季的空调降温和在冬季的空调供暖。制冷循环和热泵循环可以通过一组换向阀(或四通阀)来转换,如图7-11所示。

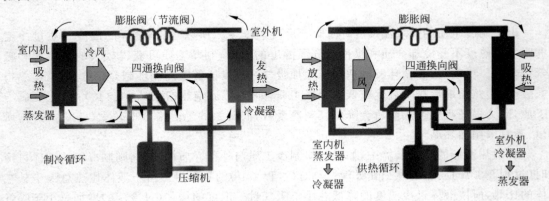

图 7-11 制冷循环和热泵循环
(此图来自网络)

在夏季空调降温时,按制冷工况运行,由压缩机排出的高压蒸汽,经换向阀(四通阀)进入冷凝器,制冷工质蒸汽被冷凝成液体;液体经节流装置进入蒸发器,并在蒸发器中吸热,将室内空气冷却;蒸发后的制冷工质蒸汽再经换向阀进入压缩机,这样周而复始,实现制冷循环。

在冬季取暖时,将换向阀转向热泵工作位置,于是由压缩机排出的高压制冷工质蒸汽,经换向阀后进入室内冷凝器(即制冷循环时的蒸发器),制冷工质蒸汽冷凝放出潜热,将室内空气加热,实现室内取暖目的;冷凝后的液态制冷工质,从反向流过节流装置进入室外蒸发器(即制冷循环时的冷凝器),吸收外界热量而蒸发;蒸发后的蒸汽经过换向阀后进入压缩机,完成制热循环。这样,将外界空气(或循环水)中的热量"泵"入温度较高的室内,此乃"热泵"的含义所在。

图7-11的热泵循环中,从低温热源(室外空气或循环水)中吸收热量q_2,消耗机械功w,向高温热源(室内)放出热量q_1,根据热力学第一定律

$$q_1 = q_0 + w \tag{7-31}$$

如果不用热泵装置,直接将机械功转换成热量(或直接用电能加热),则所得的热量为w。采用热泵装置后,高温热源(室内)多获得了热量q_2。热量q_2是从低温热源(室外)取得的,故用热泵装置供热更加节能。

热泵循环的经济性指标为供暖系数ε'(或热泵工作性能系数COP')

$$\varepsilon' = \frac{q_1}{w} \tag{7-32}$$

将能量平衡方程式代入,可得

$$\varepsilon' = \frac{w+q_2}{w} = 1+\varepsilon \tag{7-33}$$

式中,ε 为相同热源下工作的制冷系数。上式表明,热泵的供暖系数 ε' 总大于 1。与直接加热方式(如电加热、燃烧加热)供暖相比,显然,热泵供暖更为经济。热泵不仅把消耗的能量(通常为电能)全部转换为热能,同时充分利用了电能的高品位特性,利用能质下降"补贴",把一部分热量从低温热源"泵"送到高温热源。

*7.5　制冷工质

制冷工质即制冷装置中的工作介质,它在制冷装置中循环流动,通过自身热力状态的变化与外界发生能量交换,从而实现制冷的目的。

蒸汽压缩制冷装置中的制冷工质从低温热源吸热并汽化,再在高温热源温度下凝结和排放热量。因此,只有在工作温度范围内能够气化和凝结的物质才有可能作为蒸汽压缩制冷装置的工质使用。

7.5.1　制冷工质分类

按照化学成分,制冷工质包括无机化合物、烷烃、卤代烃、环状化合物、不饱和有机化合物,以及共沸、非共沸混合物等几类。为书写方便,国际上统一采用字母"R"和它后面一组数字或字母作为制冷工质的符号。字母"R"表示制冷工质(refrigerant),后面的数字或字母则根据制冷工质的分子组成按一定规则编写。

1. 无机化合物

这类制冷工质使用得比较早,如氨(NH_3)、水(H_2O)、空气、二氧化碳(CO_2)和二氧化硫(SO_2)等。

无机化合物的符号规定为 R7(　)。括号代表一组数字,这组数字是无机物的分子量。如氨命名为 R717(分子式 NH_3),其中,R7 代表无机化合物类,17 为其分子量的整数部分。

2. 卤代烃

氟利昂是饱和烷烃类化合物中全部或部分氢元素被氯(Cl)、氟(F)和溴(Br)代替后的衍生物的总称。

烷烃分子式是:$C_m H_{2m+2}$,当 H_{2m+2} 被氟、氯或溴等部分或全部取代后,所得的衍生物就是 $C_m H_n F_x Cl_y Br_z$,这就是氟利昂的分子通式,且 $n+x+y+z = 2m+2$。

对于甲烷系,因为 $m=1$,所以 $n+x+y+z=4$;

对于乙烷系,因为 $m=2$,所以 $n+x+y+z=6$。

氟利昂的简写符号是由 R$(m-1)(n+1)(x)$B(z) 组成的。如果括号里数字数值为 0,则省写。例如:二氟一氯甲烷,分子式为 CHF_2Cl,$m-1=0$、$n+1=2$、$x=2$、$z=0$,因而简写符号为 R22;二氟二氯甲烷,分子式为 CF_2Cl_2,$m-1=0$、$n+1=1$、$x=2$、$z=0$,因而简写符号为 R12。

3. 烷烃

这类制冷工质中主要有甲烷、乙烷、丙烷、丁烷和环状有机化合物等。编号规则与氟利昂相同。如：甲烷为 R50，乙烷为 R170，丙烷为 R290，但丁烷不按上述规则书写，而写为 R600。

另外，如果属于同素异构物，在简写符号后边加小写英文字母作区别，如：异二氟乙烷为 R152a。

4. 不饱和有机化合物

这类制冷工质中主要是乙烯（C_2H_4）、丙烯（C_3H_6）和它们的卤代衍生物，这一类制冷工质在 R 后边先写一个"1"，然后按氟利昂的编号规则命名。如：乙烯为 R1150，丙烯为 R1270 等。

5. 环状有机物

环状有机化合物是在 R 后边加上一个字母"C"，然后按氟利昂的编号规则命名。如：六氟二氯环丁烷为 RC316，八氟环丁烷为 RC318 等。

6. 共沸混合物

这类制冷工质是由两种以上不同制冷工质以一定比例混合而成的共沸混合物，这类制冷工质在一定压力下能保持一定的蒸发温度，其气相或液相始终保持组成比例不变，但它们的热力性质却不同于混合前的物质，利用共沸混合物可以改善制冷工质的特性。

共沸制冷工质在标准中规定在 R 后边的第一个数字为"5"，其后边的两位数字按使用的先后次序编号。如：R500、R501、R502、…、R507。

7. 非共沸混合物

非共沸混合物没有共沸点。在一定蒸发压力下加热溶液，易挥发组分蒸发快，而难挥发组分蒸发少。因此，气、液两相的组成不相同，且制冷工质在蒸发过程中温度是变化的，冷凝过程中也有类似的特性。

在制冷工质编号标准中对非共沸制冷工质未加以编号，只是留出 R 后边的 400 号的编号顺序，供增补编号使用。如：R400、R401、R402、R411。

7.5.2　制冷工质环境友好性

制冷工质对大气环境的影响主要有两个方面：一方面是对大气臭氧层的破坏；另一方面是使全球气候变暖的温室效应。

在卤代烃中，凡分子内含有氯或溴原子的制冷工质对大气臭氧层有潜在的消耗能力。随着氯或溴原子数的增加，对大气臭氧层的破坏就越严重。制冷工质对臭氧层的破坏程度用破坏臭氧层潜值（Ozone Depletion Potential，ODP）表示。R11 的 ODP 值人为规定为

1.0,其他制冷工质的 ODP 值以 R11 作为基准值,ODP 值越大,对臭氧层的潜在破坏能力越大。

在制冷工质中,R11、R12、R13、R113、R114 等为全卤代烃,它们的分子中只有氯、氟、碳原子,这类氟利昂称为氯氟烃,简称 CFC。如果分子中除了氯、氟、碳原子外,还有氢原子,称为氢氯氟烃,简称 HCFC,如 R12。如果分子中没有氯原子,而有氢、氟、碳原子,称为氢氟烃,简称 HFC。相比较而言,CFC 对大气臭氧层的破坏最严重,HCFC 对大气臭氧层的破坏程度相对较小,HFC 不破坏臭氧层。

制冷工质的排放还会产生全球气候变暖的温室效应,影响程度用全球变暖潜值(Global Warming Potential,GWP)表示。选用 R11 的 GWP 值作为基准,R11 的 GWP 为 1.0。GWP 值越大,产生温室效应越显著。表 7-1 给出了常用制冷工质的 ODP 值和 GWP 值。

表 7-1　常用制冷工质的 ODP 值和 GWP 值

工质	GWP ($CO_2 = 1.0$)	ODP	工质	GWP ($CO_2 = 1.0$)	ODP	工质	GWP ($CO_2 = 1.0$)	ODP
R11	3500	1.0	R124	350	0.022	R500	6300	0.75
R12	7100	1.0	R125	2940	0	R502	9300	0.23
R22	1600	0.055	R134a	875	0	R600a	0	0
R23	0	0	R142b	1470	0.065	R702	0	0
R32	650	0	R143a	2660	0	R704	0	0
R50	0	0	R152a	105	0	R717	0	0
R123	70	0.02	R290	0	0	R718	0	0

7.5.3　制冷工质选用原则

选用制冷工质应遵循以下原则。

1. 热力性质方面

在工作温度范围内有合适的压力和压力比。蒸发压力不低于大气压力,避免制冷系统低压部分出现负压,防止外界空气渗入系统;冷凝压力不要过高,避免设备过于笨重;冷凝压力和蒸发压力之比不宜过大,避免压缩终了温度过高或往复活塞式压缩机输气系数过低。

单位制冷量和单位容积制冷量较大。对于总制冷量一定的装置,单位制冷量大可减少工质循环量;单位容积制冷量大则可减少压缩机输气量,缩小压缩机尺寸。

压缩功和单位容积压缩功小,循环效率高。等熵压缩的终了温度 t_2 不太高,避免压缩机润滑条件恶化或制冷工质自身高温分解。

2. 传输性质方面

黏度、密度尽量小。这样可减少制冷工质的流动阻力,以及工质充注量。热导率大,这样可以提高热交换设备(蒸发器、冷凝器等)的传热系数,减少传热面积,换热器结构紧凑。

3. 物理化学性质方面

使用安全。无毒、不燃、不爆炸。

化学稳定性和热稳定性好。制冷工质使用过程中不变质,不与润滑油反应,不腐蚀制冷装置构件,在压缩终了温度下不分解。

对大气环境无破坏,即不破坏臭氧层,没有温室效应。

4．其他方面要求

原料充足,制备简单,价格便宜。

完全满足上述要求的制冷工质是不存在的。各种制冷工质总是在某些方面有其长处,另一些方面又存在不足。使用要求、装置容积和使用条件不同,对制冷工质性质要求的侧重点就不同,应按主要要求选择相应的制冷工质。

本 章 小 结

通过本章学习:

(1) 理解逆卡诺循环、理想循环、热力完善度及其意义。

(2) 掌握气体压缩制冷循环的热力学计算与分析。

(3) 掌握回热对气体压缩制冷循环的影响分析。

(4) 了解蒸汽压缩制冷循环装置组成、各装置作用。

(5) 掌握蒸汽压缩制冷循环的热力学计算,掌握循环性能分析。

(6) 了解液体过冷、吸气过热以及回热对蒸汽压缩制冷循环的影响。

(7) 了解热泵与制冷装置的异同,掌握热泵供暖系数计算。

(8) 了解制冷系数的基本性质、分类和选用原则。

1．逆卡诺循环

循环除了一两个不可避免的不可逆过程外,其余均为可逆过程,这样的循环称为**理想循环**。

工作在恒温的高温热源和低温热源之间,由两个等温过程和两个等熵过程组成的逆向可逆循环,称为**逆卡诺循环**。

逆卡诺循环的制冷系数:

$$\varepsilon_c = \frac{T_1}{T_h - T_1} = \frac{1}{\dfrac{T_h}{T_1} - 1}$$

热力完善度

$$\eta = \frac{\varepsilon}{\varepsilon_c}$$

热力完善度表示实际循环与逆卡诺循环的接近程度,η 始终小于 1。

2．气体压缩制冷循环

气体压缩制冷循环是由两个定压过程和两个绝热过程组成的逆向循环,制冷效率

$$\varepsilon = \frac{1}{\pi^{\frac{\kappa-1}{\kappa}} - 1}$$

气体压缩循环的制冷系数小于同温度下逆向卡诺循环制冷系数。

气体压缩制冷循环中增加回热器后,循环制冷系数不变,但是最高压力和增压比降低。增压比降低后,回热式气体压缩循环可以使用叶轮式压气机和膨胀机,因而适宜于大制冷量的机组。

3. 蒸汽压缩制冷循环

蒸汽压缩制冷装置主要由压缩机、冷凝器、节流机构和蒸发器组成,制冷工质依次经历绝热压缩、定压放热、节流、定压吸热四个过程。

单位制冷量

$$q_2 = h_1 - h_4$$

单位容积制冷量

$$q_v = \frac{h_1 - h_4}{v_1}$$

单位理论功

$$w_{net} = h_2 - h_1$$

单位冷凝热

$$q_1 = h_2 - h_3$$

制冷系数

$$\varepsilon = \frac{q_2}{w} = \frac{h_1 - h_4}{h_2 - h_1}$$

热力完善度

$$\eta = \frac{h_1 - h_4}{h_2 - h_1} \frac{T_3 - T_1}{T_1}$$

蒸汽压缩制冷循环的改进主要有液体过冷、吸气过热以及由此产生的回热制冷循环。

将节流前的制冷工质液体冷却到低于冷凝温度的状态,称为**液体过冷**。带有液体过冷的循环,叫做**液体过冷循环**。过冷温度与冷凝温度的温差称为**过冷度**。制冷量和制冷系数随过冷度增大而增加。

压缩机吸入前的制冷工质蒸汽温度高于吸气压力下制冷工质的饱和温度时,称为**吸气过热**。具有吸气过热的循环称为**吸气过热循环**。过热温度与蒸发温度的温差称为**吸气过热度**。吸气过程所吸收的热量在蒸发器内或被冷却空间内的吸气管道上产生,这部分增加的冷量为有效制冷量,过热为**有效过热**。如果制冷工质蒸汽是在被冷却空间以外吸收环境空气中的热量而过热,这种吸气过热为**无效过热**。无效过热制冷系数必然降低,而有效过热制冷系数的增加或降低取决于制冷工质自身性质。

将冷凝器流出的高温制冷工质饱和液与蒸发器流出的低温饱和蒸汽进行热交换,使液体过冷、蒸汽过热,称为回热。具有回热的制冷循环,称为**回热制冷循环**。

4. 热泵

热泵是将低温热源的热能转移到高温热源,并用于供热的一种装置。热泵循环和制冷循环的热力学原理相同,但热泵装置与制冷装置的工作温度范围和达成的效果不同。

热泵供暖系数

$$\varepsilon' = \frac{q_1}{w}$$

热泵的供暖系数总大于 1。

5. 制冷工质

制冷工质对大气环境的影响主要有两个方面：一方面是对大气臭氧层的破坏；另一方面是使全球气候变暖的温室效应，分别用破坏臭氧层潜值 ODP 和全球变暖潜值 GWP 表示。ODP 值越大，对臭氧层的潜在破坏能力越大。GWP 值越大，产生的温室效应越显著。

思 考 题

1. 衡量制冷循环的经济性指标有哪些？它们有什么区别？

2. 节流为不可逆过程，存在㶲损失，为什么蒸汽压缩制冷循环仍采用节流阀？空气压缩制冷是否也可以采用节流阀？

3. 在相同制冷条件下逆卡诺循环是否效率最高？蒸汽压缩制冷循环是否可以采用逆卡诺循环？

4. 空气压缩制冷循环 COP 取决于什么参数？采用回热式的气体压缩制冷循环的优点是什么？

5. 对制冷工质的要求有哪些？为什么要有这些要求？

习 题

7-1 某冷库温度为 250K，若压缩空气制冷装置采用布雷顿循环，循环增压比为 6，计算循环制冷系数和制冷量。环境温度取 300K，空气视为理想气体，比热容取定值，$c_p = 1.004\text{kJ}/(\text{kg} \cdot \text{K})$，$\kappa = 1.4$。

7-2 氨蒸汽压缩制冷循环中，冷凝压力为 0.8MPa，节流后压力为 0.25bar，制冷量为 120000kJ/h，进口为干饱和蒸汽。求：氨的流量，压缩机出口温度及功率，制冷系数，冷却水流量。冷却水水温为 8℃，比热为 4.2(kJ/(kg·K))。

7-3 某制冷装置以 R134a 为制冷工质，制冷量为 41868kJ/h。冷凝温度为 30℃，蒸发温度为 −10℃，过冷度和吸气过热度均为 5℃。计算该制冷装置中每小时制冷工质的循环量、制冷工质在冷凝器中的放热量、压缩机功率和循环制冷系数。

参 考 文 献

[1] 张学学,李桂馥,史琳.热工基础[M].3 版.北京:高等教育出版社,2015.
[2] 傅秦生,赵小明,唐桂华.热工基础与应用[M].3 版.北京:机械工业出版社,2018.
[3] 陈默,吴味隆.热工学[M].3 版.北京:高等教育出版社,2004.
[4] BP 集团.BP 世界能源统计年鉴[Z].北京格莱美数码图文制作有限公司,2019.
[5] 顾维藻,神家锐,马重芳,等.强化传热[M].北京:科学出版社,1990.
[6] 徐烈,方荣生,马庆芳.绝热技术[M].北京:国防工业出版社,1990.
[7] 杨世铭,陶文铨.传热学[M].4 版.北京:高等教育出版社,2006.
[8] 华自强,张忠进,高青,等.工程热力学[M].4 版.北京:高等教育出版社,2009.
[9] 曾丹苓,敖越,张新铭,等.工程热力学[M].3 版.北京:高等教育出版社,2002.
[10] 陶文铨,李永堂.工程热力学[M].武汉:武汉理工大学出版社,2001.
[11] 沈维道,蒋智敏,童钧耕.工程热力学[M].3 版.北京:高等教育出版社,2001.
[12] 傅秦生,何雅玲.热工基础[M].西安:西安交通大学出版社,1995.
[13] 王补宣.热工基础[M].4 版.北京:人民教育出版社,1981.
[14] 曹玉璋,韩振兴.热工基础[M].北京:航空工业出版社,1993.
[15] 傅俊萍.热工理论基础[M].长沙:湖南师范大学出版社,2005.
[16] 陈光明,陈国邦.制冷与低温原理[M].北京:机械工业出版社,2010.
[17] 由丽卿,毛华永,黄宜谅,等.二冲程发动机扫气过程试验方法的研究[J].内燃机工程,1996,3
(17):58-65.
[18] MORAN M J, SHAPIRO H N, BOETTNER D D, et al. Fundamentals of engineering thermodynamics[M]. (7th Ed.). John Wiley & Sons, 2010.
[19] 严家騄,余晓福,王永青.水和水蒸气热力性质图表[M].2 版.北京:高等教育出版社,2004.
[20] 戴锅生.传热学[M].2 版.北京:高等教育出版社,1999.
[21] 刘桂玉,刘志刚,阴建民,何雅玲.工程热力学[M].北京:高等教育出版社,1998.
[22] 杨世铭,陶文铨.传热学[M].3 版.北京:高等教育出版社,1998.

附　　录

序号	物理量	符号	定义式	我国法定单位	米制工程单位		备注
1	质量	m		kg 1 9.807	$kgf \cdot s^2/m$ 0.1020 1		
2	温度	T 或 t		K $T = t + T_0$	℃ $t = T - T_0$		$T_0 = 273.15K$
3	力	F	ma	N 1 9.807	kgf 0.1020 1		
4	压力 （即压强）	P	$\dfrac{F}{A}$	Pa 1 9.807×10^4	at 或 kgf/cm^2 1.0197×10^{-5} 1		$1atm = 1.033at$ $= 1.033 \times 10^4 \, kgf/m^2$ $= 1.013 \times 10^5 \, Pa$
5	密度	P	$\dfrac{m}{V}$	kg/m^3 1 9.807	$kgf \cdot s^2/m^4$ 0.1020 1		
6	能量 功量 热量	W 或 Q	Fr 或 $\Phi\tau$	J 1×10^3 4.187×10^3	kcal 0.2388 1		
7	功率 热流量	P 或 Φ	W/τ 或 Q/τ	W 1 9.807 1.163	$kgf \cdot m/s$ 0.1020 1 0.1186	kcal/h 0.8598 8.434 1	
8	比热容	c	$\dfrac{Q}{m\Delta t}$	$J/(kg \cdot K)$ 1 4.187	$kcal/(kg \cdot ℃)$ 0.2388 1		
9	动力粘度	η	$\rho\nu$	$Pa \cdot s$ 或 $kg/(m \cdot s)$ 1 9.807	$kgf \cdot s/m^2$ 0.1020 1		ν：运动粘度， 单位均为 m^2/s
10	热导率	λ	$\dfrac{\Phi\Delta l}{A\Delta t}$	$W/(m \cdot K)$ 1 1.163	$kcal/(m \cdot h \cdot ℃)$ 0.8598 1		
11	表面传热 系数 总传 热系数	h K	$\dfrac{\Phi}{A\Delta t}$	$W/(m^2 \cdot K)$ 1 1.163	$kcal/(m^2 \cdot h \cdot ℃)$ 0.8598 1		
12	热流 密度	q	$\dfrac{\Phi}{A}$	W/m^2 1 1.163	$kcal/(m^2 \cdot h)$ 0.8598 1		

附表 2　常用气体的平均比定压热容[21]

$$c_p \Big|_{0\,℃}^{t} / [\text{kJ}/(\text{kg} \cdot \text{K})]$$

温度/℃	O_2	N_2	CO	CO_2	H_2O	SO_2	空气
0	0.915	1.039	1.040	0.815	1.859	0.607	1.004
100	0.923	1.040	1.042	0.866	1.873	0.636	1.006
200	0.935	1.043	1.046	0.910	1.894	0.662	1.012
300	0.950	1.049	1.054	0.949	1.919	0.687	1.019
400	0.965	1.057	1.063	0.983	1.948	0.708	1.028
500	0.979	1.066	1.075	1.013	1.978	0.724	1.039
600	0.993	1.076	1.086	1.040	2.009	0.737	1.050
700	1.005	1.087	1.098	1.064	2.042	0.754	1.061
800	1.016	1.097	1.109	1.085	2.075	0.762	1.071
900	1.026	1.108	1.120	1.104	2.110	0.775	1.081
1000	1.035	1.118	1.130	1.122	2.144	0.783	1.091
1100	1.043	1.127	1.140	1.138	2.177	0.791	1.100
1200	1.051	1.136	1.149	1.153	2.211	0.795	1.108
1300	1.058	1.145	1.158	1.166	2.243	—	1.117
1400	1.065	1.153	1.166	1.178	2.274	—	1.124
1500	1.071	1.160	1.173	1.189	2.305	—	1.131
1600	1.077	1.167	1.180	1.200	2.335	—	1.138
1700	1.083	1.174	1.187	1.209	2.363	—	1.144
1800	1.089	1.180	1.192	1.218	2.391	—	1.150
1900	1.094	1.186	1.198	1.226	2.417	—	1.156
2000	1.099	1.191	1.203	1.233	2.442	—	1.161
2100	1.104	1.197	1.208	1.241	2.466	—	1.166
2200	1.109	1.201	1.213	1.247	2.489	—	1.171
2300	1.114	1.206	1.218	1.253	2.512	—	1.176
2400	1.118	1.210	1.222	1.259	2.533	—	1.180
2500	1.123	1.214	1.226	1.264	2.554	—	1.184
2600	1.127	—	—	—	2.574	—	—
2700	1.131	—	—	—	2.594	—	—
2800	—	—	—	—	2.612	—	—
2900	—	—	—	—	2.630	—	—
3000	—	—	—	—	—	—	—

附表 3　常用气体的平均比定容热容[21]

$$c_v \Big|_{0^{\circ}C}^{t} / [\text{kJ}/(\text{kg} \cdot \text{K})]$$

温度/℃ \ 气体	O_2	N_2	CO	CO_2	H_2O	SO_2	空气
0	0.655	0.742	0.743	0.626	1.398	0.477	0.716
100	0.663	0.744	0.745	0.677	1.411	0.507	0.719
200	0.675	0.747	0.749	0.721	1.432	0.532	0.724
300	0.690	0.752	0.757	0.760	1.457	0.557	0.732
400	0.705	0.760	0.767	0.794	1.486	0.578	0.741
500	0.719	0.769	0.777	0.824	1.516	0.595	0.752
600	0.733	0.779	0.789	0.851	1.547	0.607	0.762
700	0.745	0.790	0.801	0.875	1.581	0.621	0.773
800	0.756	0.801	0.812	0.896	1.614	0.632	0.784
900	0.766	0.811	0.823	0.916	1.618	0.615	0.794
1000	0.775	0.821	0.834	0.933	1.682	0.653	0.804
1100	0.783	0.830	0.843	0.950	1.716	0.662	0.813
1200	0.791	0.839	0.857	0.964	1.749	0.666	0.821
1300	0.798	0.848	0.861	0.977	1.781	—	0.829
1400	0.805	0.856	0.869	0.989	1.813	—	0.837
1500	0.811	0.863	0.876	1.001	1.843	—	0.844
1600	0.817	0.870	0.883	1.011	1.873	—	0.851
1700	0.823	0.877	0.889	1.020	1.902	—	0.857
1800	0.829	0.883	0.896	1.029	1.929	—	0.863
1900	0.834	0.889	0.901	1.037	1.955	—	0.869
2000	0.839	0.894	0.906	1.045	1.980	—	0.874
2100	0.844	0.900	0.911	1.052	2.005	—	0.879
2200	0.849	0.905	0.916	1.058	2.028	—	0.884
2300	0.854	0.909	0.921	1.064	2.050	—	0.889
2400	0.858	0.914	0.925	1.070	2.072	—	0.893
2500	0.863	0.918	0.929	1.075	2.093	—	0.897
2600	0.868	—	—	—	2.113	—	—
2700	0.872	—	—	—	2.132	—	—
2800	—	—	—	—	2.151	—	—
2900	—	—	—	—	2.168	—	—
3000	—	—	—	—	—	—	—

附表 4 空气的热力性质[21]

T/K	$t/^{\circ}\text{C}$	$h/(\text{kJ}/\text{kg})$	$u/(\text{kJ}/\text{kg})$	$s^0/[\text{kJ}/(\text{kg} \cdot \text{K})]$
200	−73.15	200.13	142.72	6.2950
220	−53.15	220.18	157.03	6.3905
240	−33.15	240.22	171.34	6.4777
260	−13.15	260.28	185.65	6.5580
280	6.85	280.35	199.98	6.6323
300	26.85	300.43	214.32	6.7016
320	46.85	320.53	228.68	6.7665
340	66.85	340.66	243.07	6.8275
360	86.85	360.81	257.48	6.8851
380	106.85	381.01	271.94	6.9397
400	126.85	401.25	286.43	6.9916
450	176.85	452.07	322.91	7.1113
500	226.85	503.30	359.79	7.2193
550	276.85	555.01	397.15	7.3178
600	326.85	607.26	435.04	7.4087
650	376.85	660.09	473.52	7.4933
700	426.85	713.51	512.59	7.5725
750	476.85	767.53	552.26	7.6470
800	526.85	822.15	592.53	7.7175
850	576.85	877.35	633.37	7.7844
900	626.85	933.10	674.77	7.8482
950	676.85	989.38	716.70	7.9090
1000	726.85	1046.16	759.13	7.9673
1200	926.85	1277.73	933.29	8.1783
1400	1126.85	1515.18	1113.34	8.3612
1600	1326.85	1757.19	1297.94	8.5228
1800	1526.85	2002.78	1486.12	8.6674
2000	1726.85	2251.28	1677.22	8.7983
2200	1926.85	2502.20	1870.73	8.9179
2400	2126.85	2755.17	2066.29	9.0279
2600	2326.85	3009.91	2263.63	9.1299
2800	2526.85	3266.21	2462.52	9.2248
3000	2726.85	3523.87	2662.78	9.3137
3200	2926.85	3782.75	2864.25	9.3972
3400	3126.85	4042.71	3066.80	9.4762

附表 5   饱和水和饱和水蒸气热力性质表（按温度排列）

温度/℃	压力/MPa	比体积/(m³/kg)		比焓/(kJ/kg)		潜热/(J/kg)	比熵/[kJ/(kg·K)]	
		液体	蒸汽	液体	蒸汽		液体	蒸汽
t	p	v'	v''	h'	h''	γ	s'	s''
0.00	0.0006112	0.00100022	206.154	−0.05	2500.51	2500.6	—	9.1544
0.01	0.0006117	0.00100021	206.012	0.00	2500.53	2500.5	0.0000	9.1541
1	0.0006571	0.00100018	192.464	4.18	2502.35	2498.2	0.0153	9.1278
2	0.0007059	0.00100013	179.787	8.39	2504.19	2495.8	0.0306	9.1014
3	0.0007580	0.00100009	168.041	12.61	2506.03	2493.4	0.0459	9.0752
4	0.0008135	0.00100008	157.151	16.82	2507.87	2491.1	0.0611	9.0493
5	0.0008725	0.00100008	147.048	21.02	2509.71	2488.7	0.0763	9.0236
6	0.0009352	0.00100010	137.670	25.22	2511.55	2486.3	0.0913	8.9982
7	0.0010019	0.00100014	128.961	29.42	2513.39	2484.0	0.1063	8.9730
8	0.0010728	0.00100019	120.868	33.62	2515.23	2481.6	0.1213	8.9480
9	0.0011480	0.00100026	113.342	37.81	2517.06	2479.3	0.1362	8.9233
10	0.0012279	0.00100034	106.341	42.00	2518.90	2476.9	0.1510	8.8988
11	0.0013126	0.00100043	99.825	46.19	2520.74	2474.5	0.1658	8.8745
12	0.0014025	0.00100054	93.756	50.38	2522.57	2472.2	0.1805	8.8504
13	0.014977	0.00100066	88.101	54.57	2524.41	2469.8	0.1952	8.8265
14	0.0015985	0.00100080	82.828	58.76	2526.24	2467.5	0.2098	8.8029
15	0.0017053	0.00100094	77.910	62.95	2528.07	2465.1	0.2243	8.7794
16	0.0018183	0.00100110	73.320	67.13	2529.90	2462.8	0.2388	8.7562
17	0.0019377	0.00100127	69.034	71.32	2531.72	2460.4	0.2533	8.7331
18	0.0020640	0.00100145	65.029	75.50	2533.55	2458.1	0.2677	8.7103
19	0.0021975	0.00100165	61.287	79.68	2535.37	2455.7	0.2820	8.6877
20	0.0023385	0.00100185	57.786	83.86	2537.20	2453.3	0.2963	8.6652
22	0.0026444	0.00100229	51.445	92.23	2540.84	2448.6	0.3247	8.6210
24	0.0029846	0.00100276	45.884	100.59	2544.47	2443.9	0.3530	8.5774
26	0.0033625	0.00100328	40.997	108.95	2548.10	2439.2	0.3810	8.5347
28	0.0037814	0.00100383	36.694	117.32	2551.73	2434.4	0.4089	8.4927
30	0.0042451	0.00100442	32.899	125.68	2555.35	2429.7	0.4366	8.4514
35	0.0056263	0.00100605	25.222	146.59	2564.38	2417.8	0.5050	8.3511
40	0.0073811	0.00100789	19.529	167.50	2573.36	2405.9	0.5723	8.2551
45	0.0095897	0.00100993	15.2636	188.42	2582.30	2393.9	0.6386	8.1630
50	0.0123446	0.00101216	12.0365	209.33	2591.19	2381.9	0.7038	8.0745
55	0.015752	0.00101455	9.5723	230.24	2600.02	2369.8	0.7680	7.9896
60	0.019933	0.00101713	7.6740	251.15	2608.79	2357.6	0.8312	7.9080
65	0.025024	0.00101986	6.1992	272.08	2617.48	2345.4	0.8935	7.8295

温度/℃	压力/MPa	比体积/(m³/kg)		比焓/(kJ/kg)		潜热/(J/kg)	比熵/[kJ/(kg·K)]	
		液体	蒸汽	液体	蒸汽		液体	蒸汽
t	p	v'	v''	h'	h''	γ	s'	s''
70	0.031178	0.00102276	5.0443	293.01	2626.10	2333.1	0.9550	7.7540
75	0.038565	0.00102582	4.1330	313.96	2634.63	2320.7	1.0156	7.6812
80	0.047376	0.00102903	3.4086	334.93	2643.06	2308.1	1.0753	7.6112
85	0.057818	0.00103240	2.8288	355.92	2651.40	2295.5	1.1343	7.5436
90	0.070121	0.00103593	2.3616	376.94	2659.63	2282.7	1.1926	7.4783
95	0.084533	0.00103961	1.9827	397.98	2667.73	2269.7	1.2501	7.4154
100	0.101325	0.00104344	1.6736	419.06	2675.71	2256.6	1.3069	7.3545
110	0.143243	0.00105156	1.2106	461.33	2691.26	2229.9	1.4186	7.2386
120	0.198483	0.00106031	0.89219	503.76	2706.18	2202.4	1.5277	7.1297
130	0.270018	0.00106968	0.66873	546.38	2720.39	2174.0	1.6346	7.0272
140	0.361190	0.00107972	0.50900	589.21	2733.81	2144.6	1.7393	6.9302
150	0.47571	0.00109046	0.39286	632.28	2746.35	2114.1	1.8420	6.8381
160	0.61766	0.00110193	0.30709	675.62	2757.92	2082.3	1.9429	6.7502
170	0.79147	0.00111420	0.24283	719.25	2768.42	2049.2	2.0420	6.6661
180	1.00193	0.00112732	0.19403	763.22	2777.74	2014.5	2.1396	6.5852
190	1.25417	0.00114136	0.15650	807.56	2785.80	1978.2	2.2358	6.5071
200	1.55366	0.00115641	0.12732	852.34	2792.47	1940.1	2.3307	6.4312
210	1.90617	0.00117258	0.10438	897.62	2797.65	1900.0	2.4245	6.3571
220	2.31783	0.00119000	0.086157	943.46	2801.20	857.7	2.5175	6.2846
230	2.79505	0.00120882	0.071553	989.95	2803.00	813.0	2.6096	6.2130
240	3.34459	0.00122922	0.059743	1037.2	2802.88	765.7	2.7013	6.1422
250	3.97351	0.00125145	0.050112	1085.3	2800.66	715.4	2.7926	6.0716
260	4.68923	0.00127579	0.042195	1134.3	2796.14	661.8	2.8837	6.0007
270	5.49956	0.00130262	0.035637	1184.5	2789.05	604.5	2.9751	5.9292
280	6.41273	0.00133242	0.030165	1236.0	2779.08	1543.1	3.0668	5.8564
290	7.43746	0.00136582	0.025565	1289.1	2765.81	1476.7	3.1594	5.7817
300	8.58308	0.00140369	0.021669	1344.0	2748.71	1404.7	3.2533	5.7042
310	9.8597	0.00144728	0.018343	1401.2	2727.01	1325.9	3.3490	5.6226
320	11.278	0.00149844	0.015479	1461.2	2699.72	1238.5	3.4475	5.5356
330	12.851	0.00156008	0.012987	1524.9	2665.30	1140.4	3.5500	5.4408
340	14.593	0.00163728	0.010790	1593.7	2621.32	1027.6	3.6586	5.3345
350	16.521	0.00174008	0.008812	1670.3	2563.39	893.0	3.7773	5.2104
360	18.657	0.00189423	0.006958	1761.1	2481.68	720.6	3.9155	5.0536
370	21.033	0.00221480	0.004982	1891.7	2338.79	447.1	4.1125	4.8076
371	21.286	0.00227969	0.004735	1911.8	2314.11	402.3	4.1429	4.7674
372	21.542	0.00236530	0.004451	1936.1	2282.99	346.9	4.1796	4.7173
373	21.802	0.00249600	0.004087	1968.8	2237.98	269.2	4.2292	4.6458
373.99	22.064	0.003106	0.003106	2085.9	2085.9	0.0	4.4092	4.4092

附表6 饱和水和饱和水蒸气热力性质表(按压力排列)

压力/MPa	温度/℃	比体积/(m³/kg)		比焓/(kJ/kg)		潜热/(kJ/kg)	比熵/[kJ/(kg·K)]	
		液体	蒸汽	液体	蒸汽		液体	蒸汽
p	t	v'	v''	h'	h''	γ	s'	s''
0.0010	6.9491	0.0010001	129.185	29.21	2513.29	2484.1	0.1056	8.9735
0.0020	17.5403	0.0010014	67.008	73.58	2532.71	2459.1	0.2611	8.7220
0.0030	24.1142	0.0010028	45.666	101.07	2544.68	2443.6	0.3546	8.5758
0.0040	28.9533	0.0010041	34.796	121.30	2553.45	2432.2	0.4221	8.4725
0.0050	32.8793	0.0010053	28.101	137.72	2560.55	2422.8	0.4761	8.3930
0.0060	36.1663	0.0010065	23.738	151.47	2566.48	2415.0	0.5208	8.3283
0.0070	38.9967	0.0010075	20.528	163.31	2571.56	2408.3	0.5589	8.2737
0.0080	41.5075	0.0010085	18.102	173.81	2576.06	2402.3	0.5924	8.2266
0.0090	43.7901	0.0010094	16.204	183.36	2580.15	2396.8	0.6226	8.1854
0.010	45.7988	0.0010103	14.673	191.76	2583.72	2392.0	0.6490	8.1481
0.015	53.9705	0.0010140	10.022	225.93	2598.21	2372.3	0.7548	8.0065
0.020	60.0650	0.0010172	7.6497	251.43	2608.90	2357.5	0.8320	7.9068
0.025	64.9726	0.0010198	6.2047	271.96	2617.43	2345.5	0.8932	7.8298
0.030	69.1041	0.0010222	5.2296	289.26	2624.56	2335.3	0.9440	7.7671
0.040	75.8720	0.0010264	3.9939	317.61	2636.10	2318.5	1.0260	7.6688
0.050	81.3388	0.0010299	3.2409	340.55	2645.31	2304.8	1.0912	7.5928
0.060	85.9496	0.0010331	2.7324	359.91	2652.97	2293.1	1.1454	7.5310
0.070	89.9556	0.0010359	2.3654	376.75	2659.55	2282.8	1.1921	7.4789
0.080	93.5107	0.0010385	2.0876	391.71	2665.33	2273.6	1.2330	7.4339
0.090	96.7121	0.0010409	1.8698	405.20	2670.48	2265.3	1.2696	7.3943
0.10	99.634	0.0010432	1.6943	417.52	2675.14	2257.6	1.3028	7.3589
0.12	104.810	0.0010473	1.4287	439.37	2683.26	2243.9	1.3609	7.2978
0.14	109.318	0.0010510	1.2368	458.44	2690.22	2231.8	1.4110	7.2462
0.16	113.326	0.0010544	1.09159	475.42	2696.29	2220.9	1.4552	7.2016
0.18	116.941	0.0010576	0.97767	490.76	2701.69	2210.9	1.4946	7.1623
0.20	120.240	0.0010605	0.88585	504.78	2706.53	2201.7	1.5303	7.1272
0.25	127.444	0.0010672	0.71879	535.47	2716.83	2181.4	1.6075	7.0528
0.30	133.556	0.0010732	0.60587	561.58	2725.26	2163.7	1.6721	6.9921
0.35	138.891	0.0010786	0.52427	584.45	2732.37	2147.9	1.7278	6.9407
0.40	143.642	0.0010835	0.46246	604.87	2738.49	2133.6	1.7769	6.8961
0.50	151.867	0.0010925	0.37486	640.35	2748.59	2108.2	1.8610	6.8214
0.60	158.863	0.0011006	0.31563	670.67	2756.66	2086.0	1.9315	6.7600
0.70	164.983	0.0011079	0.27281	697.32	2763.29	2066.0	1.9925	6.7079
0.80	170.444	0.0011148	0.24037	721.20	2768.86	2047.7	2.0464	6.6625
0.90	175.389	0.0011212	0.21491	742.90	2773.59	2030.7	2.0948	6.6222
1.00	179.916	0.0011272	0.19438	762.84	2777.67	2014.8	2.1388	6.5859
1.10	184.100	0.0011330	0.17747	781.35	2781.21	999.9	2.1792	6.5529
1.20	187.995	0.0011385	0.16328	798.64	2784.29	985.7	2.2166	6.5225
1.30	191.644	0.0011438	0.15120	814.89	2786.99	972.1	2.2515	6.4944

续表

压力/MPa	温度/℃	比体积/(m³/kg)		比焓/(kJ/kg)		潜热/(kJ/kg)	比熵/[kJ/(kg·K)]	
		液体	蒸汽	液体	蒸汽		液体	蒸汽
p	t	v'	v''	h'	h''	γ	s'	s''
1.40	195.078	0.0011489	0.14079	830.24	2789.37	959.1	2.2841	6.4683
1.50	198.327	0.0011538	0.13172	844.82	2791.46	946.6	2.3149	6.4437
1.60	201.410	0.0011586	0.12375	858.69	2793.29	934.6	2.3440	6.4206
1.70	204.346	0.0011633	0.11668	871.96	2794.91	923.0	2.3716	6.3988
1.80	207.151	0.0011679	0.11037	884.67	2796.33	911.7	2.3979	6.3781
1.90	209.838	0.0011723	0.104707	896.88	2797.58	900.7	2.4230	6.3583
2.00	212.417	0.0011767	0.099588	908.64	2798.66	890.0	2.4471	6.3395
2.20	217.289	0.0011851	0.090700	930.97	2800.41	1869.4	2.4924	6.3041
2.40	221.829	0.0011933	0.083244	951.91	2801.67	1849.8	2.5344	6.2714
2.60	226.085	0.0012013	0.076898	971.67	2802.51	1830.8	2.5736	6.2409
2.80	230.096	0.0012090	0.071427	990.41	2803.01	1812.6	2.6105	6.2123
3.00	233.893	0.0012166	0.066662	1008.2	2803.19	1794.9	2.6454	6.1854
3.50	242.597	0.0012348	0.057054	1049.6	2802.51	1752.9	2.7250	6.1238
4.00	250.394	0.0012524	0.049771	1087.2	2800.53	1713.4	2.7962	6.0688
5.00	263.980	0.0012862	0.039439	1154.2	2793.64	1639.5	2.9201	5.9724
6.00	275.625	0.0013190	0.032440	1213.3	2783.82	1570.5	3.0266	5.8885
7.00	285.869	0.0013515	0.027371	1266.9	2771.72	1504.8	3.1210	5.8129
8.00	295.048	0.0013843	0.023520	1316.5	2757.70	1441.2	3.2066	5.7430
9.00	303.385	0.0014177	0.020485	1363.1	2741.92	1378.9	3.2854	5.6771
10.0	311.037	0.0014522	0.018026	1407.2	2724.46	1317.2	3.3591	5.6139
11.0	318.118	0.0014881	0.015987	1449.6	2705.34	1255.7	3.4287	5.5525
12.0	324.715	0.0015260	0.014263	1490.7	2684.50	1193.8	3.4952	5.4920
13.0	330.894	0.0015662	0.012780	1530.8	2661.80	1131.0	3.5594	5.4318
14.0	336.707	0.0016097	0.011486	1570.4	2637.07	1066.7	3.6220	5.3711
15.0	342.196	0.0016571	0.010340	1609.8	2610.01	1000.2	3.6836	5.3091
16.0	347.396	0.0017099	0.009311	1649.4	2580.21	930.8	3.7451	5.2450
17.0	352.334	0.0017701	0.008373	1690.0	2547.01	857.1	3.8073	5.1776
18.0	357.034	0.0018402	0.007503	1732.0	2509.45	777.4	3.8715	5.1051
19.0	361.514	0.0019258	0.006679	1776.9	2465.87	688.9	3.9395	5.0250
20.0	365.789	0.0020379	0.005870	1827.2	2413.05	585.9	4.0153	4.9322
21.0	369.868	0.0022073	0.005012	1889.2	2341.67	452.4	4.1088	4.8124
22.0	373.752	0.0027040	0.003684	2013.0	2084.02	71.0	4.2969	4.4066
22.064	373.99	0.003106	0.003106	2085.9	2085.9	0.0	4.4092	4.4092

附表 7　未饱和水与过热蒸汽热力性质表

p	0.001MPa			0.005MPa		
	$t_s = 6.949℃$			$t_s = 32.879℃$		
	v'	h'	s'	v'	h'	s'
	0.001001	29.21	0.1056	0.0010053	137.72	0.4761
	m³/kg	kJ/kg	kJ/(kg·K)	m³/kg	kJ/kg	kJ/(kg·K)
	v'	h'	s'	v'	h'	s'
	0.001001	29.21	0.1056	28.191	2560.6	83930
	m³/kg	kJ/kg	kJ/(kg·K)	m³/kg	kJ/kg	kJ/(kg·K)
$t/℃$	v m³/kg	h kJ/kg	s kJ/(kg·K)	v m³/kg	h kJ/kg	s kJ/(kg·K)
0	0.001002	−0.05	−0.0002	0.0010002	−0.05	−0.0002
10	130.598	2519.0	8.9938	0.0010003	42.01	0.1510
20	135.226	2537.7	9.0588	0.0010018	83.87	0.2963
40	144.475	2575.2	9.1823	28.854	2574.0	8.43466
60	153.717	2612.7	9.2984	30.712	2611.8	8.5537
80	162.956	2650.3	9.4080	32.566	2649.7	8.6639
100	172.192	2688.0	9.5120	34.418	2687.5	8.7682
120	181.426	2725.9	9.6109	36.269	2725.5	8.8674
140	190.660	2764.0	9.7054	38.118	2763.7	8.9620
160	199.893	2802.3	9.7959	39.967	2802.0	9.0526
180	209.126	2840.7	9.8827	41.815	2840.5	9.1396
200	218.358	2879.4	9.9662	43.662	2879.2	9.2232
220	227.590	2918.3	10.0468	45.510	2918.2	9.3038
240	236.821	2957.5	10.1246	47.357	2957.3	9.3816
260	246.053	2996.8	10.1998	49.204	2996.7	9.4569
280	255.284	3036.4	10.2727	51.051	3036.3	9.5298
300	264.515	3076.2	10.3434	52.898	3076.1	9.6005
350	287.592	3176.8	10.5117	57.514	3176.7	9.7688
400	310.669	3278.9	10.6692	62.131	3278.8	9.9264
450	333.746	3382.4	10.8176	66.747	3382.4	10.0747
500	356.823	3487.5	10.9581	71.362	3487.5	10.2153
550	379.900	3594.4	11.0921	75.978	3594.4	10.3493
600	402.976	3703.4	11.2206	80.594	3703.4	10.4778

p	0.010MPa			0.10MPa		
	$t_s = 45.799℃$			$t_s = 99.634℃$		
	v'	h'	s'	v'	h'	s'
	0.0010103	191.76	1.3028	0.0010431	417.52	1.3028
	m³/kg	kJ/kg	kJ/(kg·K)	m³/kg	kJ/kg	kJ/(kg·K)
	v'	h'	s'	v'	h'	s'
	14.673	2583.7	8.1481	1.6943	2675.1	7.3589
	m³/kg	kJ/kg	kJ/(kg·K)	m³/kg	kJ/kg	kJ/(kg·K)
$t/℃$	v	h	s	v	h	s
	m³/kg	kJ/kg	kJ/(kg·K)	m³/kg	kJ/kg	kJ/(kg·K)
0	0.0010002	−0.04	−0.0002	0.0010002	0.05	−0.0002
10	0.0010003	42.01	0.1510	0.0010003	42.10	0.1510
20	0.0010018	83.87	0.2963	0.0010018	83.96	0.2963
40	0.0010079	167.51	0.5723	0.0010078	167.59	0.5723
60	15.336	2610.8	8.2313	0.0010171	251.22	0.8312
80	16.268	2648.9	8.3422	0.0010290	334.97	1.0753
100	17.196	2686.9	8.4471	1.6961	2675.9	7.3609
120	18.124	2725.1	8.5466	1.7931	2716.3	7.4665
140	19.050	2763.3	8.6414	1.8889	2756.2	7.5654
160	19.976	2801.7	8.7322	1.9838	2795.8	7.6590
180	20.901	2840.2	8.8192	2.0783	2835.3	7.7482
200	21.826	2879.0	8.9029	2.1723	2874.8	7.8334
220	22.750	2918.0	8.9835	2.2659	2914.3	7.9152
240	23.674	2957.1	9.0614	2.3594	2953.9	7.9940
260	24.598	2996.5	9.1367	2.4527	2993.7	8.0701
280	25.522	3036.2	9.2097	2.5458	3033.6	8.1436
300	26.446	3076.0	9.2805	2.6388	3073.8	8.2148
350	28.755	3176.6	9.4488	2.8709	3174.9	8.3840
400	31.063	3278.7	9.6064	3.1027	3277.3	8.5422
450	33.372	3382.3	9.7548	3.3342	3381.2	8.6909
500	35.680	3487.4	9.8953	3.5656	3486.5	8.8317
550	37.988	3594.3	10.0293	3.7968	3593.5	8.9659
600	40.296	3703.4	10.1579	4.0279	3702.7	9.0946

p	0.5MPa			1MPa		
	$t_s = 151.867\ ℃$			$t_s = 179.916\ ℃$		
	v'	h'	s'	v'	h'	s'
	0.0010925	640.35	1.8610	0.0011272	762.84	23.188
	m³/kg	kJ/kg	kJ/(kg·K)	m³/kg	kJ/kg	kJ/(kg·K)
	v'	h'	s'	v'	h'	s'
	0.37490	2748.6	6.8214	0.191440	2777.7	6.5859
	m³/kg	kJ/kg	kJ/(kg·K)	m³/kg	kJ/kg	kJ/(kg·K)
$t/℃$	v	h	s	v	h	s
	m³/kg	kJ/kg	kJ/(kg·K)	m³/kg	kJ/kg	kJ/(kg·K)
0	0.0010000	0.46	−0.0001	0.0009997	0.97	−0.0001
10	0.0010001	42.49	0.1510	0.0009999	42.98	0.1509
20	0.0010016	84.33	0.2962	0.0010014	84.80	0.2961
40	0.0010077	167.94	0.5721	0.0010074	168.38	0.5719
60	0.0010169	251.56	0.8310	0.0010167	251.98	0.8307
80	0.0010288	335.29	1.0750	0.0010286	335.69	1.0747
100	0.0010432	419.36	1.3066	0.0010430	419.74	1.3062
120	0.0010601	503.97	1.5275	0.0010599	504.32	1.5270
140	0.0010796	589.30	1.7392	0.0010783	589.62	1.7386
160	0.38358	2767.2	6.8647	0.0011017	675.84	1.9424
180	0.40450	2811.7	6.9651	0.19443	2777.9	6.5864
200	0.42487	2854.9	7.0585	0.20590	2827.3	6.6931
220	0.44485	2897.3	7.1462	0.21686	2874.2	6.7903
240	0.46455	2939.2	7.2295	0.22745	2919.6	6.8804
260	0.48404	2980.8	7.3091	0.23779	2963.8	6.9650
280	0.50336	3022.2	7.3853	0.24793	3007.3	7.0451
300	0.52255	3063.6	7.4588	0.25793	3050.4	7.1216
350	0.57012	3167.0	7.6319	0.28247	3157.0	7.2999
400	0.61729	3271.1	7.7924	0.30658	3263.1	7.4638
420	0.63608	3312.9	7.8537	0.31615	3305.6	7.5260
440	0.65483	3354.9	7.9135	0.32568	3348.2	7.5866
450	0.66420	3376.0	7.9428	0.33043	3369.6	7.6163
460	0.67356	3397.2	7.9719	0.33518	3390.9	7.6456
480	0.69226	3439.6	8.0289	0.34465	3433.8	7.7033
500	0.71094	3482.2	8.0848	0.35410	3476.8	7.7597
550	0.75755	3589.9	8.2198	0.37764	3585.4	7.8958
600	0.80408	3699.6	8.3491	0.40109	3695.7	8.0259

续表

p	3MPa			5MPa		
	$t_s = 233.893\ ℃$			$t_s = 263.980\ ℃$		
	v'	h'	s'	v'	h'	s'
	0.0012166	1008.2	2.6454	0.0012861	1154.2	2.9200
	m^3/kg	kJ/kg	$kJ/(kg \cdot K)$	m^3/kg	kJ/kg	$kJ/(kg \cdot K)$
	v'	h'	s'	v'	h'	s'
	0.066700	2803.2	6.1854	0.039400	2793.6	5.9724
	m^3/kg	kJ/kg	$kJ/(kg \cdot K)$	m^3/kg	kJ/kg	$kJ/(kg \cdot K)$
$t/℃$	v	h	s	v	h	s
	m^3/kg	kJ/kg	$kJ/(kg \cdot K)$	m^3/kg	kJ/kg	$kJ/(kg \cdot K)$
0	0.0009987	3.01	0.0000	0.0009977	5.04	0.0002
10	0.0009989	44.92	0.1507	0.0009979	46.87	0.1506
20	0.0010005	86.68	0.2957	0.0009996	88.55	0.2952
40	0.0010066	170.15	0.5711	0.0010057	171.92	0.5704
60	0.0010158	253.66	0.8296	0.0010149	255.34	0.8286
80	0.0010276	377.28	1.0734	0.0010267	338.87	1.0721
100	0.0010420	421.24	1.3047	0.0010410	422.75	1.3031
120	0.0010587	505.73	1.5252	0.0010576	507.14	1.5234
140	0.0010781	590.92	1.7366	0.0010768	592.23	1.7345
160	0.0011002	677.01	1.9400	0.0010988	678.19	1.9377
180	0.0011256	764.23	2.1369	0.0011240	765.25	2.1342
200	0.0011549	852.93	2.3284	0.0011529	853.75	2.3253
220	0.0011891	943.65	2.5162	0.0011867	944.21	2.5125
240	0.068184	2823.4	6.2250	0.0012266	1037.3	2.6976
260	0.072828	2884.4	6.3417	0.0012751	1134.3	2.8829
280	0.077101	2940.1	6.4443	0.042228	2855.8	6.0864
300	0.084191	2992.4	6.5371	0.045301	2923.3	6.2064
350	0.090520	3114.4	6.7414	0.051932	3067.4	6.4477
400	0.099352	3230.1	6.9199	0.057804	3194.9	6.6446
420	0.102787	3275.4	6.9864	0.060033	3243.6	6.7159
440	0.106180	3320.5	7.0505	0.062216	3291.5	6.7840
450	0.107864	3343.0	7.0817	0.063291	3315.2	6.8170
460	0.109540	3365.4	7.1125	0.064358	3338.8	6.8494
480	0.112870	3410.1	7.1728	0.066469	3385.6	6.9125
500	0.116174	3454.9	7.2314	0.068552	3432.2	6.9735
550	0.124349	3566.9	7.3718	0.073664	3548.0	7.1187
600	0.132427	3679.9	7.5051	0.078675	3663.9	7.2553

p	7MPa			10MPa		
	$t_s = 285.869℃$			$t_s = 311.037℃$		
	v'	h'	s'	v'	h'	s'
	0.0013515	1266.9	3.1210	0.0014522	1407.2	3.3591
	m^3/kg	kJ/kg	kJ/(kg·K)	m^3/kg	kJ/kg	kJ/(kg·K)
	v'	h'	s'	v'	h'	s'
	0.027400	2771.7	5.8129	0.018000	2724.5	5.6139
	m^3/kg	kJ/kg	kJ/(kg·K)	m^3/kg	kJ/kg	kJ/(kg·K)
$t/℃$	v	h	s	v	h	s
	m^3/kg	kJ/kg	kJ/(kg·K)	m^3/kg	kJ/kg	kJ/(kg·K)
0	0.0009967	7.07	0.0003	0.0009952	10.09	0.0004
10	0.0009970	48.80	0.1504	0.0009956	51.70	0.1550
20	0.0009986	90.42	0.2948	0.0009973	93.22	0.2942
40	0.0010048	173.69	0.5696	0.0010035	176.34	0.5684
60	0.0010140	257.01	0.8275	0.0010127	259.53	0.8259
80	0.0010258	340.46	1.0708	0.0010244	342.85	1.0688
100	0.0010399	424.25	1.3016	0.0010385	426.51	1.2993
120	0.0010565	508.55	1.5216	0.0010549	510.68	1.5190
140	0.0010756	593.54	1.7325	0.0010738	595.50	1.7924
160	0.0010974	679.37	1.9353	0.0010953	681.16	1.9319
180	0.0011223	766.28	2.1315	0.0011199	767.84	2.1275
200	0.0011510	854.59	2.3222	0.0011481	855.88	2.3176
220	0.0011842	944.79	2.5089	0.0011807	945.71	2.5036
240	0.0012235	1037.6	2.6933	0.0012190	1038.0	2.6870
260	0.0012710	1134.0	2.8776	0.0012650	1133.6	2.8698
280	0.0013307	1235.7	3.0648	0.0013222	1234.2	3.0549
300	0.029457	2837.5	5.9291	0.0013975	1342.3	3.2469
350	0.035225	3014.8	6.2265	0.022415	2922.1	5.9423
400	0.039917	3157.3	6.4465	0.026402	3095.8	6.2109
450	0.044143	3286.2	6.6314	0.029735	3240.5	6.4184
500	0.048110	3408.9	6.7954	0.032750	3372.8	6.5954
520	0.049649	3457.0	6.8569	0.033900	3423.8	6.6605
540	0.051166	3504.8	6.9164	0.035027	3474.1	6.7232
550	0.051917	3528.7	6.9456	0.035582	3499.1	6.7537
560	0.052664	3552.4	6.9743	0.036133	3523.9	6.7837
580	0.054147	3600.0	7.0306	0.037222	3573.3	6.8423
600	0.055617	3647.5	7.0857	0.038297	3622.5	6.8992

续表

p	14MPa			20MPa		
	$t_s=336.707℃$			$t_s=365.789℃$		
	v'	h'	s'	v'	h'	s'
	0.0016097	1570.4	3.6220	0.002037	1827.2	4.0153
	m^3/kg	kJ/kg	kJ/(kg·K)	m^3/kg	kJ/kg	kJ/(kg·K)
	v'	h'	s'	v'	h'	s'
	0.011500	2637.1	5.3711	0.0058702	2413.1	4.9322
	m^3/kg	kJ/kg	kJ/(kg·K)	m^3/kg	kJ/kg	kJ/(kg·K)
$t/℃$	v	h	s	v	h	s
	m^3/kg	kJ/kg	kJ/(kg·K)	m^3/kg	kJ/kg	kJ/(kg·K)
0	0.0009933	14.10	0.0005	0.0009904	20.08	0.0006
10	0.0009938	55.55	0.1496	0.0009911	61.29	0.1488
20	0.0009955	96.95	0.2932	0.0009929	102.50	0.2919
40	0.0010018	179.86	0.5669	0.0009992	185.13	0.5645
60	0.0010109	262.88	0.8239	0.0010084	267.90	0.8207
80	0.0010226	346.04	1.0663	0.0010199	350.82	1.0624
100	0.0010365	429.53	1.2962	0.0010336	434.06	1.2917
120	0.0010527	513.52	1.5155	0.0010496	517.79	1.5103
140	0.0010714	598.14	1.7254	0.0010679	602.12	1.7195
160	0.0010926	683.56	1.9273	0.0010886	687.20	1.9206
180	0.0011167	769.96	2.1223	0.0011121	773.19	2.1147
200	0.0011443	857.63	2.3116	0.0011389	860.36	2.3029
220	0.0011761	947.00	2.4966	0.0011695	949.07	2.4865
240	0.0012132	1038.6	2.6788	0.0012051	1039.8	2.6670
260	0.0012574	1133.4	2.8599	0.0012469	1133.4	2.8457
280	0.0013117	1232.5	3.0424	0.0012974	1230.7	3.0249
300	0.0013814	1338.2	3.2300	0.0013605	1333.4	3.2072
350	0.013218	2751.2	5.5564	0.0016645	1645.3	3.7275
400	0.017218	3001.1	5.9436	0.0099458	2816.8	5.5520
450	0.020074	3174.2	6.1919	0.0127013	3060.7	5.9025
500	0.022512	3322.3	6.3900	0.0147681	3239.3	6.1415
520	0.023418	3377.9	6.4610	0.0155046	3303.0	6.2229
540	0.024295	3432.1	6.5285	0.0162067	3364.0	6.2989
550	0.024724	3458.7	6.5611	0.0165471	3393.7	6.3352
560	0.025147	3485.2	6.5931	0.0168811	3422.9	6.3705
580	0.025978	3537.5	6.6551	0.0175328	3480.3	6.4385
600	0.026792	3589.1	6.7149	0.0181655	3536.3	6.5035

p	25MPa			30MPa		
$t/℃$	v m³/kg	h kJ/kg	s kJ/(kg·K)	v m³/kg	h kJ/kg	s kJ/(kg·K)
0	0.0009880	25.01	0.0006	0.0009857	29.92	0.0005
10	0.0009888	66.04	0.1481	0.0009866	70.77	0.1474
20	0.0009908	107.11	0.2907	0.0009887	111.71	0.2895
40	0.0009972	189.51	0.5626	0.0009951	193.87	0.5606
60	0.0010063	272.08	0.8182	0.0010042	276.25	0.8156
80	0.0010177	354.80	1.0593	0.0010155	358.78	1.0562
100	0.0010313	437.85	1.2880	0.0010290	441.64	1.2844
120	0.0010470	521.36	1.5061	0.0010445	524.95	1.5019
140	0.0010650	605.46	1.7147	0.0010622	608.82	1.7100
160	0.0010854	690.27	1.9152	0.0010822	693.36	1.9098
180	0.0011084	775.94	2.1085	0.0011048	778.72	2.1024
200	0.0011345	862.71	2.2959	0.0011303	865.12	2.2890
220	0.0011643	950.91	2.4785	0.0011593	952.85	2.4706
240	0.0011986	1041.0	2.6575	0.0011925	1042.3	2.6485
260	0.0012387	1133.6	2.8346	0.0012311	1134.1	2.8239
280	0.0012866	1229.6	3.0113	0.0012766	1229.0	2.9985
300	0.0013453	1330.3	3.1901	0.0013317	1327.9	3.1742
350	0.0015981	1623.1	3.6788	0.0015522	1608.0	3.6420
400	0.0060014	2578.0	5.1386	0.0027929	2150.6	4.4721
450	0.0091666	2950.5	5.6754	0.0067363	2822.1	5.4433
500	0.0111229	3164.1	5.9614	0.0086761	3083.3	5.7934
520	0.0117897	3236.1	6.0534	0.0093033	3165.4	5.8982
540	0.0124156	3303.8	6.1377	0.0098825	3240.8	5.9921
550	0.0127161	3336.4	6.1775	0.0101580	3276.6	6.0359
560	0.0130095	3368.2	6.2160	0.0104254	3311.4	6.0780
580	0.0135778	3430.2	6.2895	0.0109397	3378.5	6.1576
600	0.0141249	3490.2	6.3591	0.0114310	3442.9	6.2320

注：粗实线上为未饱和水，粗实线下为过热蒸汽。

附表 8　金属材料的密度、比热容和热导率[22]

材料名称	20℃ 密度 ρ kg/m³	20℃ 比定压热容 c_p J/(kg·K)	20℃ 热导率 λ W/(m·K)	热导率 λ[W/(m·K)] 温度/℃ −100	0	100	200	300	400	600	800	1000	1200
纯铝	2710	902	236	243	236	240	238	234	228	215			
杜拉铝(96Al-4Cu,微量 Mg)	2790	881	169	124	160	188	188	193					
铝合金(92Al-8Mg)	2610	904	107	86	102	123	148						
铝合金(87Al-13Si)	2660	871	162	139	158	173	176	180	118				
铍	1850	1758	219	382	218	170	145	129	118				
纯铜	8930	386	398	421	401	393	389	384	379	366	352		
铝青铜(90Cu-10Al)	8360	420	56		49	57	66						
青铜(89Cu-11Sn)	8800	343	24.8		24	28.4	33.2						
黄铜(70Cu-30Zn)	8440	377	109	90	106	131	143	145	148				
铜合金(60Cu-40Ni)	8920	410	22.2	19	22.2	23.4							
黄金	19300	127	315	331	318	313	310	305	300	287			
纯铁	7870	455	81.1	96.7	83.5	72.1	63.5	56.5	50.3	39.4	29.6	29.4	31.6
阿姆口铁	7860	455	73.2	82.9	74.7	67.5	61.0	54.8	49.9	38.6	29.3	29.3	31.1
灰铸铁($w_C \approx 3\%$)	7570	470	39.2		28.5	32.4	35.8	37.2	36.6	20.8	19.2		
碳钢($w_C \approx 0.5\%$)	7840	465	49.8		50.5	47.5	44.8	42.0	39.4	34.0	29.0		
碳钢($w_C \approx 1.0\%$)	7790	470	43.2		43.0	42.8	42.2	41.5	40.6	36.7	32.2		
碳钢($w_C \approx 1.5\%$)	7750	470	36.7		36.8	36.6	36.2	35.7	34.7	31.7	27.8		
铬钢($w_{Cr} \approx 5\%$)	7830	460	36.1		36.3	35.2	34.7	33.5	31.4	28.0	27.2	27.2	27.2
铬钢($w_{Cr} \approx 13\%$)	7740	460	26.8		26.5	27.0	27.0	27.0	27.6	28.4	29.0	29.0	
铬钢($w_{Cr} \approx 17\%$)	7710	460	22		22	22.2	22.6	22.6	23.3	24.0	24.8	25.5	
铬钢($w_{Cr} \approx 26\%$)	7650	460	22.6		22.6	23.8	25.5	27.2	28.5	31.8	35.1	38	
铬镍钢(18-20Cr/8-12Ni)	7820	460	15.2	12.2	14.7	16.6	18.0	19.4	20.8	23.5	26.3		

续表

材料名称	20℃			热导率 λ/[W/(m·K)]　温度/℃									
	密度 ρ /(kg/m³)	比定压热容 c_p /(J/(kg·K))	热导率 λ /(W/(m·K))	-100	0	100	200	300	400	600	800	1000	1200
铬镍钢(17-19Cr/9-13Ni)	7830	460	14.7	11.8	14.3	16.1	17.5	18.8	20.2	22.8	25.5	28.2	30.9
镍钢($w_{Ni}\approx1\%$)	7900	460	45.5	40.8	45.2	46.8	46.1	44.1	41.2	35.7			
镍钢($w_{Ni}\approx3.5\%$)	7910	460	36.5	30.7	36.0	38.8	39.7	39.2	37.8				
镍钢($w_{Ni}\approx25\%$)	8030	460	13.0										
镍钢($w_{Ni}\approx35\%$)	8110	460	13.8	10.9	13.4	15.4	17.1	18.6	20.1	23.1			
镍钢($w_{Ni}\approx44\%$)	8190	460	15.8	15.7	16.1	16.5	16.9	17.1	17.8	18.4			
镍钢($w_{Ni}\approx50\%$)	8260	460	19.6	17.3	19.4	20.5	21.0	21.1	21.3	22.5			
锰钢($w_{Mn}\approx12\%\sim13\%,w_{Ni}\approx1\%$)	7800	487	13.6		14.8	16.0	17.1	18.3					
锰钢($w_{Mn}\approx0.4\%$)	7860	440	51.2			50.0	47.0	43.5	35.5	27			
钨钢($w_{W}\approx5\%\sim6\%$)	8070	436	18.7		18.4	19.7	21.0	22.3	23.6	24.9	26.3		
铅	11340	128	35.3	37.2	35.5	34.3	32.8	31.5					
镁	1730	1020	156	160	157	154	152	150					
钼	9590	255	138	146	139	135	131	127	123	116	109	103	93.7
镍	8900	444	91.4	144	94	82.8	74.2	67.3	64.6	69.0	73.3	77.6	81.9
钽	21450	133	71.4	73.3	71.5	71.6	72.0	72.8	73.6	76.6	80.0	84.2	88.9
银	10500	234	427	431	428	422	415	407	399	384			
锡	7310	228	67	75	68.2	63.2	60.9						
钛	4500	520	22	23.3	22.4	20.7	19.9	19.5	19.4	19.9			
铀	19070	116	27.4	24.3	27	29.1	31.1	33.4	35.7	40.6	45.6		
锌	7140	388	121	123	122	117	112						
锆	6570	276	22.9	26.5	23.2	21.8	21.2	20.9	21.4	22.3	24.5	26.4	28.0
钨	19350	134	179	204	182	166	153	142	134	125	119	114	110

附表 9　保温、建筑及其他材料的密度和热导率[22]

材料名称	温度 t	密度 ρ	热导率 λ
	℃	kg/m³	W/(m・K)
膨胀珍珠岩散料	25	60～300	0.021～0.062
沥青膨胀珍珠岩	31	233～282	0.069～0.076
磷酸盐膨胀珍珠岩制品	20	200～250	0.044～0.052
水玻璃膨胀珍珠岩制品	20	200～300	0.056～0.065
岩棉制品	20	80～150	0.035～0.038
膨胀蛭石	20	100～130	0.051～0.07
沥青蛭石板管	20	350～400	0.081～0.10
石棉粉	22	744～1400	0.099～0.19
石棉砖	21	384	0.099
石棉绳		590～730	0.10～0.21
石棉绒		35～230	0.055～0.077
石棉板	30	770～1045	0.10～0.14
碳酸镁石棉灰		240～490	0.077～0.086
硅藻土石棉灰		280～380	0.085～0.11
粉煤灰砖	27	458～589	0.12～0.22
矿渣棉	30	207	0.058
玻璃丝	35	120～492	0.058～0.07
玻璃棉毡	28	18.4～38.3	0.043
软木板	20	105～437	0.044～0.079
木丝纤维板	25	245	0.048
稻草浆板	20	325～365	0.068～0.084
麻秆板	25	108～147	0.056～0.11
甘蔗板	20	282	0.067～0.072
葵芯板	20	95.5	0.05
玉米梗板	22	25.2	0.065
棉花	20	117	0.049
丝	20	57.7	0.036
锯木屑	20	179	0.083
硬泡沫塑料	30	29.5～56.3	0.041～0.048
软泡沫塑料	30	41～162	0.043～0.056
铝箔间隔层(5层)	21		0.042
红砖(营造状态)	25	1860	0.87
红砖	35	1560	0.49
松木(垂直木纹)	15	496	0.15
松木(平行木纹)	21	527	0.35
水泥	30	1900	0.30
混凝土板	35	1930	0.79
耐酸混凝土板	30	2250	1.5～1.6
黄砂	30	1580～1700	0.28～0.34
泥土	20		0.83
瓷砖	37	2090	1.1
玻璃	45	2500	0.65～0.71
聚苯乙烯	30	24.7～37.8	0.04～0.043
花岗石		2643	1.73～3.98
大理石		2499～2707	2.70
云母		290	0.58
水垢	65		1.31～3.14
冰	0	913	2.22
黏土	27	1460	1.3

附表 10　几种保温、耐火材料的热导率与温度的关系[22]

材料名称	材料最高允许温度 t	密度 ρ	热导率 λ
	℃	kg/m³	W/(m·K)
超细玻璃棉毡、管	400	18～20	$0.033+0.00023\{t\}$℃ [①]
矿渣棉	550～600	350	$0.0674+0.000215\{t\}$℃
水泥蛭石制品	800	400～450	$0.103+0.000198\{t\}$℃
水泥珍珠岩制品	600	300～400	$0.0651+0.000105\{t\}$℃
粉煤灰泡沫砖	300	500	$0.099+0.0002\{t\}$℃
岩棉玻璃布缝板	600	100	$0.0314+0.000198\{t\}$℃
A 级硅藻土制品	900	500	$0.0395+0.00019\{t\}$℃
B 级硅藻土制品	900	550	$0.04777-0.0002\{t\}$℃
膨胀珍珠岩	1000	55	$0.0424+0.000137\{t\}$℃
微孔硅酸钙制品	650	≯250	$0.041+0.0002\{t\}$℃
耐火黏土砖	1350～1450	1800～2040	$(0.7～0.84)+0.00058\{t\}$℃
轻质耐火黏土砖	1250～1300	800～1300	$(0.29～0.41)+0.00026\{t\}$℃
超轻质耐火黏土砖	1150～1300	540～610	$0.093+0.00016\{t\}$℃
超轻质耐火黏土砖	1100	270～330	$0.058+0.00017\{t\}$℃
硅砖	1700	1900～1950	$0.93+0.0007\{t\}$℃
镁砖	1600～1700	2300～2600	$2.1+0.00019\{t\}$℃
铬砖	1600～1700	2600～2800	$4.7+0.00017\{t\}$℃

①：$\{t\}$℃ 表示材料的平均温度的数值。

附表 11　干空气的热物理性质[22]
（$p = 1.01325 \times 10^5 \, \text{Pa}$①）

$t/℃$	ρ	c_p	$\lambda \times 10^2$	$a \times 10^6$	$\mu \times 10^6$	$v \times 10^6$	Pr
	kg/m³	kJ/(kg·K)	W/(m·K)	m²/s	kg/(m·s)	m²/s	
−50	1.584	1.013	2.04	12.7	14.6	9.23	0.728
−40	1.515	1.013	2.12	13.8	15.2	10.04	0.728
−30	1.453	1.013	2.20	14.9	15.7	10.80	0.723
−20	1.395	1.009	2.28	16.2	16.2	11.61	0.716
−10	1.342	1.009	2.36	17.4	16.7	12.43	0.712
0	1.293	1.005	2.44	18.8	17.2	13.28	0.707
10	1.247	1.005	2.51	20.0	17.6	14.16	0.705
20	1.205	1.005	2.59	21.4	18.1	15.06	0.703
30	1.165	1.005	2.67	22.9	18.6	16.00	0.701
40	1.128	1.005	2.76	24.3	19.1	16.96	0.699
50	1.093	1.005	2.83	25.7	19.6	17.95	0.698
60	1.060	1.005	2.90	27.2	20.1	18.97	0.696
70	1.029	1.009	2.96	28.6	20.6	20.02	0.694
80	1.000	1.009	3.05	30.2	21.1	21.09	0.692
90	0.972	1.009	3.13	31.9	21.5	22.10	0.690
100	0.946	1.009	3.21	33.6	21.9	23.13	0.688
120	0.898	1.009	3.34	36.8	22.8	25.45	0.686
140	0.854	1.013	3.49	40.3	23.7	27.80	0.684
160	0.815	1.017	3.64	43.9	24.5	30.09	0.682
180	0.779	1.022	3.78	47.5	25.3	32.49	0.681
200	0.746	1.026	3.93	51.4	26.0	34.85	0.680
250	0.674	1.038	4.27	61.0	27.4	40.61	0.677
300	0.615	1.047	4.60	71.6	29.7	48.33	0.674
350	0.566	1.059	4.91	81.9	31.4	55.46	0.676
400	0.524	1.068	5.21	93.1	33.0	63.09	0.678
500	0.456	1.093	5.74	115.3	36.2	79.38	0.687
600	0.404	1.114	6.22	138.3	39.1	96.89	0.699
700	0.362	1.135	6.71	163.4	41.8	115.4	0.706
800	0.329	1.156	7.18	188.8	44.3	134.8	0.713
900	0.301	1.172	7.63	216.2	46.7	155.1	0.717
1000	0.277	1.185	8.07	245.9	49.0	177.1	0.719
1100	0.257	1.197	8.50	276.2	51.2	199.3	0.722
1200	0.239	1.210	9.15	316.5	53.5	233.7	0.724

①：$1.01325 \times 10^5 \, \text{Pa} = 760 \, \text{mmHg}$。

附表 12　大气压力 $(p = 1.01325 \times 10^5 \, \text{Pa})$ 下烟气的热物理性质[22]

（烟气中组成成分的质量分数：$\omega_{CO_2} = 0.13$；$\omega_{H_2O} = 0.11$；$\omega_{N_2} = 0.76$）

$t/℃$	ρ	c_p	$\lambda \times 10^2$	$a \times 10^6$	$\mu \times 10^6$	$v \times 10^6$	Pr
	kg/m^3	kJ/(kg·K)	W/(m·K)	m^2/s	kg/(m·s)	m^2/s	
0	1.295	1.042	2.28	16.9	15.8	12.20	0.72
100	0.950	1.068	3.13	30.8	20.4	21.54	0.69
200	0.748	1.097	4.01	48.9	24.5	32.80	0.67
300	0.617	1.122	4.84	69.9	28.2	45.81	0.65
400	0.525	1.151	5.70	94.3	31.7	60.38	0.64
500	0.457	1.185	6.56	121.1	34.8	76.30	0.63
600	0.405	1.214	7.42	150.9	37.9	93.61	0.62
700	0.363	1.239	8.27	183.8	40.7	112.1	0.61
800	0.330	1.264	9.15	219.7	43.4	131.8	0.60
900	0.301	1.290	10.00	258.0	45.9	152.5	0.59
1000	0.275	1.306	10.90	303.4	48.4	174.3	0.58
1100	0.257	1.323	11.75	345.5	50.7	197.1	0.57
1200	0.240	1.340	12.62	392.4	53.0	221.0	0.56

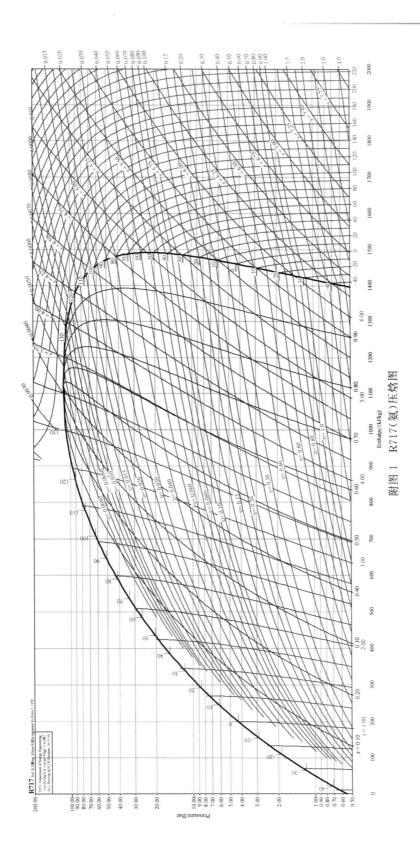

附图 1　R717（氨）压焓图

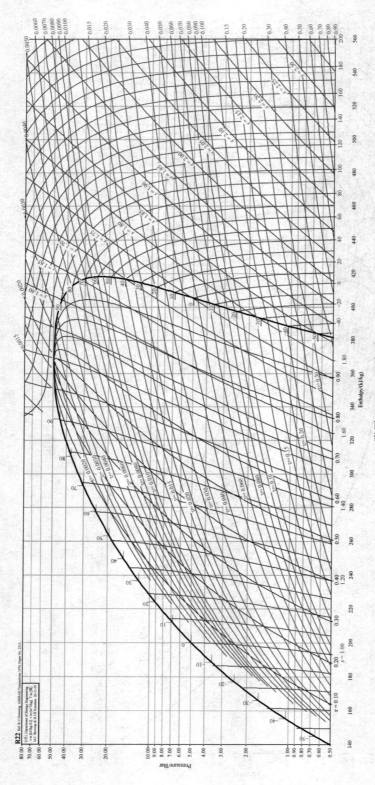

附图 2　R22 压焓图

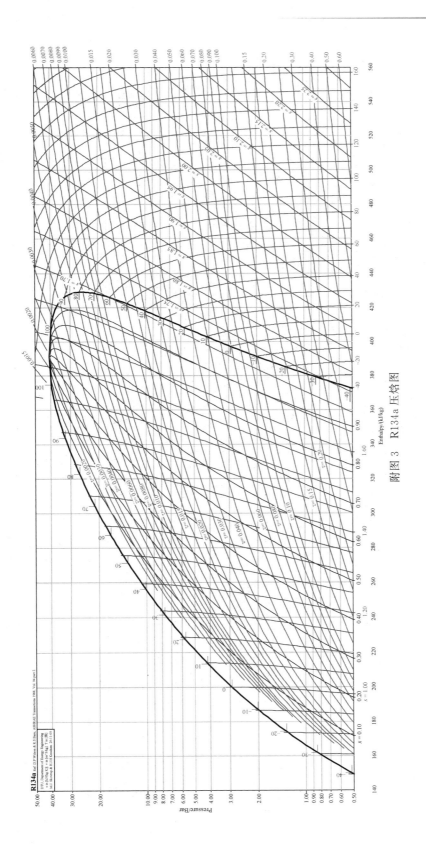

附图 3　R134a 压焓图

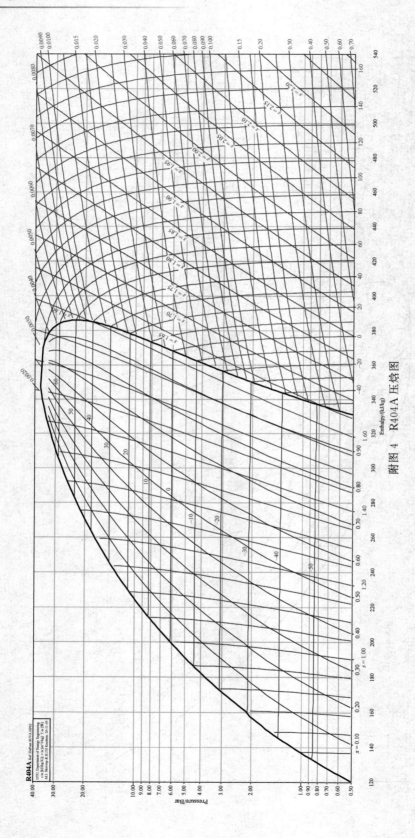

附图 4　R404A 压焓图

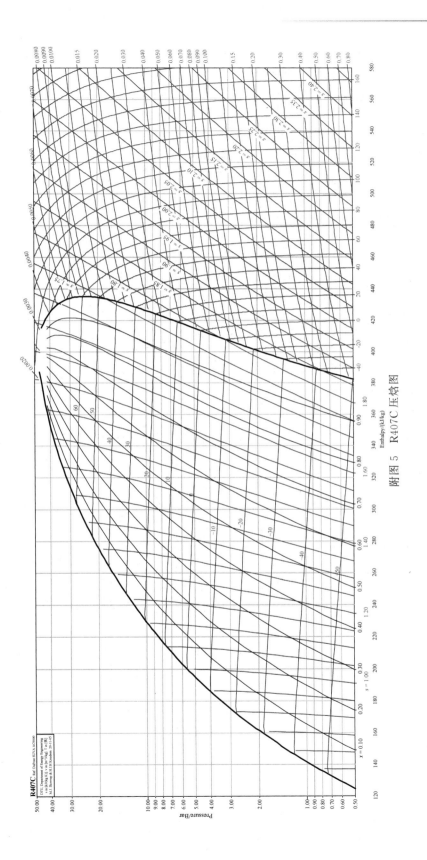

附图 5　R407C 压焓图

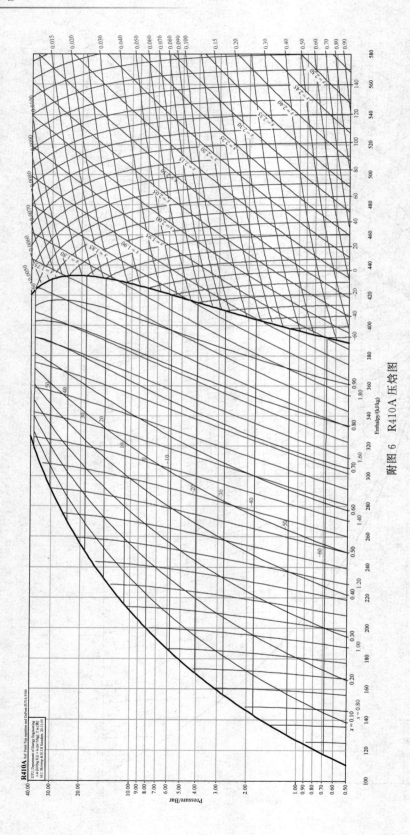

附图 6　R410A 压焓图